DeepSeek 大模型实战指南

架构、部署与应用

周　涛
王　卓
朱万林
编著

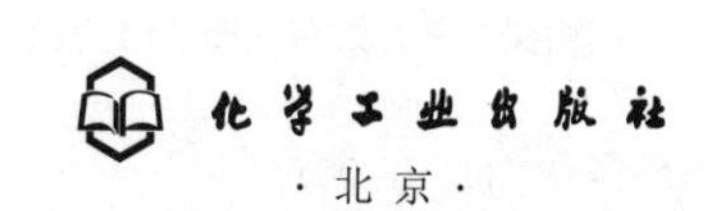

·北京·

内容简介

本书系统阐述了DeepSeek大模型架构、部署及应用实战的相关内容。从人工智能和大模型的基础理论出发，深入剖析了DeepSeek的底层技术，如Transformer架构、混合专家、动态任务分配、稀疏激活及归一化等关键技术，并详细介绍了模型训练、优化和推理的前沿方法。书中不仅展示了DeepSeek在多模态模型和推理系统中的技术优势，还提供了丰富的实战案例，涵盖了从本地部署到云端应用，再到与办公软件、开发工具和Web交互系统的无缝集成。通过理论解析与实践演示，读者将获得从模型设计到实际应用全流程的详细指导。

本书非常适合人工智能领域的技术开发者、系统架构师，以及初探大模型应用的爱好者学习，也可用作高等院校相关专业的教材及参考书。

图书在版编目（CIP）数据

DeepSeek大模型实战指南 ： 架构、部署与应用 / 周涛，王卓，朱万林编著. -- 北京 ： 化学工业出版社，2025. 3. -- ISBN 978-7-122-47571-8

Ⅰ. TP18-62

中国国家版本馆CIP数据核字第2025JS2948号

责任编辑：耍利娜
责任校对：王　静
装帧设计：王晓宇

出版发行：化学工业出版社
（北京市东城区青年湖南街13号　邮政编码100011）
印　　装：河北延风印务有限公司
787mm×1092mm　1/16　印张19¾　字数433千字
2025年5月北京第1版第1次印刷

购书咨询：010-64518888
售后服务：010-64518899
网　　址：http://www.cip.com.cn
凡购买本书，如有缺损质量问题，本社销售中心负责调换。

定　　价：89.00元　

DeepSeek 作为大模型与多模态技术领域的一项前沿创新，正以前所未有的速度推动着人工智能的发展与应用。从智能问答、跨平台协作到多模态内容生成，DeepSeek 不仅在理论上实现了架构设计的突破，更在实际场景中展现了强大的适应性和高效性能。随着算法优化、算力提升和数据智能化的不断演进，传统生成模型在面对海量信息和复杂任务时的局限性逐渐显现，而 DeepSeek 凭借其混合专家架构、动态任务分配及稀疏激活机制等核心技术，为解决这一挑战提供了全新的思路和方法。

本书系统地介绍了 DeepSeek 的基础理论、底层架构及关键技术，从 Transformer 原理、混合专家到多模态模型和推理系统，全方位解析了 DeepSeek 在模型训练、优化和应用部署中的创新实践。书中不仅详细阐述了从本地部署到云端应用的全流程解决方案，还通过丰富的实际案例，展示了 DeepSeek 在智能对话、办公自动化、代码生成与补全等多领域的成功落地应用。

本书的特色

本书以 DeepSeek 的核心技术为主线，结合理论分析与实践案例，系统讲解了大模型的架构、优化及应用，旨在帮助读者快速掌握 DeepSeek 的开发与落地。以下是本书的主要特色：

1. 全面解析 DeepSeek 底层架构

DeepSeek 作为新一代大模型，在架构设计、训练优化、推理加速等方面均有创新。本书从 Transformer 基础、混合专家（MoE）、动态任务调度等多个角度，剖析 DeepSeek 的核心机制，帮助读者深入理解其工作原理。

2. 详尽全面的接入教程，贴近市场需求

本书的 DeepSeek 接入实战部分以丰富的案例为依托，系统展示了如何将开发环境，每个实战案例都详细解析了 API 调用、数据交互及多平台集成的全流程，帮助读者快速掌握实际操作技能，实现跨场景智能应用的高效落地。

3．理论结合实践，助力高效学习

本书不仅提供详细的理论解析，还结合实际应用场景，通过代码示例、实验结果及优化策略，帮助读者快速上手。从模型训练、微调到推理部署，全面覆盖 DeepSeek 的关键环节。

4．深度优化与性能提升指南

针对大模型的计算开销与推理速度问题，本书探讨了多 GPU 并行计算、量化技术、模型裁剪等优化方案，帮助开发者在实际应用中提升模型效率，降低部署成本。

5．多模态与跨平台应用探索

DeepSeek 支持文本、图像、音频等多模态任务。本书详细介绍了多模态信息融合、跨平台协作等关键技术，并提供了在智能助手、代码补全、办公自动化等场景下的落地案例。

6．部署与应用实战全覆盖

本书详细讲解了如何利用 Ollama、LM Studio、Chatbox 等工具实现 DeepSeek 的本地化部署，有效解决环境配置和调优中的实际问题。同时，书中专门探讨了在腾讯云、百度云、阿里云等平台上部署 DeepSeek 的方法，全面阐释了云端应用的构建、扩展及维护策略。

7．适合多层次读者，兼具理论深度与实战价值

无论是人工智能初学者，还是深度学习工程师，本书都提供了清晰的学习路径和实战指南，帮助读者从概念理解到技术实现，构建完整的知识体系，快速掌握 DeepSeek 的应用精髓。

本书的读者对象

1．人工智能开发者与研究人员

对于从事人工智能、深度学习、大模型及多模态技术领域的开发者和研究人员，本书提供了深入的理论解析和前沿的实战案例，是掌握 DeepSeek 核心架构和优化策略的重要参考资料。

2．大模型与多模态技术爱好者

对于关注大模型创新和多模态数据融合的技术爱好者，本书详细展示了 DeepSeek 如何整合多种数据形式，实现智能生成与高效推理，激发对未来智能系统构建的探索兴趣。

3．企业技术负责人及架构师

本书系统分析了 DeepSeek 在实际业务中的部署方案、模型优化及跨平台集成策

略，为企业技术负责人和架构师在 AI 产品落地和系统设计中提供了实用且前瞻的指导。

4. 数据工程师与算法工程师

书中全面讲解了数据预处理、模型训练、API 接入和优化技术，是数据工程师与算法工程师提升项目开发能力、实现高效应用的重要技术手册。

5. 高校师生与科研人员

对于高校师生和科研人员来说，本书内容结构严谨、案例丰富，既能作为课堂学习的补充资料，又能为科研项目提供实践指导和技术支持。

6. 产品经理与技术决策者

希望了解先进大模型技术与智能应用价值的产品经理和技术决策者，可通过本书掌握 DeepSeek 的技术优势和实际应用场景，从而为产品设计和战略决策提供创新思路。

致谢

本书从编写到出版整个过程中，得到了化学工业出版社各位编辑的悉心指导与大力支持。正是他们以严谨、耐心和高效的态度，确保了本书能够在最短的时间内顺利出版。对此，深表感谢。

同时，衷心感谢家人在写作期间给予的巨大支持与理解。他们的陪伴与鼓励是本书能够顺利完成的重要动力。

由于水平有限，书中难免存在纰漏与不足之处，恳请广大读者不吝赐教，提出宝贵的意见与建议，以便在后续版本中不断完善与改进。本书的 QQ 服务群号：549454007。

编著者

扫码下载 PPT

扫码下载源码文件

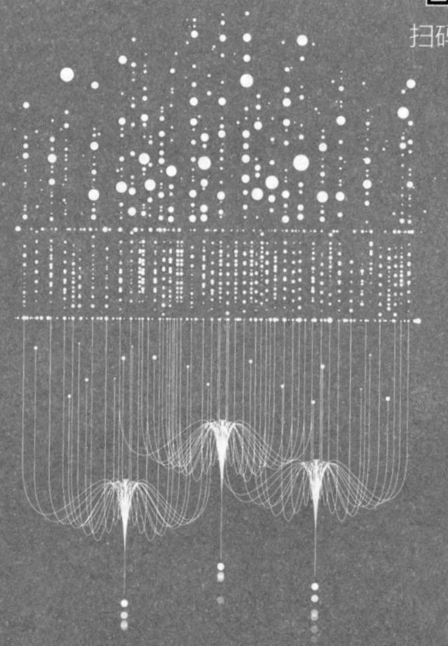

目录 Contents

DeepSeek

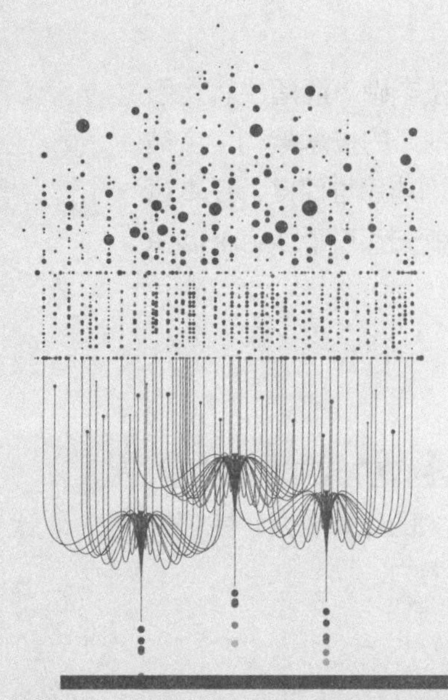

第 1 章

人工智能和 DeepSeek 概述

扫码看本章视频

在人工智能的浩瀚星空中，DeepSeek 犹如一座巍峨的科技丰碑，熠熠生辉，引领着大模型时代的风云变幻。DeepSeek 以卓越的创新精神和前沿的技术架构，突破常规极限，将海量知识与智能推理完美融合，展现出惊人的计算力与思维深度。在本章的内容中，将阐述人工智能和大模型技术的基本知识，并和大家一起了解 DeepSeek 这项神奇技术。

1.1 人工智能

人工智能近年来取得了飞速发展，从早期的简单算法到如今的复杂深度学习模型，技术不断突破边界。特别是大模型出现，凭借其海量的参数和强大的计算能力，能够处理自然语言处理、图像识别等多种复杂任务，展现出广泛的应用潜力。

1.1.1 什么是人工智能

人工智能（Artificial Intelligence，简称 AI）是一种让机器（通常是计算机）模拟人类智能行为的技术。简单来说，就是让机器像人一样会思考、学习、解决问题，甚至做出决策。以下是人工智能的几个关键点，帮助读者更好地理解：

（1）人工智能的核心目标

人工智能的目标是让机器能够完成一些通常需要人类智能才能完成的任务。这些任务包括：

- 理解语言：比如和人聊天、翻译不同语言。
- 识别图像：比如识别照片中的人脸、物体。
- 解决问题：比如解决数学题、规划路线。
- 学习和适应：比如通过经验不断改进自己的表现。

（2）人工智能的工作原理

人工智能主要依赖于算法和数据。算法就像是机器的“大脑”，告诉机器如何处理问题；数据则是机器学习的“食物”，通过大量的数据，机器可以学习规律、模式，从而变得更聪明。

举个例子，如果你想让机器学会识别猫和狗的照片，你需要给它很多猫和狗的图片，并告诉它哪些是猫，哪些是狗。机器会通过学习这些图片的特征，逐渐学会如何区分猫和狗。

（3）人工智能的类型

- 弱人工智能：只能在特定任务上表现得像人类，比如语音助手（如Siri或小爱同学）只能回答问题，但不会像人类一样思考。
- 强人工智能：能够像人类一样思考、学习和解决问题，甚至有情感和意识。目前这种类型的AI还处于研究阶段，还没有完全实现。

（4）人工智能的应用

人工智能已经广泛应用于我们的生活中，比如：

- 语音助手：像Siri、小爱同学，它们能听懂你的话并回答问题。

- 自动驾驶汽车：通过摄像头和传感器识别道路情况，自动驾驶。
- 医疗诊断：帮助医生分析X光片、CT图像，甚至预测疾病。
- 智能推荐系统：比如淘宝、抖音会根据你的喜好推荐商品或视频。
- 智能客服：在线解答问题，处理投诉。

总之，人工智能就是一种让机器变得更聪明的技术，它通过算法和数据学习，能够完成很多需要人类智能才能完成的任务。它已经深刻改变了我们的生活，并且还在不断进步。

1.1.2　人工智能的起源与发展历程

概括来说，人工智能（AI）的起源与发展历程可以分为以下几个阶段。

（1）起源与早期探索（20 世纪 50 ~ 70 年代）

人工智能的概念最早可追溯到 20 世纪 50 年代。1956 年，在达特茅斯会议上，科学家们首次提出了“人工智能”这一术语，标志着 AI 研究的正式开始。早期的 AI 系统主要基于符号逻辑和简单的规则，例如 ELIZA 聊天机器人和 SHAKEY 机器人，这些成果展示了 AI 的初步潜力。然而，由于当时计算机硬件性能有限，算法也不够成熟，AI 未能满足人们的过高期望，因此研究资金和兴趣大幅减少，进入发展“寒冬”。

（2）机器学习的兴起（20 世纪 80 ~ 90 年代）

20 世纪 80 年代，机器学习开始兴起，成为 AI 的一个重要分支。这一时期的 AI 系统通过统计方法从数据中学习，而非依赖预定义的规则。1982 年，Hopfield 网络的出现为神经网络的研究奠定了基础。1997 年，IBM 的深蓝计算机击败国际象棋世界冠军卡斯帕罗夫，标志着 AI 在特定任务上的突破。

（3）深度学习的突破（21 世纪 10 年代）

随着计算能力的提升、大数据的普及以及算法的改进，深度学习在 21 世纪 10 年代取得了重大突破。2012 年，基于深度学习的 AlexNet 在图像识别领域取得了革命性进展。此后，深度学习在图像识别、语音识别和自然语言处理等领域取得了显著成就，推动 AI 进入快速发展阶段。

（4）生成式 AI 与大模型时代（2020 年至今）

近年来，生成式 AI 和大语言模型（LLMs）成为 AI 发展的新焦点。2018 年，OpenAI 发布了 GPT 模型，开启了大模型时代。2023 年，ChatGPT 等生成式 AI 工具的出现，进一步展示了 AI 在语言生成、内容创作等领域的强大能力。如今，AI 已广泛应用于医疗、金融、交通等多个行业，并深刻改变了人们的生活和工作方式。

总体来看，人工智能从早期的符号逻辑系统到如今的深度学习和生成式 AI，经历了多次起伏与发展，正逐步实现人类对机器智能的最初设想。

1.2　大模型

大模型（Large Models）是指具有海量参数和复杂计算结构的深度学习模型，通常基于 Transformer 架构，能够处理和生成自然语言文本、图像识别等多种复杂任务。这些模型通过大规模数据训练，展现出强大的多任务学习和泛化能力，被广泛应用于自然语言处理、图像识别、自动驾驶、医疗诊断等领域。

1.2.1 大模型的原理和作用

大模型通常基于深度神经网络构建，拥有数十亿甚至数千亿个参数。其核心原理包括：

- 大规模参数与复杂结构：大模型通过海量参数和复杂的网络结构，能够学习和捕捉数据中的复杂模式和特征，从而提高模型的表达能力和泛化能力。
- 自监督学习与预训练：大模型通常采用自监督学习，在大规模未标注数据上进行预训练，学习通用的语言或图像模式。然后通过微调，适应特定的任务。
- 涌现能力：当模型的参数和训练数据达到一定规模时，会涌现出一些意料之外的复杂能力，例如更深层次的推理和理解。

大模型在多个领域展现了广泛的应用价值，主要包括以下几方面：

- 自然语言处理：大模型可以实现文本分类、情感分析、机器翻译、文本生成等任务，例如生成新闻、小说、对话系统等。
- 图像与视频处理：在图像分类、目标检测、图像生成、视频分析等任务中表现出色，能够生成各种风格的图像或实现视频的自动剪辑。
- 推荐系统：通过分析用户行为和兴趣，为用户推荐个性化的内容或商品，提升用户体验和平台效益。
- 科学研究：大模型能够模拟复杂的系统和现象，例如物理学中的分子运动、生物学中的基因序列分析等，为科学研究提供新的方法。
- 智能决策：在金融、交通等领域，大模型可以通过分析历史数据和实时数据，预测未来趋势，为决策提供支持。

大模型凭借其强大的学习和泛化能力，正在深刻改变各个行业的运作方式，并推动人工智能技术的进一步发展。

1.2.2 大模型的兴起与现状

大模型的兴起源于深度学习技术的突破和计算能力的大幅提升。近年来，随着云计算、GPU 技术的不断演进以及大规模数据集的可用性增加，大模型在自然语言处理、图像识别等领域取得了显著进展。2024 年，大模型行业迎来了技术进步、应用扩展和市场竞争格局变化的关键时期。例如，跨模态大模型的研究成为热点，能够处理文本、图像和语音等多种数据类型，推动了人工智能应用的深度融合。

近几年，大模型领域的发展现状如下所示。

（1）技术突破与性能提升

- 大模型的文本生成、多模态生成和复杂推理能力不断提升。例如，模型的上下文窗口不断扩大，闭源最大已达200万，多模态能力的实时对话延迟显著缩短。
- 模型的准确性和稳定性在2025年有望显著提升，“幻觉”问题将得到基本解决。

（2）应用领域的拓展

- 大模型正在加速渗透到金融、教育、医疗等多个行业，推动各行业的数字化转型。例如，在财富管理领域，大模型能够快速构建客户画像、实时解析经济指标并生成资产配置建议。
- 在工业领域，大模型的应用范围不断拓展，从研发设计到生产制造的复杂场景，其应用成熟度也在逐步提升。

（3）市场竞争与商业模式

- 2024年，大模型市场竞争激烈，企业通过技术创新和生态合作提升市场份额。例如，OpenAI与微软、Anthropic与亚马逊等合作模式逐渐成为行业趋势。
- 商业模式尚未完全闭环，企业亏损常态化，但市场规模在不断扩大。2025年，大模型的商业模式有望从基于用量向基于价值创造转变。

（4）开源生态的发展

- 开源大模型发展迅速，能力与闭源模型差距急剧缩小，例如国产开源大模型（如Qwen、DeepSeek等）在全球开源模型中占据领先地位。
- 开源生态的不断完善为大模型的创新与发展提供了有力支持。

（5）端侧大模型的崛起

- 端侧大模型能力持续优化，终端算力加速渗透。例如，2024年2B参数量的大模型MiniCPM能力已接近2020年GPT-3 175B大模型。
- 端侧大模型在消费电子领域的应用日益成熟，并逐步推动工业领域的智能化升级。

（6）成本与市场变化

- 大模型调用成本降低，推动了市场规模的快速扩张。2024年，海外大模型市场规模为20亿美元，预计2025年将达到50亿美元。
- 国内大模型市场也在快速增长，2024年市场规模为3亿美元，预计2025年将达到10亿美元。

总之，大模型技术的兴起和发展正在深刻改变人工智能的格局。其在技术、应用、生态和商业模式上的快速演进，不仅推动了各行业的智能化转型，也为未来的技术创新和市场拓展奠定了坚实基础。然而，大模型仍面临成本、稳定性和商业模式等方面的挑战，未来需要在技术创新和应用落地之间找到更好的平衡。

1.2.3　主流大模型介绍

截至 2025 年 2 月底，市面上主流的大模型及其特点如下所示。

（1）国际主流大模型

① OpenAI 的 GPT 系列

- 特点：GPT系列是目前最知名的大语言模型，具有强大的文本生成和多语言处理能力，广泛应用于聊天机器人、内容创作、代码生成等领域。其最新版本在性能和效率上都有显著提升，推理成本也大幅降低。
- 应用：智能客服、内容创作、教育辅助等。

② Google 的 Bard 和 PaLM 系列

- 特点：Google的大模型以强大的多语言支持和知识图谱整合能力著称，能够提供更丰富的上下文理解和信息检索功能。

- 应用：搜索引擎优化、知识问答、学术研究辅助等。

③ Meta 的 LlamA 系列

- 特点：LlamA系列注重模型的轻量化和高效训练，适合在资源受限的环境中运行，同时保持较高的性能。
- 应用：移动设备端的智能助手、轻量级内容生成等。

（2）国内主流大模型

① 百度的文心一言

- 特点：文心一言是国内最早推出的大模型之一，具备强大的中文理解和生成能力，广泛应用于百度搜索、智能云等业务。
- 应用：智能搜索、企业数字化转型、智能客服等。

② 阿里的通义千问

- 特点：通义千问在多模态融合方面表现出色，能够处理文本、图像等多种数据类型，适用于电商、金融等领域的复杂任务。
- 应用：内容生成、教育、科研、电商推荐、金融风险预测、智能办公等。

③ 腾讯的混元大模型

- 特点：混元大模型参数规模庞大，超过千亿，专注于自然语言处理和多模态任务，已在腾讯的社交、游戏等业务中落地。
- 应用：游戏内容生成、社交平台智能推荐、数字人交互等。

④ 华为的盘古大模型

- 特点：盘古大模型以强大的算力支持和高效训练架构为优势，适用于工业、能源等领域的复杂任务。
- 应用：内容生成、教育、科研等。

⑤ DeepSeek

- 特点：由杭州深度求索公司开发，结合了主动学习和迁移学习，能够在较低算力下完成高质量的模型训练。DeepSeek采用开源策略，支持多语言和多模态能力，能够实现文本、图像等多种内容的生成与理解。
- 应用：智能机器人、内容生成、教育、科研等领域。

上面列出的这些主流大模型正在不断推动人工智能技术的发展，并在各个领域展现出广泛的应用潜力。

1.3 DeepSeek

DeepSeek 是一家成立于 2023 年的中国人工智能初创公司，专注于开发高效且经济的大型语言模型。其核心技术包括多头潜在注意力（Multi-head Latent Attention，MLA）和专家混合模型（Mixture-of-Experts，MoE），旨在降低训练和推理成本，同时提升模型性能。DeepSeek 的模型在多个公开评测中表现出色，超越同类模型，展现出强大的应用潜力。

1.3.1 DeepSeek 简介

（1）公司背景

- 成立时间：DeepSeek成立于2023年7月17日，由知名量化资管公司幻方量化创立。
- 公司定位：公司致力于开发先进的大语言模型（LLM）及相关技术，专注于自然语言处理、机器学习、深度学习等核心技术的研发。
- 核心优势：DeepSeek在硬件资源和技术积累上具备显著优势，拥有强大的研发能力和创新精神。

（2）团队构成

- 创始人：梁文锋，浙江大学信息与通信工程专业硕士，曾创立幻方量化，专注于量化投资，后进军通用人工智能领域，创办DeepSeek。
- 核心成员：团队成员多来自国内知名高校，如清华大学、北京大学、中山大学、北京邮电大学等，具有深厚的学术背景和丰富的研发经验。
- 团队特点：团队规模较小，不到140人，成员年轻且多为本土培养，注重技术创新和软硬件协同设计。

1.3.2 DeepSeek 对人工智能市场的影响

DeepSeek 的崛起对人工智能市场产生了深远影响，主要体现在以下几个方面：

（1）技术创新与成本降低

DeepSeek 通过算法优化和高效的模型训练方法，显著降低了人工智能模型的开发和运行成本。其 R1 模型在性能上可与 OpenAI 的 GPT-4 相媲美，但训练成本却低很多。这一突破使得更多企业和开发者能够负担得起先进的 AI 技术，促进了 AI 的普及和应用。

（2）市场竞争格局的变化

DeepSeek 的成功挑战了美国科技巨头在 AI 领域的主导地位，其高性价比的 AI 模型引发了全球市场的关注，导致 NVIDIA 等公司的股价大幅下跌。例如，NVIDIA 的市值在短短一天内蒸发了约 5890 亿美元，创下历史纪录。

（3）投资与产业链重塑

DeepSeek 的崛起促使全球投资者重新评估 AI 产业链的价值和风险。传统的 AI 硬件供应商面临新的竞争压力，投资者开始关注 AI 模型的效率和应用场景，而不仅仅是硬件性能。这种转变可能导致资金流向更具创新性的 AI 软件和服务领域。

（4）政策与地缘政治影响

DeepSeek 的成功引发了美国对华芯片和 AI 技术限制政策有效性的质疑，其在有限的资源下取得的成就，显示出技术封锁可能无法阻止中国在 AI 领域的快速发展。这可能促使美国政府重新评估其对华科技政策，或将影响未来的国际科技合作与竞争格局。

综上所述，DeepSeek 的崛起不仅在技术层面带来了创新突破，也在市场竞争、投资策略和国际政策等方面引发了深刻的变革，推动了全球人工智能产业的发展方向。

1.3.3 DeepSeek 的产品

DeepSeek 的核心产品为大型语言模型（LLM），其整体架构设计经历了多个版本的演进，以下是对其主要产品的介绍。

（1）DeepSeek LLM 系列

DeepSeek LLM 系列包括 7B 和 67B 参数的模型，采用了与 Llama 系列相似的架构。这些模型使用了预规范化的解码器（pre-norm decoder-only Transformer），结合了 RMSNorm 作为归一化方法、SwiGLU 激活函数、旋转位置嵌入（RoPE）和分组查询注意力（GQA）。词汇表大小为 102,400（字节级 BPE），上下文长度为 4096。训练数据包含了 2 万亿个英文和中文文本。

（2）DeepSeek-MoE

在 2024 年 1 月，DeepSeek 发布了两款 DeepSeek-MoE 模型（Base 和 Chat），每个模型拥有 16B 参数（每个 token 激活 2.7B 参数），上下文长度为 4K。这些模型采用了稀疏门控混合专家（sparsely-gated MoE）架构，包含“共享专家”（始终被查询）和“路由专家”（可能不会被查询）。这种设计有助于平衡专家的使用，避免某些专家过度使用而其他专家很少被使用的情况。

（3）DeepSeek-V2

2024 年 5 月，DeepSeek 发布了 DeepSeek-V2 系列，包括 4 个模型：DeepSeek-V2、DeepSeek-V2-Lite、DeepSeek-V2-Chat 和 DeepSeek-V2-Lite-Chat。其中，DeepSeek-V2 模型在预训练阶段使用了 8.1 万亿个 token 的数据，扩展了上下文长度，从 4K 增加到 128K。在训练过程中，采用了多头潜在注意力（MLA）和混合专家（MoE）架构，以提高模型的性能和效率。

（4）DeepSeek-V3

2024 年 12 月，DeepSeek 发布了 DeepSeek-V3 模型，包括 DeepSeek-V3-Base 和 DeepSeek-V3（聊天模型）。该模型在架构上与 V2 类似，但引入了多 token 预测机制，以提高解码速度。训练过程中，模型在 14.8 万亿个多语言语料上进行了预训练，主要包括英文和中文文本。上下文长度从 4K 扩展到 128K。此外，模型还进行了监督微调（SFT）和强化学习（RL）训练，以提升推理能力。

（5）DeepSeek-R1

DeepSeek-R1 是人工智能公司 DeepSeek 于 2025 年 1 月发布的开源大型语言模型（LLM），其架构设计在多个方面进行了创新，以提升推理能力和效率。通过强化学习、混合专家架构、多头潜在注意力机制和低精度训练等技术，显著提升了模型的推理能力和效率，为人工智能领域带来了新的突破。概括起来，DeepSeek-R1 的主要特征如下：

- 强化学习与混合专家架构：DeepSeek-R1采用了强化学习（RL）技术，摒弃了传统的过程奖励模型（PRM）方法，直接以结果为导向进行奖励，促使AI学会更高效地思考，并展现出初步的反思能力。此外，DeepSeek-R1采用了混合专家（MoE）

架构，每层包含1个共享专家和256个路由专家，每个专家的中间隐藏维度为2048。在这些路由专家中，每个token将激活8个专家。

- 多头潜在注意力机制（MLA）：DeepSeek-R1引入了多头潜在注意力（MLA）机制，通过压缩潜在向量来提升性能，并减少推理过程中的内存使用。
- 低精度训练与高效训练框架：在训练过程中，DeepSeek-R1采用了低精度训练技术，并结合高效的DualPipe训练框架，实现了模型性能的大幅提升与成本的有效控制。
- 开源与社区协作：DeepSeek-R1作为开源模型，鼓励全球开发者和研究人员进行实验和改进，促进了人工智能领域的协作与创新。

总之，DeepSeek 注重模型的扩展性和效率，通过引入混合专家架构、多头潜在注意力机制和多 token 预测等技术，不断提升模型在处理复杂任务时的性能。

1.3.4　DeepSeek 的应用场景

DeepSeek 大模型凭借其卓越的性能和广泛的应用场景，正在推动人工智能技术在多个领域的创新和发展。

（1）自然语言处理领域

- 智能客服系统开发：DeepSeek-V3能够准确分析并理解用户提问的意图，从而给予高质量的回复，显著提升客户满意度，解决企业客服环节的诸多问题。
- 长文本分析与摘要：DeepSeek-V3对长文本的强大处理能力，如支持长达128K的输入文本，能有效应对复杂冗长的法律文件，帮助法律从业者快速获取文件的关键信息。
- 文本翻译：利用DeepSeek的多头潜在注意力（MLA）机制能够准确理解源语言文本每个词在上下文中的准确含义，从而更精准地翻译成目标语言。

（2）代码生成与编程辅助

DeepSeek-V3 在代码生成和多语言编程测评中表现优异，能够理解编程的逻辑需求并生成可用的代码段，适用于初学者进行基础代码编写，以及经验丰富的开发者用于快速生成代码模板等场景。

（3）多模态数据处理

DeepSeek-V3 采用的混合专家架构，支持高效的多模态数据处理，可以融合图像和文本信息进行深入分析，推动多模态 AI 应用的发展。

（4）金融领域

- 金融舆情分析：DeepSeek与拓尔思联合开发的金融舆情大模型，能够快速准确地分析金融舆情，为投资者提供有价值的参考信息。
- 智能研报生成：中信证券的智能研报系统采用DeepSeek大模型后，错误率降低了90%，大大提高了研报的质量和效率。

（5）教育领域

科大讯飞接入了 DeepSeek-Math 模型，推出了 AI 数学辅导应用“星火助学”，能够根据学生的学习情况，提供个性化的数学学习计划和练习题。

（6）办公领域

金山办公接入了 DeepSeek-Writer API，提升了 WPS 智能写作功能，公文生成效率提升 3 倍，错误率下降 90%。

（7）医疗领域

DeepSeek 大模型能够输入患者主诉，检索相似病例，生成鉴别诊断列表，通过 HIPAA 认证，支持私有化部署与严格的数据隔离。

（8）法律领域

法律文书处理：DeepSeek 大模型能够进行合同条款智能审查、争议焦点精准提取、判决书自动生成，内置法律条文数据库，支持实时更新与司法解释无缝对接。

（9）工业领域

DeepSeek-Max 通过图像识别（缺陷检测）、文本生成（维修建议）、语音指导（操作辅助）等流程，显著降低漏检率。

总之，DeepSeek 大模型凭借其强大的技术架构和广泛的应用场景，正在为各行业提供智能化解决方案，推动行业的数字化转型和创新发展。

1.3.5 DeepSeek 与其他模型的技术对比

DeepSeek 模型在人工智能领域引起了广泛关注，其性能和特点与其他大型语言模型（LLM）相比，展现出独特的优势和差异。

（1）与 GPT 系列对比

- 技术架构：DeepSeek采用混合架构，结合了深度学习与强化学习技术，注重高效性和灵活性，支持快速迭代和定制化开发；GPT系列基于Transformer架构，以其强大的语言生成能力和上下文理解能力著称。
- 性能表现：DeepSeek在语言生成任务中表现出色，尤其在中文语境下的表现优于GPT系列，生成的文本更加符合中文表达习惯，且在多轮对话中能够保持较高的连贯性；GPT-4在英文任务中表现优异，但在处理中文时偶尔会出现语义偏差或文化背景理解不足的问题。
- 计算效率与资源消耗：DeepSeek在计算效率上表现优异，其模型设计优化了资源消耗，适合在资源有限的环境中部署；GPT-4和Gemini由于模型规模较大，对计算资源的需求较高，部署成本较高。
- 应用场景：DeepSeek适用于多种场景，包括智能客服、内容创作、教育辅助和数据分析等，其高效性和灵活性使其在企业级应用中具有较大优势；GPT系列在内容创作、代码生成和学术研究等领域表现优异，但其高昂的部署成本限制了其在中小企业中的应用。

（2）与 Claude 对比

- 技术架构：DeepSeek采用混合架构，注重高效性和灵活性；Claude以“对齐性”为核心设计理念，注重模型的道德和安全性能。
- 性能表现：DeepSeek在语言生成任务中表现出色，尤其在中文语境下的表现优于Claude；Claude在生成内容的安全性上表现优异，但在复杂语言任务上的灵活性和创造力稍显不足。

- 计算效率与资源消耗：DeepSeek在计算效率上表现优异，适合在资源有限的环境中部署；Claude在计算效率上表现较好，但其生成速度略慢于DeepSeek。
- 应用场景：DeepSeek适用于多种场景，包括智能客服、内容创作、教育辅助和数据分析等；Claude在需要高安全性和道德标准的场景（如法律咨询、医疗辅助）中表现优异，但其应用范围相对较窄。

（3）与 Gemini 对比

- 技术架构：DeepSeek采用混合架构，注重高效性和灵活性；Gemini是多模态AI模型，能够同时处理文本、图像和音频等多种数据类型，其架构设计注重多模态融合。
- 性能表现：DeepSeek在语言生成任务中表现出色，尤其在中文语境下的表现优于Gemini；Gemini在多模态任务中表现突出，但在纯文本生成任务上略逊一筹。
- 计算效率与资源消耗：DeepSeek在计算效率上表现优异，适合在资源有限的环境中部署；Gemini由于模型规模较大，对计算资源的需求较高，部署成本较高。
- 应用场景：DeepSeek适用于多种场景，包括智能客服、内容创作、教育辅助和数据分析等；Gemini在多模态任务（如图像描述、视频分析）中表现突出，适合用于多媒体内容生成和分析。

（4）与 Switch Transformer 对比

- 参数效率：在配置64个专家（其中8个共享）的情况下，DeepSeekMoE较Switch Transformer（64个专家）实现了1.8倍的吞吐量提升，同时参数量降低30%。
- 训练效率：相比参数规模相当（13B）的密集Transformer，DeepSeekMoE训练速度提升2.1倍。
- 推理性能：MLA缓存机制使自回归任务的延迟率降低35%。
- 模型性能：在WikiText-103测试集上，DeepSeekMoE的困惑度达到12.3，优于Switch Transformer的14.1；在WMT'14 EN-DE测试集上，DeepSeekMoE的BLEU得分达44.7，较Transformer++提升2.1分。

（5）与 Llama 对比

- 训练成本：DeepSeek-V3的训练费用相比GPT-4等大模型要少得多，据外媒估计，Meta的大模型Llama-3.1的训练投资超过了5亿美元。
- 性能表现：DeepSeek-V3在多项评测中表现优异，甚至直逼世界顶尖的闭源模型GPT-4o和Claude-3.5-Sonnet。

总而言之，DeepSeek 模型在性能、成本效益、开源策略、技术架构和应用领域等方面，与其他大型语言模型相比，展现出独特的优势和差异。DeepSeek 官网展示了与其他大模型的对比数据，如图 1-1 所示。

根据图 1-1 中的对比数据，可以总结出以下对比信息。

（1）综合性能与推理能力

- 推理速度和效率提升明显：DeepSeek-V3相较于历史模型（如DeepSeek-V2.5、Qwen2.5和Llama3.1）在推理速度上有大幅提升，这表现在DROP、IF-Eval、LiveCodeBench等多项指标上，其3-shot F1分数、Prompt Strict模式下的表现以及代码生成任务均领先于其他开源模型。

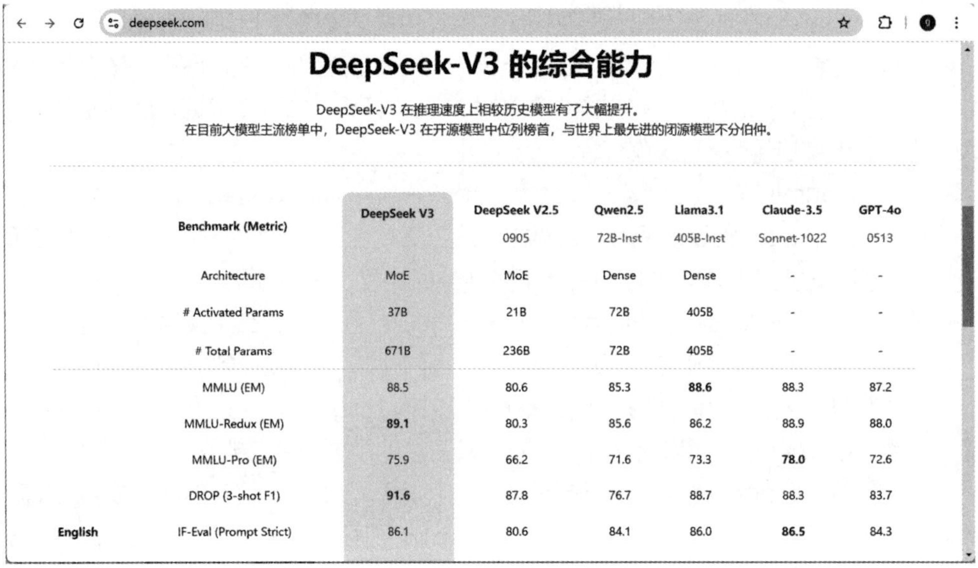

deepseek.com

DeepSeek-V3 的综合能力

DeepSeek-V3 在推理速度上相较历史模型有了大幅提升。
在目前大模型主流榜单中，DeepSeek-V3 在开源模型中位列榜首，与世界上最先进的闭源模型不分伯仲。

	Benchmark (Metric)	DeepSeek V3	DeepSeek V2.5 0905	Qwen2.5 72B-Inst	Llama3.1 405B-Inst	Claude-3.5 Sonnet-1022	GPT-4o 0513
	Architecture	MoE	MoE	Dense	Dense	-	-
	# Activated Params	37B	21B	72B	405B	-	-
	# Total Params	671B	236B	72B	405B	-	-
	MMLU (EM)	88.5	80.6	85.3	**88.6**	88.3	87.2
	MMLU-Redux (EM)	**89.1**	80.3	85.6	86.2	88.9	88.0
	MMLU-Pro (EM)	75.9	66.2	71.6	73.3	**78.0**	72.6
	DROP (3-shot F1)	**91.6**	87.8	76.7	88.7	88.3	83.7
English	IF-Eval (Prompt Strict)	86.1	80.6	84.1	86.0	**86.5**	84.3

图 1-1　DeepSeek 与其他大模型的对比数据

- 综合能力出众：在MMLU（包括标准版、Redux及Pro版本）的英语评测中，DeepSeek-V3的表现处于高水平，甚至与部分闭源模型（如Claude-3.5和GPT-4o）相当。中文评测（CLUEWSC、C-Eval和C-SimpleQA）上，DeepSeek-V3同样取得了最高分数，显示出其跨语言综合能力的均衡性。

（2）参数架构与效率

- MoE架构优势：DeepSeek-V3采用混合专家（MoE）架构，使得其在总参数量（671B）远高于某些密集模型（如Qwen2.5的72B、Llama3.1的405B）的同时，通过仅激活部分参数（37B）实现高效计算。这种设计不仅提升了模型容量，也保证了推理时的高效能。

（3）代码（Code）与数学（Math）能力

- 代码生成任务：在HumanEval-Mul、LiveCodeBench以及Codeforces等代码任务上，DeepSeek-V3均表现优于同类开源模型，显示出其在复杂编程和逻辑推理任务上的能力。
- 数学题解能力：表中AIME 2024、MATH-500和CNMO 2024等数学评测数据表明，DeepSeek-V3在数学推理和问题解决上有明显优势，其Pass@1及EM分数均高于其他模型，体现了更强的逻辑和数学处理能力。

（4）与闭源模型的对比：与闭源模型旗鼓相当

虽然部分指标（如 GPQA-Diamond 和 SimpleQA）上，闭源模型（如 Claude-3.5 和 GPT-4o）仍有一定优势，但整体来看，DeepSeek-V3 在大多数评测中都处于领先地位或与顶尖闭源模型不相上下，成为开源模型中的佼佼者。

（5）对比结论

- DeepSeek-V3在多个领域和任务中表现出色，尤其是在English、Code和Math等领域的任务中，其表现与世界上最先进的闭源模型不分伯仲。
- DeepSeek-V3在开源模型中位列榜首，显示出其在综合能力上的强大竞争力。
- DeepSeek-V3在多个指标上表现优异，显示出其在技术架构和训练方法上的优化效果。

综上所述，DeepSeek-V3 在推理速度、综合语言理解、代码生成以及数学推理等多个维度上均展现出显著的优势。其采用的 MoE 架构和高效的参数激活机制使其在保持大规模模型容量的同时，实现了高效计算和优异表现，已成为目前大模型主流榜单中开源模型的领跑者，并与世界上最先进的闭源模型比肩。

第2章 DeepSeek底层架构技术

扫码看本章视频

DeepSeek 的底层架构技术融合了多种前沿创新，构建了高效、灵活且强大的模型体系。其核心技术包括基于 Transformer 架构的序列处理能力，通过自注意力机制实现高效并行计算。同时，DeepSeek 引入了混合专家架构（MoE），通过动态任务分配和稀疏激活机制，显著提升了计算效率和模型容量。此外，DeepSeek 还采用了多头潜在注意力（MLA）技术，优化了长文本处理能力，并结合低秩压缩和动态负反馈调节等创新，进一步提升了模型的性能和效率。本章将详细讲解 DeepSeek 的底层架构技术知识。

2.1　Transformer 架构技术

Transformer 架构是 DeepSeek 模型的核心技术之一，它通过自注意力机制（Self-Attention Mechanism）处理序列数据，能够高效地捕捉长距离依赖关系。与传统的循环神经网络（RNN）和卷积神经网络（CNN）相比，Transformer 可以并行处理输入序列中的每个元素，大大提高了计算效率。

2.1.1　Transformer 简介

Transformer 是一种基于深度学习的架构，主要用于处理序列数据，如自然语言处理（NLP）和计算机视觉（CV）任务。它在 2017 年由 Vaswani 等人首次提出，并在论文《Attention Is All You Need》中进行了详细介绍。Transformer 的核心思想是完全基于注意力机制（Attention Mechanism），摒弃了传统的循环神经网络（RNN）和卷积神经网络（CNN）架构，从而在处理长序列数据时表现出更高的效率和性能。

在 Transformer 出现之前，循环神经网络（RNN）及其变体（如 LSTM 和 GRU）是处理序列数据的主要工具。然而，RNN 有如下两个主要缺点。

① 计算效率低：RNN 是按时间步依次处理序列数据的，无法并行计算。

② 难以捕捉长距离依赖：随着序列长度增加，信息在传递过程中容易丢失或衰减。

为了解决这些问题，Transformer 架构应运而生。Transformer 通过引入自注意力机制（Self-Attention Mechanism），能够并行处理整个序列，并且能够更有效地捕捉长距离依赖关系。

2.1.2　Transformer 的核心组件

Transformer 的架构主要由编码器（Encoder）和解码器（Decoder）组成，适用于序列到序列的任务（如机器翻译）。编码器负责将输入序列编码为上下文表示，解码器则根据编码器的输出生成目标序列。

（1）编码器（Encoder）

编码器由多个相同的层（通常称为“编码器层”）堆叠而成，每层包含下面两个主要模块。

- 多头自注意力机制（Multi-Head Self-Attention Mechanism）：这是Transformer 的核心部分。它允许模型在不同的表示子空间中同时学习信息，从而捕捉序列中不同位置之间的关系。

- 前馈神经网络（Feed-Forward Neural Network）：对每个位置的表示进行非线性变换，进一步提取特征。

每个模块后面都接有一个残差连接（Residual Connection）和层归一化（Layer Normalization），以改善训练过程中的信息传递和优化性能。

（2）解码器（Decoder）

解码器的结构与编码器类似，但有以下区别。

- 掩码多头自注意力机制（Masked Multi-Head Self-Attention Mechanism）：为了避免解码时看到未来的信息，解码器的自注意力模块会使用掩码（Mask）来屏蔽未来位置的输入。
- 编码器-解码器注意力机制（Encoder-Decoder Attention Mechanism）：解码器通过这一模块利用编码器的输出来生成目标序列。

（3）自注意力机制（Self-Attention Mechanism）

自注意力机制是 Transformer 的核心思想，它允许模型在计算某个位置的表示时，同时考虑序列中其他所有位置的信息。具体来说，自注意力机制通过以下步骤实现。

① 线性变换：将输入序列分别投影到查询（Query）、键（Key）和值（Value）三个空间。

② 计算注意力分数：通过查询和键的点积计算每个位置之间的相似度（注意力分数），并用 Softmax 函数进行归一化。

③ 加权求和：根据注意力分数对值进行加权求和，得到每个位置的输出。

（4）位置编码（Positional Encoding）

由于 Transformer 不像 RNN 那样依赖序列的顺序，因此需要一种方法来引入位置信息。位置编码是一种向量，它被加到输入嵌入（Embedding）上，以帮助模型理解序列中单词的位置关系。位置编码可以是固定的，也可以是学习得到的。

（5）应用场景

Transformer 在自然语言处理领域取得了巨大的成功，广泛应用于以下任务。

- 机器翻译：如Google的Transformer模型在机器翻译任务中取得了超越以往模型的性能。
- 文本生成：如GPT（Generative Pre-trained Transformer）系列模型，能够生成高质量的文本。
- 文本分类、问答系统、命名实体识别等NLP任务。
- 计算机视觉：Transformer也被引入到计算机视觉领域，如Vision Transformer（ViT）用于图像分类等任务。

（6）发展与变体

Transformer 的提出引发了深度学习领域的变革，许多基于 Transformer 的变体和改进模型不断涌现，例如：

- BERT（Bidirectional Encoder Representations from Transformers）：基于Transformer的编码器部分，用于预训练语言表示。

- GPT（Generative Pre-trained Transformer）：基于Transformer的解码器部分，用于生成文本。
- ViT（Vision Transformer）：将Transformer应用于图像处理，将图像划分为小块（Patch），然后作为序列输入。
- 多头注意力机制：是自注意力机制的一种扩展，它通过将自注意力机制分解为多个“头”（Head），让模型能够从不同的角度学习序列中的信息。
- 其他改进：如稀疏注意力机制（Sparse Attention）、长序列处理（如Longformer）等。

综上所述，Transformer 是一种革命性的架构，它通过自注意力机制和并行化处理，解决了传统序列模型的许多问题。它不仅在自然语言处理领域取得了巨大成功，还对计算机视觉等领域产生了深远影响。

2.1.3　多头注意力机制

多头注意力机制（Multi-Head Attention，MHA）是 Transformer 架构的核心组件之一，旨在通过多个独立的注意力头并行处理输入序列，从而捕捉不同子空间中的语义关联。DeepSeek 模型继承了多头注意力机制，通过多个并行的注意力头，模型能够在不同的子空间中同时捕捉输入序列中不同位置元素之间的复杂关系。例如，在处理句子时，多头注意力机制可以同时关注词汇之间的语法关系和语义关系。

多头注意力机制的主要原理和流程如下。

① 输入变换：输入序列首先通过三个不同的线性变换层，分别得到查询（Query, Q）、键（Key, K）和值（Value, V）矩阵。

② 分头处理：将 Q、K、V 矩阵分割成多个“头”（即子空间），每个头独立计算注意力权重。

③ 注意力计算：每个头通过缩放点积注意力（Scaled Dot-Product Attention）计算查询和键的点积，再通过 softmax 函数得到注意力权重，最后加权求和值矩阵，生成每个头的输出。对于每个注意力头，计算缩放点积注意力的公式如下：

$$\text{Attention}(Q,K,V)=\text{softmax}\left(\frac{QK^{\mathrm{T}}}{\sqrt{d_k}}\right)V$$

这里的 d_k 为每个头的维度。各头分别计算后，再将所有头的输出拼接起来，通过一个线性变换得到最终输出。

④ 拼接与融合：将所有头的输出拼接在一起，再通过一个线性变换层整合信息，得到最终的输出。

多头机制可以让模型同时关注输入序列中的不同位置和不同特征子空间，从而增强表示能力和捕捉长距离依赖的能力。

2.1.4　多头潜在注意力

在 DeepSeek 模型中，多头注意力机制被广泛应用于其基础架构中，尤其是在

DeepSeek-V2 和 DeepSeek-V3 版本中。然而，为了进一步优化计算效率和内存占用，DeepSeek-V3 引入了多头潜在注意力机制（Multi-Head Latent Attention，MLA）。

多头潜在注意力机制的核心原理和优化点如下。

（1）低秩联合压缩

MLA 通过低秩分解技术，将键（Key）和值（Value）矩阵分解为低秩矩阵的乘积。这种方法显著减少了 KV 矩阵的存储和计算开销。具体来说，利用低秩矩阵分解技术，将原始的高维 KV 矩阵 A 分解为两个较小矩阵 B 和 C 的乘积（例如 $A \approx BC$）。其中 B 和 C 的维度远小于 A 的维度。这种压缩不仅节约了存储空间，也使得后续的计算更加高效。

（2）旋转位置编码（RoPE）

MLA 使用旋转位置编码为查询（Query）和键（Key）添加位置信息，无需额外参数，同时能够更好地处理不同长度的序列。

（3）吸收式实现

MLA 进一步优化了注意力计算过程，通过将部分线性变换融入注意力分数计算中，减少了矩阵乘法操作，提升了计算效率。

由于 KV 缓存的体积大幅降低，DeepSeek 模型在处理长上下文（如 128K token 上下文）时能够更快地进行推理，内存和计算资源需求也明显降低，同时保持模型整体的性能不减，使得 DeepSeek-V3 在处理大规模数据时更加高效。

总体来说，多头注意力机制是 Transformer 架构的核心，而 DeepSeek 模型通过引入多头潜在注意力机制（MLA），进一步提升了模型在长序列处理中的效率和经济性。

注意：标准多头注意力和 MLA 对比

- **标准多头注意力：通过将查询、键和值分割到多个头中并行计算，每个头关注输入的不同子空间，从而捕捉到丰富的上下文信息。**
- **DeepSeek的创新（MLA）：在此基础上，DeepSeek（主要在其V2和V3系列中）对KV部分进行了低秩联合压缩，从而大幅降低内存占用和计算开销，提高了长上下文推理的效率。**
- **应用场景：这种机制特别适合于超大规模语言模型和需要处理长文本上下文的任务，这是DeepSeek系列模型能够在高效推理和经济训练上取得优势的重要原因。**

2.2 动态任务分配

动态任务分配是一种在多任务系统、混合专家模型（Mixture-of-Experts，MoE）、分布式计算或其他复杂系统中，根据实时输入或系统状态动态调整任务分配的机制。它能够根据不同的输入、环境或需求灵活地调整任务的处理方式，从而提高系统的效率和适应性。

2.2.1 动态任务分配的特点和原理

动态任务分配是一种根据实时输入或系统状态动态调整任务分配的机制，允许系统根据当前的需求、资源可用性或输入特征，灵活地分配任务到不同的处理单元（如专家模型、计算节点或线程）。与静态任务分配（固定分配任务）不同，动态任务分配能够根据变化的条件实时调整，从而提高系统的灵活性和效率。

（1）主要特点

动态任务分配的主要特点如下。

- 灵活性：能够根据输入或环境的变化动态调整任务分配。
- 实时性：任务分配是实时进行的，能够快速响应系统状态的变化。
- 资源优化：通过动态调整任务分配，优化资源利用，避免资源浪费。
- 适应性：能够适应不同的输入特征和任务需求。

（2）工作原理

① 输入感知：动态任务分配机制首先需要感知输入数据的特征或系统的当前状态，这些特征可能包括：

- 输入数据的类型或内容（如图像、文本、语音等）。
- 输入数据的复杂度或规模。
- 系统的当前负载情况（如CPU、内存使用率）。
- 当前任务的优先级或紧急性。

② 决策机制：根据输入感知的结果，动态任务分配机制需要做出决策，决定如何分配任务。这通常涉及以下步骤。

- 评估任务需求：根据输入特征评估当前任务的资源需求。
- 评估资源可用性：检查系统中可用的资源（如专家模型的容量、计算节点的负载）。
- 决策算法：根据任务需求和资源可用性，选择最优的任务分配方案。常见的决策算法包括：

基于规则的决策：根据预定义的规则进行任务分配。

基于学习的决策：通过机器学习模型（如神经网络）学习任务分配的最优策略。

优化算法：如线性规划、动态规划等，用于求解最优的任务分配方案。

③ 任务分配：根据决策机制的结果，将任务分配到不同的处理单元。这些处理单元可以是：

- 专家模型：在混合专家架构（MoE）中，动态选择最适合当前输入的专家模型。
- 计算节点：在分布式计算系统中，动态分配任务到不同的计算节点。
- 线程或进程：在多线程或多进程系统中，动态分配任务到不同的线程或进程。

④ 反馈与调整：动态任务分配机制通常需要一个反馈机制，用于评估分配结果的性能，并根据需要进行调整。例如：

- 性能监控：监控任务的执行时间和资源消耗。
- 动态调整：根据性能监控的结果，动态调整任务分配策略，以优化系统性能。

2.2.2　动态任务分配的应用场景

动态任务分配是一种灵活的资源管理策略，广泛应用于多个领域和系统中，以提高效率、优化资源利用并增强系统的适应性。下面是动态任务分配的主要应用场景，按领域和系统类型进行分类。

（1）人工智能与机器学习领域

① 大模型应用：在大模型应用中，动态任务分配机制使得模型能够根据输入数据的特征动态选择最适合的方式来处理任务。

- 语言翻译：根据输入文本的语言特征（如语言种类、语义复杂度）动态选择专家模型，提高翻译质量和效率。
- 文本生成：根据生成任务的上下文动态分配任务，优化生成内容的多样性和连贯性。
- 图像分类：根据图像的内容（如场景类型、物体类别）动态选择专家模型，提高分类准确率。
- 目标检测：根据图像中目标的复杂度和分布动态分配任务，优化检测性能。
- 多模态学习：处理图像、文本、语音等多种模态数据时，动态任务分配可以根据模态特征选择最适合的专家模型，提升多模态任务的性能。

② 多任务学习：在多任务学习中，动态任务分配可以根据任务的优先级、输入特征或资源可用性动态调整任务的处理顺序和分配方式。

- 多任务深度学习：根据任务的紧急性或输入数据的类型动态分配任务到不同的神经网络模块，优化模型的性能。
- 强化学习：在多智能体系统中，动态任务分配可以根据环境状态动态调整智能体的任务分配，提高系统的整体效率。

③ 自适应计算：在自适应计算系统中，动态任务分配可以根据输入数据的复杂度动态调整计算资源的分配。

- 动态计算资源分配：根据输入数据的规模或复杂度动态分配计算节点或线程，优化计算效率。
- 自适应模型选择：根据输入数据的特征动态选择最适合的模型架构，减少计算资源的浪费。

（2）分布式计算与云计算

① 云计算：在云计算环境中，动态任务分配可以根据当前的负载情况和资源可用性动态分配任务到不同的计算节点。

- 负载均衡：根据服务器的当前负载动态分配用户请求，避免某些节点过载而其他节点闲置。
- 弹性资源分配：根据用户的任务需求动态扩展或收缩计算资源，优化资源利用效率。
- 多租户环境：在多租户云环境中，动态任务分配可以根据租户的任务优先级和资源需求动态分配资源，确保公平性和效率。

② 高性能计算（HPC）：在高性能计算中，动态任务分配可以优化大规模计算任务的执行效率。

- 并行计算任务分配：根据任务的依赖关系和计算节点的负载动态分配任务，减少等待时间和提高吞吐量。

- 动态调度：根据任务的优先级和资源可用性动态调整任务的执行顺序，优化整体计算效率。

③ 边缘计算：在边缘计算中，动态任务分配可以根据设备的资源限制和任务的实时性要求动态分配任务。

- 设备间任务分配：根据设备的计算能力和当前负载动态分配任务到不同的边缘设备，优化响应时间和资源利用。
- 云边协同：动态分配任务到云端或边缘设备，根据任务的复杂度和实时性要求灵活调整资源分配。

（3）实时系统与工业自动化

① 自动驾驶：在自动驾驶系统中，动态任务分配可以根据传感器数据的实时变化动态调整任务的处理顺序和资源分配。

- 传感器数据处理：根据传感器数据的紧急性和重要性动态分配处理任务，确保系统的实时性和安全性。
- 路径规划与决策：根据实时交通状况动态调整路径规划任务的优先级，优化行驶路径。

② 工业自动化：在工业自动化中，动态任务分配可以根据生产线的实时状态动态调整任务的分配。

- 生产任务调度：根据生产设备的当前状态和任务的优先级动态分配生产任务，优化生产效率。
- 故障检测与处理：根据实时检测到的故障信息动态调整任务分配，优先处理关键故障。

③ 智能监控系统：在智能监控系统中，动态任务分配可以根据监控数据的实时变化动态调整任务的处理顺序。

- 视频流处理：根据视频流中的异常事件动态分配处理任务，优先处理高优先级事件。
- 多传感器融合：根据传感器数据的实时性要求动态分配任务到不同的处理单元，优化系统响应时间。

（4）网络与通信系统

① 网络流量管理：在网络流量管理中，动态任务分配可以根据网络的实时状态动态分配流量到不同的路径或节点。

- 负载均衡：根据网络链路的当前负载动态分配流量，避免拥塞。
- 服务质量（QoS）管理：根据流量的优先级动态调整资源分配，确保高优先级流量的传输质量。

② 无线通信：在无线通信系统中，动态任务分配可以根据信道状态和用户需求动态分配资源。

- 信道分配：根据信道的实时状态动态分配频段，优化通信效率。
- 用户调度：根据用户的任务需求和信道质量动态调整资源分配，确保公平性和效率。

③ 数据中心网络：在数据中心网络中，动态任务分配可以根据流量的实时变化动

态调整资源分配。

- 流量工程：根据流量的变化动态调整流量路径，优化网络利用率。
- 资源池化：动态分配计算、存储和网络资源，根据任务需求灵活调整资源分配。

（5）多智能体系统与机器人技术

① 多智能体协作：在多智能体系统中，动态任务分配可以根据任务的需求和智能体的能力动态分配任务。

- 任务分配：根据任务的复杂度和智能体的能力动态分配任务，优化协作效率。
- 动态调整：根据任务的执行情况动态调整任务分配，确保系统的灵活性和适应性。

② 机器人任务调度：在机器人系统中，动态任务分配可以根据任务的紧急性和机器人的状态动态调整任务分配。

- 任务优先级调整：根据任务的紧急性和机器人的当前状态动态调整任务的优先级。
- 资源优化：根据机器人的资源限制动态分配任务，优化任务执行效率。

③ 无人机群控制：在无人机群控制中，动态任务分配可以根据任务需求和无人机的状态动态调整任务分配。

- 任务分配：根据任务的复杂度和无人机的能力动态分配任务，优化任务执行效率。
- 动态调整：根据任务的执行情况动态调整任务分配，确保系统的灵活性和适应性。

总之，动态任务分配是一种极具灵活性和适应性的资源管理策略，广泛应用于人工智能、分布式计算、实时系统、网络通信和多智能体系统等领域。它根据实时输入或系统状态动态调整任务分配，优化资源利用效率，提高系统的整体性能和适应性。随着技术的不断发展，动态任务分配将在更多领域发挥重要作用，特别是在面对复杂多变的输入和资源限制时，其优势将更加明显。

2.3 稀疏激活机制

稀疏激活机制是一种在深度学习和大规模计算系统中广泛使用的策略，旨在通过减少不必要的计算和存储，提高模型的效率和性能。它通过使网络的激活输出在大多数情况下接近于零，从而减少计算量和内存占用。稀疏激活机制在混合专家架构（MoE）、神经网络优化、自然语言处理和计算机视觉等领域都有重要应用。

2.3.1 稀疏激活机制简介

稀疏激活机制是指在神经网络或其他计算模型中，通过设计激活函数或网络结构，使大部分神经元的输出为零或接近于零。这种机制的核心思想如下。

- 减少计算量：只有部分神经元被激活，从而减少不必要的计算。
- 减少存储需求：稀疏输出可以使用稀疏存储格式（如CSR或COO），减少内存占用。
- 提高模型效率：通过减少计算和存储需求，提高模型的训练和推理效率。

（1）特点

稀疏激活机制的基本特点如下。

- 稀疏性（Sparsity）：网络的输出大部分为零，只有少数神经元被激活。

- 动态性：稀疏激活通常是动态的，即根据输入数据的特征动态决定哪些神经元被激活。
- 高效性：稀疏激活机制显著减少了计算量和内存占用，提高了模型的运行效率。

（2）优势

稀疏激活机制的优势如下。

① 减少计算量：稀疏激活机制通过减少激活的神经元数量，显著减少了计算量。例如：

- 在MoE中，每个输入只激活部分专家，计算量可以减少一个数量级。
- 在稀疏卷积网络中，只计算非零输入，减少了卷积操作的计算量。

② 减少内存占用：稀疏激活机制通过稀疏存储格式（如 CSR 或 COO）存储输出，减少了内存占用。例如在稀疏 Transformer 中，稀疏激活机制可以减少内存占用，优化模型的推理效率。

③ 提高模型效率：稀疏激活机制通过减少计算量和内存占用，显著提高了模型的训练和推理效率。例如在 Switch Transformer 中，稀疏激活机制使模型能够扩展到万亿参数规模，同时保持高效的训练和推理。

④ 增强模型适应性：稀疏激活机制通过动态选择激活的神经元或专家，增强了模型对多样化输入的适应性。例如在多语言翻译中，不同的专家可以专注于处理不同的语言对或语言风格，通过稀疏激活机制动态选择最适合的专家。

总之，稀疏激活机制是一种通过减少不必要的计算和存储来提高模型效率的重要策略，通过使网络的激活输出在大多数情况下接近于零，显著减少了计算量和内存占用，同时增强了模型的适应性和灵活性。

2.3.2　稀疏激活机制的实现方式

稀疏激活机制的实现方式主要围绕如何使网络的激活输出更加稀疏，从而减少计算量和内存占用。接下来将介绍几种常见的实现方式，按激活函数、门控机制、训练技术和其他优化手段分类介绍。

（1）基于激活函数的稀疏激活机制

① ReLU 及其变体

ReLU（Rectified Linear Unit）是最常用的激活函数之一，它通过将负值置为零，自然地引入了稀疏性。

- 公式

$$f(x)=\max(0,x)$$

- 变体

Leaky ReLU：允许负值通过一个小的斜率，避免完全稀疏。

$$(x)=\begin{cases} x, & \text{if } x>0 \\ ax, & \text{if } x\leqslant 0 \end{cases}$$

Thresholded ReLU：设置一个阈值 θ，只有当输入大于阈值时才激活。

$$(x)=\begin{cases} x, & \text{if } x>0 \\ 0, & \text{otherwise} \end{cases}$$

② Sparsemax

Sparsemax 是一种改进的 Softmax 函数，输出稀疏分布，使大部分输出为零。公式如下：

$$\text{sparsemax}(z)=\max(z-\tau(z),0)$$

其中，$\tau(z)$ 是一个阈值函数，确保输出的稀疏性。

③ Hard Sigmoid

Hard Sigmoid 是一种分段线性函数，输出值在 0 和 1 之间，通过阈值化引入稀疏性。公式如下：

$$(x)=\begin{cases} 0, & \text{if } x<-2.5 \\ \dfrac{x+2.5}{5} & \text{if } -2.5\leqslant x\leqslant 2.5 \\ 1 & \text{if } x>2.5 \end{cases}$$

（2）基于门控机制的稀疏激活

① Top-K 选择：在混合专家架构（MoE）中，通过门控网络动态选择权重最高的 K 个专家进行激活，其余专家不参与计算。实现 Top-K 选择的具体步骤如下。

- 门控网络：计算每个专家的权重分布$g(x)$。
- Top-K选择：选择权重最高的K个专家。
- 稀疏激活：只有被选中的专家被激活，其余专家的输出为零。

② 稀疏门控网络：设计稀疏输出的门控网络，直接输出稀疏权重分布。这种设计的核心是通过特定的激活函数和动态调整机制，确保门控网络的输出具有稀疏性，从而实现稀疏激活机制。

- 激活函数：使用Sparsemax或Thresholded ReLU作为门控网络的激活函数。
- 动态调整：根据输入数据的特征动态调整门控网络的输出，确保稀疏性。

③ 动态门控机制：在某些情况下，门控网络可以根据输入数据的复杂度动态调整激活的专家数量。这种动态调整能力使得模型能够更灵活地适应不同的输入场景，从而优化计算效率和性能。

- 自适应K值：为了实现这种动态调整，门控网络可以根据输入数据的复杂度动态选择激活的专家数量。具体来说，通过调整Top-K选择机制中的K值，模型可以在需要时激活更多的专家以处理复杂的输入，而在简单输入时减少激活的专家数量，从而节省计算资源。
- 负载均衡：除了动态调整激活的专家数量，合理的门控机制还需要确保专家之间的负载均衡。通过设计负载均衡策略，门控网络可以避免某些专家过载而其他专家闲置的情况，从而提高整个系统的效率和稳定性。

（3）基于训练技术的稀疏激活

① L1 正则化：通过在训练过程中引入 L1 正则化，惩罚权重的绝对值，使模型倾向于稀疏权重分布。L1 正则化的公式如下所示：

$$\text{Loss} = \text{Original}\quad \text{Loss} + \lambda \sum_{i} |w_i|$$

其中，λ 是正则化系数。

② 权重剪枝：在训练完成后，移除权重较小的连接，使模型更加稀疏。

- 静态剪枝：一次性移除权重较小的连接。
- 动态剪枝：在训练过程中动态调整剪枝策略，进一步优化模型的稀疏性。

③ 稀疏训练：通过稀疏初始化和稀疏更新策略，使模型在训练过程中自然地倾向于稀疏激活。

- 稀疏初始化：初始化时设置部分权重为零。
- 稀疏更新：在反向传播中，只更新非零权重。

（4）基于系统优化的稀疏激活

为了进一步提升稀疏激活机制的效率和适用性，可以从系统层面进行优化。这些优化方法主要集中在存储、通信和动态调整策略上，以减少内存占用、通信开销，并根据系统状态灵活调整激活策略。

① 稀疏存储：优化存储方式是减少内存占用的关键。稀疏激活机制通常会产生大量零值输出，因此使用稀疏存储格式可以显著节省内存资源。具体方法包括：

- 稀疏存储格式：采用CSR（Compressed Sparse Row）或COO（Coordinate Format）等稀疏存储格式，仅存储非零值及其索引，从而减少内存占用。
- 稀疏张量：在深度学习框架中，利用稀疏张量来存储和处理稀疏激活输出。例如，TensorFlow和PyTorch都支持稀疏张量操作，能够高效处理稀疏数据。
- 稀疏矩阵运算：借助专门的稀疏矩阵运算库（如SciPy、PyTorch Sparse）优化计算效率。这些库提供了高效的稀疏矩阵运算功能，能够显著减少计算时间和内存占用。

② 稀疏通信：在分布式系统中，通信开销往往是性能瓶颈之一。通过优化通信协议，可以减少不必要的数据传输，从而提高系统的整体效率。具体方法包括：

- 稀疏通信协议：仅传输激活的神经元或专家的输出，避免传输大量零值数据，从而减少通信量。
- 异步通信：允许不同节点异步处理任务，减少通信等待时间。这种机制特别适用于大规模分布式系统，能够有效提高系统的吞吐量和响应速度。

③ 动态调整：为了更好地适应不同的输入和系统状态，稀疏激活策略需要具备动态调整能力。通过实时监控系统的负载情况和任务执行效率，可以灵活调整激活策略，从而优化系统性能。具体方法包括：

- 负载监控：实时监控系统的负载情况，根据当前的资源使用状态动态调整激活策略。例如，当系统负载较高时，可以减少激活的专家数量，以避免过载。
- 性能反馈：根据任务的执行时间和资源消耗，动态调整稀疏激活策略。通过监控任务的实际运行情况，系统可以自动优化激活策略，以达到最佳性能。

2.3.3 稀疏激活机制的应用领域

稀疏激活机制作为一种高效的计算优化策略，在多个领域得到了广泛应用。

（1）自然语言处理（NLP）

① 语言模型：现代语言模型（如 GPT、BERT）通常包含数十亿甚至数千亿参数，计算和存储成本极高。稀疏激活机制通过动态选择激活的神经元或专家，显著减少了计算量和内存占用。具体应用如下。

- Switch Transformer：通过Top-K选择机制，每个输入只激活权重最高的K个专家，而不是所有专家，计算量可以减少一个数量级。
- 稀疏Transformer：通过稀疏注意力机制，将计算复杂度从$O(n^2)$降低到$O(n\log n)$或更低，适用于长序列处理。

② 多语言翻译：多语言翻译任务需要处理多种语言对，不同语言对的处理需求差异较大。稀疏激活机制可以根据输入语言动态选择最适合的专家模型。应用如下。

- 动态语言选择：不同的专家可以专注于处理不同的语言对或语言风格，通过稀疏激活机制动态选择最适合的专家，提高翻译质量和效率。
- 负载均衡：通过设计合理的门控机制，确保不同语言对的处理负载均衡，避免某些专家过载。

③ 文本生成：文本生成任务（如对话系统、内容生成）需要模型根据上下文动态生成多样化的输出。稀疏激活机制可以通过动态选择激活的神经元，提高生成内容的多样性和连贯性。具体应用如下。

- 动态上下文感知：根据输入上下文动态选择激活的专家，生成更符合语境的文本。
- 稀疏激活函数：使用Sparsemax或Thresholded ReLU等稀疏激活函数，减少计算量并提高生成效率。

（2）计算机视觉（CV）

① 图像分类：图像分类任务需要处理大量图像数据，计算和存储需求较高。稀疏激活机制可以通过稀疏卷积和动态选择激活的神经元，减少计算量和内存占用。具体应用如下。

- 稀疏卷积网络：只计算非零输入，减少卷积操作的计算量，适用于处理稀疏图像数据（如点云）。
- 动态激活：根据图像内容动态选择激活的神经元，提高分类准确率。

② 目标检测：目标检测任务需要处理复杂的图像场景，计算复杂度较高。稀疏激活机制可以通过动态选择激活的检测模块，减少计算量并提高检测效率。具体应用如下。

- 稀疏检测模块：根据输入图像的复杂度动态选择激活的检测模块，减少不必要的计算。
- 负载均衡：通过设计合理的门控机制，确保不同检测模块之间的负载均衡。

③ 图像分割：图像分割任务需要处理高分辨率图像，计算和存储需求极高。稀疏激活机制可以通过稀疏卷积和动态激活策略，减少计算量和内存占用。具体应用如下。

- 稀疏分割网络：使用稀疏卷积操作，只计算非零输入，减少分割操作的计算量。
- 动态分割模块：根据图像内容动态选择激活的分割模块，提高分割效率。

（3）分布式计算与云计算

① 云计算：云计算环境需要高效地分配计算任务，以优化资源利用。稀疏激活机制可以通过动态任务分配，减少计算量和通信开销。具体应用如下。

- 动态任务分配：根据当前的负载情况动态分配任务到不同的计算节点，优化资源利用。
- 稀疏通信：仅传输激活的节点的输出，减少通信量和通信开销。

② 高性能计算（HPC）：高性能计算任务通常需要处理大规模数据，计算复杂度极高。稀疏激活机制可以通过动态选择激活的计算节点，减少计算量并提高效率。具体应用如下。

- 稀疏计算任务：通过稀疏激活机制，减少不必要的计算，优化计算效率。
- 负载均衡：通过设计合理的门控机制，确保不同计算节点之间的负载均衡。

（4）实时系统与边缘计算

① 自动驾驶：自动驾驶系统需要实时处理大量传感器数据，计算和存储需求极高。稀疏激活机制可以通过动态选择激活的处理模块，减少计算量并提高响应速度。具体应用如下。

- 动态传感器处理：根据传感器数据的实时性要求动态选择激活的处理模块，减少计算量。
- 负载均衡：通过设计合理的门控机制，确保不同处理模块之间的负载均衡。

② 边缘计算：边缘计算环境需要在资源受限的设备上高效处理任务。稀疏激活机制可以通过动态选择激活的神经元，减少计算量并优化资源利用。

（5）多智能体系统与机器人技术

① 多智能体协作：多智能体系统需要动态分配任务，以优化协作效率。稀疏激活机制可以通过动态选择激活的智能体，减少计算量并提高协作效率。

② 机器人任务调度：机器人系统需要高效处理多种任务，计算和存储需求较高。稀疏激活机制可以通过动态选择激活的任务模块，减少计算量并提高任务执行效率。

总之，稀疏激活机制在自然语言处理、计算机视觉、分布式计算、实时系统和多智能体系统等领域得到了广泛应用。通过减少不必要的计算和存储，稀疏激活机制显著提高了模型的效率和性能。在实际应用中，稀疏激活机制可以根据具体需求进行灵活设计和优化，从而在大规模模型和复杂任务中发挥更大的作用。

2.4　混合专家架构技术

DeepSeek 引入了混合专家架构（Mixture-of-Experts，MoE），将模型划分为多个专家子模型，每个子模型专注于处理不同的任务或领域。MoE 架构通过动态任务分配和稀疏激活机制，减少了不必要的计算量，提升了模型的效率和灵活性。例如，DeepSeek-V3 拥有 6710 亿参数，但每个输入 token 仅激活 370 亿参数。

2.4.1 混合专家架构简介

混合专家架构（Mixture-of-Experts，MoE）是一种用于提升模型性能和效率的架构，广泛应用于深度学习领域，尤其是在自然语言处理（NLP）和计算机视觉（CV）中。MoE 的核心思想是将多个专家模型（Experts）组合在一起，通过一个门控机制（Gating Mechanism）动态地选择最适合处理当前输入的专家。

（1）定义

在 MoE 架构中，动态任务分配的职责是通过门控网络根据输入数据的特征动态地决定每个专家对当前任务的贡献权重。这种分配方式不是固定的，而是根据输入的变化实时调整，从而实现“按需分配”的计算资源利用。

（2）门控网络的作用

门控网络是动态任务分配的核心组件，它的主要职责如下：

- 接收输入数据x。
- 计算每个专家对当前输入的适用性，输出一个权重分布$g(x)=[g_1(x), g_2(x), \ldots, g_k(x)]$。权重分布决定了每个专家对最终输出的贡献大小。

（3）权重计算方式

门控网络通常是一个简单的神经网络或线性层，其输出经过归一化处理（如 Softmax），以确保权重分布的和为 1。具体公式如下：

$$g_i(x)=\frac{\exp\left(f_i(x)\right)}{\sum_{j=1}^{k}\exp\left(f_j(x)\right)}$$

其中，$f_i(x)$ 是门控网络为第 i 个专家计算的原始分数；$g_i(x)$ 是归一化后的权重，表示第 i 个专家对当前输入的贡献。

（4）动态任务分配的工作流程

① 输入阶段：输入数据 x 同时送入门控网络和所有专家模型。

② 门控网络计算权重：门控网络根据输入 x 计算每个专家的权重分布 $g(x)$。权重分布反映了每个专家对当前输入的适用性。

③ 专家处理输入：每个专家模型独立处理输入数据 x，生成自己的输出 $E_i(x)$。

④ 加权求和生成最终输出：根据门控网络分配的权重，将所有专家的输出加权求和，生成最终的输出：

$$y(x)=\sum_{i=1}^{k}g_i(x)\cdot E_i(x)$$

2.4.2 MoE 的特点

混合专家架构（MoE）是一种高效且灵活的模型架构，广泛应用于自然语言处理（NLP）、计算机视觉（CV）和多模态任务中。MoE 的核心特点在于其能够动态分配任务给多个专家模型（Experts），并通过门控网络（Gating Network）实现稀疏激活，从而提高模型的性能和效率。以下将详细介绍 MoE 的特点。

（1）动态任务分配

MoE 通过门控网络动态选择最适合处理当前输入的专家模型，这种动态分配机制使得模型能够根据输入数据的特征灵活调整处理方式，从而更好地适应多样化的任务需求。例如：

- 在多语言翻译任务中，不同的专家可以专注于处理不同的语言对或语言风格。
- 在多模态任务中，不同的专家可以处理图像、文本或语音等不同模态的数据。

（2）任务适应性

MoE 能够根据输入数据的复杂度动态调整任务分配策略。例如：

- 对于简单的输入，可以激活较少的专家，减少计算量。
- 对于复杂的输入，可以激活更多的专家，提高处理能力。

（3）稀疏激活机制

MoE 通过稀疏激活机制显著减少了计算量和内存占用，具体方法包括：

- Top-K选择：每个输入只激活权重最高的K个专家，而不是所有专家。这种机制可以将计算量减少一个数量级。
- 稀疏门控网络：使用Sparsemax或Thresholded ReLU等稀疏激活函数，直接输出稀疏权重分布，减少不必要的计算。

（4）负载均衡

MoE 通过设计合理的门控机制，确保专家之间的负载均衡，避免某些专家过载而其他专家闲置。例如：

- 动态负载监控：实时监控专家的负载情况，动态调整任务分配。
- 启发式算法：使用遗传算法、蚁群算法等优化负载均衡策略。

（5）扩展性

MoE 通过增加专家的数量来扩展模型容量，而不是简单地增加单个模型的参数量。这种方法在不显著增加计算复杂度的情况下，提升了模型的表达能力。例如在大规模语言模型中，通过增加专家数量，模型能够处理更复杂的任务，同时保持高效的训练和推理。

（6）多样性

MoE 允许每个专家专注于处理输入数据的不同方面，从而提高了模型的多样性。例如：

- 在图像分类任务中，不同的专家可以处理图像的不同区域或特征。
- 在文本生成任务中，不同的专家可以生成不同风格的文本内容。

（7）灵活的架构设计

MoE 架构可以通过增加专家数量或扩展每个专家的复杂度来适应不同的任务需求。这种可扩展性使得 MoE 能够灵活地应用于从小型任务到超大规模语言模型的各种场景。例如：

- 在小型任务中，可以使用较少的专家和简单的专家模型。
- 在大规模任务中，可以增加专家数量并使用复杂的深度神经网络作为专家。

（8）分布式计算支持

MoE 架构特别适合分布式计算环境，可以通过将专家分布在不同的计算节点上，高效利用分布式计算资源。例如：

- 在分布式训练中，通过稀疏通信协议减少通信开销，优化计算效率。
- 在云计算环境中，根据当前负载动态分配任务到不同的计算节点。

（9）实时性

MoE 架构特别适合实时系统，能够根据实时输入动态调整任务分配，优化响应时间和资源利用。例如：

- 在自动驾驶系统中，根据传感器数据的实时性要求动态调整任务分配。
- 在边缘计算环境中，根据设备的资源状态动态分配任务。

上述特点使得 MoE 在自然语言处理、计算机视觉和多模态任务中表现出色，尤其在处理复杂任务和大规模数据时，能够显著提高模型的性能和效率。

2.4.3 MoE 的应用

混合专家架构（MoE）因其灵活性、高效性和可扩展性，在多个领域得到了广泛应用。

（1）自然语言处理（NLP）

- 语言模型：如Switch Transformer，通过激活部分专家，减少计算量，提升效率。
- 多语言翻译：不同专家处理不同语言对，动态选择最适合的专家，提高翻译质量。
- 文本生成：根据上下文动态选择专家，生成更符合语境的文本。

（2）计算机视觉（CV）

- 图像分类：通过稀疏卷积和动态激活，减少计算量，提高分类准确率。
- 目标检测：动态选择激活的检测模块，减少计算量，提升检测效率。
- 图像分割：使用稀疏卷积和动态激活策略，减少计算量和内存占用。

（3）多模态任务

- 图像-文本生成：不同专家处理不同模态数据（图像或文本），动态选择专家，提高生成效率。
- 语音-文本翻译：动态选择专家处理语音和文本数据，优化翻译效率和质量。

（4）分布式计算与云计算

- 云计算：动态分配任务到不同计算节点，减少通信量，优化资源利用。
- 高性能计算（HPC）：通过稀疏激活机制，减少计算量，提高效率。

（5）实时系统与边缘计算

- 自动驾驶：动态选择处理模块，减少计算量，提高响应速度。
- 边缘计算：动态分配任务，减少内存占用，优化资源利用。

（6）多智能体系统与机器人技术

- 多智能体协作：动态分配任务给不同智能体，优化协作效率。
- 机器人任务调度：根据任务优先级动态选择处理模块，提高任务执行效率。

总之，MoE 通过动态选择专家，显著提升了模型的灵活性、效率和适应性，广泛应用于自然语言处理、计算机视觉、多模态任务、分布式计算、实时系统和多智能体系统等领域。

2.4.4　DeepSeek 中的 MoE

在 DeepSeek 系列模型（如 DeepSeek-V2 和 DeepSeek-V3）中，MoE 架构主要被嵌入到 Transformer 的前馈网络（FFN）部分，以替代传统的全连接层。

（1）MoE 架构的特点

① 专家分类与分工：DeepSeek 的 MoE 架构通常将专家分为两类。

- 共享专家（Shared Experts）：这些专家始终处于激活状态，负责捕捉全局、通用的知识信息。
- 路由专家（Routed Experts）：每个输入Token通过门控网络动态选择激活少数几个专家，这些专家专注于处理更细粒度、专门化的特征信息。

例如，在 DeepSeek-V3 中，据报道使用了 1 个共享专家和 256 个路由专家，每个 Token 大约会激活 8 个路由专家。

② 门控路由机制：为了决定每个 Token 应激活哪些专家，模型使用了一个门控网络（Gating Network）。

- 门控网络根据输入Token计算每个专家的亲和度分数，并选择分数最高的Top-K个专家。
- DeepSeek在此基础上进一步创新，引入了一种无辅助损失的负载均衡策略。也就是说，当某个专家过载时，会动态调整其偏置项（例如降低偏置值），反之则增加偏置，确保各个专家的负载尽量均衡，从而避免部分专家“闲置”或“饱和”的问题。

③ 低秩联合压缩：与传统 MoE 相比，DeepSeek 对注意力模块中的键和值（KV）引入了低秩压缩技术。通过对高维 KV 矩阵进行低秩分解，模型将原始信息压缩到一个潜在空间中，再在必要时还原，这一过程大幅减少了 KV 缓存的存储需求，提高了推理效率。

低秩联合压缩技术在 DeepSeek 的 MoE 架构中非常关键，特别是在处理超长上下文（例如 128K token）时，可以显著降低内存占用和通信成本。

（2）工作流程

在 DeepSeek 中，混合专家架构（MoE）的工作流程如下。

① 输入与线性变换：在 Transformer 层中，输入首先经过标准的线性变换生成隐层表示，然后进入 MoE 层。

② 门控网络路由：每个输入 Token 经过门控网络，计算出与所有专家的亲和度分数。模型选出分数最高的 Top-K 个专家（例如 K=2 或更多），并对选中的专家输出进行加权融合。这种选择是动态的，允许模型根据输入内容选择最适合的专家进行处理。

③ 专家计算与输出合并：被选中的每个专家都是一个独立的前馈网络，分别计算输出后，这些输出会按权重加权求和，形成该 Token 在该层的最终表示。整个专家计算是稀疏计算，即每个 Token 只触发少量专家，从而大大降低了计算量。

④ 低秩压缩的结合：在部分实现中，尤其在注意力模块中，对 KV 矩阵的低秩压缩进一步减少了内存和带宽消耗，使得整个 MoE 层在推理时更加高效。

2.5 归一化技术

归一化技术是机器学习和深度学习中的一种重要预处理方法，用于调整数据的分布，使其具有统一的尺度或范围。归一化可以加速模型的收敛速度，提高模型的性能，并减少特征之间的量纲差异对模型训练的影响。在 DeepSeek 产品中，DeepSeekMoE 模型采用了 RMSNorm 归一化技术来替代传统的 LayerNorm。

2.5.1 归一化技术的必要性

在机器学习和深度学习中，数据通常来自不同的特征或维度，这些特征的量纲和范围可能差异很大。例如：

- 一个特征可能是价格（范围从几元到几万元）；
- 另一个特征可能是年龄（范围从0到100）；
- 还有一个特征可能是评分（范围从0到1）。

这种量纲和范围的差异会导致以下问题：

- 梯度下降效率低：特征范围差异大时，梯度下降的收敛速度会变慢。
- 模型性能下降：某些算法（如K-Means、KNN、SVM等）对特征的尺度非常敏感，未归一化的数据可能导致模型性能下降。
- 数值稳定性问题：在深度学习中，未归一化的数据可能导致数值计算不稳定。

因此，归一化是数据预处理中的一个重要步骤，能够显著提升模型的训练效率和性能。

归一化技术是机器学习和深度学习中的重要预处理步骤，能够显著提升模型的训练效率和性能。常见的归一化技术包括最小 - 最大归一化、Z-Score 标准化、最大绝对值归一化、Robust Scaler、BatchNorm、LayerNorm、InstanceNorm、GroupNorm 和 RMSNorm。选择合适的归一化技术需要根据数据分布、任务需求和计算效率进行综合考虑。

2.5.2 LayerNorm 技术

LayerNorm 是一种归一化技术，广泛应用于深度学习模型中，尤其是在自然语言处理（NLP）和 Transformer 架构中。它通过在每一层对输入数据进行归一化，确保数据具有零均值和单位方差，从而提高模型的训练效率和稳定性。

（1）归一化过程

LayerNorm 的核心思想是通过调整每一层的输入数据，使其具有零均值和单位方差。具体步骤如下。

① 计算均值和方差：对于输入向量 $x=[x_1,x_2,...,x_H]$，计算其均值 μL 和方差 σ_L^2。

$$\mu L=\frac{1}{H}\sum_{i=1}^{H}x_i$$

$$\sigma_L^2 = \frac{1}{H}\sum_{i=1}^{H}(x_i - \mu L)^2$$

② 标准化：使用均值和方差对输入数据进行标准化。

$$\hat{x}_i = \frac{x_i - \mu L}{\sqrt{\sigma_L^2 + \epsilon}}$$

其中，ϵ 是一个小常数（如 10^{-5} 或 10^{-6}），用于防止除零。

③ 缩放和平移：为了增加模型的灵活性，LayerNorm 在标准化后引入了可学习的参数 γ 和 β，分别用于缩放和平移。

$$y_i = \gamma\ \hat{x}_i + \beta$$

其中，γ 和 β 是可学习的参数，通常初始化为 1 和 0。

（2）LayerNorm 的优点

- 与小批量大小无关：LayerNorm的归一化过程独立于小批量的大小，适用于小批量训练和在线学习。这使得它在处理单样本输入（如Transformer架构中的自注意力机制）时表现出色。
- 提高训练稳定性：通过调整每一层的输入数据，LayerNorm能够显著提高模型的训练稳定性，减少梯度爆炸和梯度消失的问题。
- 适用于各种架构：LayerNorm广泛应用于RNN、Transformer和其他深度学习架构中，尤其在处理序列数据时表现出色。
- 减少超参数调整：LayerNorm的引入减少了对学习率等超参数的敏感性，使得模型更容易训练。

（3）LayerNorm 的缺点

- 计算开销：LayerNorm需要在每一层计算均值和方差，增加了计算开销。对于大规模模型，这可能会导致训练和推理速度变慢。
- 内存占用：LayerNorm需要存储均值和方差，以及可学习的参数 γ 和 β，这会增加模型的内存占用。
- 正则化效果不明显：与BatchNorm不同，LayerNorm并没有显著的正则化效果，因此在某些任务中可能需要额外的正则化手段。

总之，LayerNorm 的引入显著提高了模型的训练效率和性能，是现代深度学习模型中不可或缺的组件之一。

2.5.3 RMSNorm 技术

RMSNorm（Root Mean Square Layer Normalization）是一种归一化技术。它主要用于深度神经网络中，以稳定训练过程和加速收敛。在 DeepSeek 的 DeepSeekMoE 模型中，使用 RMSNorm 优化了模型的训练效率和稳定性。

RMSNorm 是一种改进的归一化技术，仅使用均方根统计进行输入缩放，公式如下：

$$\text{RMSNorm}(x)=\frac{x}{\sqrt{\text{mean}\left(x^2\right)+\epsilon}}\times w$$

其中，w 是可学习参数，ϵ 是一个小常数，用于防止除零。

RMSNorm 与 LayerNorm 的对比如表 2-1 所示。

表 2-1 RMSNorm 与 LayerNorm 的对比

特性	LayerNorm	RMSNorm
标准化维度	每层各特征维度	每层各特征维度的RMS
计算开销	较大	较小
对小批量大小依赖程度	不依赖	不依赖
应用场景	RNN、Transformer	各类神经网络，尤其在计算效率和稳定性有要求的任务中
正则化效果	无显著正则化效果	无显著正则化效果

总之，LayerNorm 和 RMSNorm 都是现代深度学习模型中常用的归一化技术。LayerNorm 通过调整数据的均值和方差来确保数值稳定性，适用于 RNN 和 Transformer 架构。RMSNorm 则通过标准化 RMS 值来稳定数据尺度，计算效率更高，尤其在深度网络中表现出更好的稳定性。在选择归一化方法时，可以根据具体任务的需求和模型架构来决定。

在 DeepSeek 产品的 DeepSeekMoE 模型中，RMSNorm 的使用不仅减少了计算开销，还显著提升了模型的训练效率。例如，13B 规模的 DeepSeekMoE 模型通过 RMSNorm 优化，内存占用降低了 40%，训练成本也较同规模密集模型节省了 30%。

2.6 模型训练与优化技术

模型训练与优化技术是深度学习中的关键环节，旨在通过高效的算法和策略提升模型的性能和效率。这些技术包括梯度下降法、正则化、学习率调度等，用于加速模型收敛、防止过拟合，并优化模型的泛化能力。通过不断优化训练过程，可以显著提高模型在复杂任务中的表现，同时减少计算资源的消耗。

2.6.1 多令牌预测（MTP）技术

多令牌预测（Multi-Token Prediction，MTP）技术是一种用于提升语言模型训练和推理效率的技术，与传统的单令牌预测（Single-Token Prediction，STP）相对。STP 一次仅预测一个 Token，而 MTP 可以同时预测多个 Token。这一方案在训练阶段可以提升数据训练效率，在推理阶段可以实现显著加速。

（1）实现方案

MTP 由一个主模型（Main Model）以及多个 MTP 模块（MTP Module）构成。

① 主模型与 MTP 模块协作：主模型负责基础的下一个 Token 预测任务，MTP 模块用于预测多个未来 Token。它们共同协作完成多 Token 预测训练。

② 输入与输出 Token：输入 Token（如 t1、t2、t3、t4 等）是模型的输入序列，输出 Token（如 t2、t3、t4、t5 等）是模型预测需要匹配的真实 Token 序列。

③ 共享机制：嵌入层（Embedding Layer）和输出头（Output Head）在主模型和 MTP 模块之间共享。这种共享机制确保了模型在不同预测任务中的参数一致性，同时减少了参数数量，提高了训练效率。

（2）核心价值

- 推理加速：MTP技术在推理时能够显著加速生成速度，据称生成速度可提升1.8倍。
- 高效训练：由于一次可预测多个Token，在相同数据量的情况下，相比STP架构，模型可以学习到更多的信息，从而提升了数据的利用效率，使得训练更加高效。
- 提升训练效果：模型可以基于对多个Token的预测，更合理地调整自身参数，学习到更丰富的语言模式和语义信息，有助于模型在训练中更好地收敛，提升训练效果。

（3）DeepSeek 中的应用

DeepSeek-V3 引入了多令牌预测（MTP）技术，与传统的单令牌预测（STP）相比，MTP 可以在训练阶段同时预测多个 Token，显著提升了数据训练效率。具体实现包括：

- 主模型与MTP模块协作：主模型负责基础的下一个Token预测任务，而MTP模块用于预测多个未来Token，两者共同协作完成多Token预测训练。
- 共享机制：嵌入层和输出头在主模型和MTP模块之间共享，减少了参数数量，提高了训练效率。

总之，多令牌预测（MTP）技术通过同时预测多个 Token，显著提升了语言模型的训练效率和推理速度。它通过主模型和 MTP 模块的协作，以及嵌入层和输出头的共享机制，实现了高效的数据利用和参数更新。这一技术不仅提高了模型的训练效果，还在实际应用中展现了显著的性能提升。

2.6.2　高效并行策略

DeepSeek-V3 模型在训练过程中采用了多种高效的并行策略，以充分利用计算资源、提高训练效率并减少训练时间和成本。

（1）专家并行（Expert Parallelism, EP）

DeepSeek-V3 大量使用了专家并行（EP），而不是传统的张量并行（Tensor Parallelism, TP）。专家并行与混合专家架构（MoE）的结构特点高度匹配，能够显著提升训练效率。

- 模型结构适配性：MoE模型由多个专家网络和一个门控网络组成。EP能够将不同的专家分配到不同的计算单元上进行并行计算，使得模型可以同时处理多个不同的任务或数据特征，从而提高处理能力和训练效率。
- 通信成本考虑：在EP中，不同专家之间的通信相对较少，主要通信开销在于门控网络与专家网络之间的信息交互，以及模型参数更新时的全局通信。相比之下，TP需要在多个设备之间频繁进行张量的切分和合并操作，通信量会随着模型规模和数据量的增加而显著增加，从而降低训练效率。

- 计算资源利用率：MoE模型中的不同专家可能具有不同的计算复杂度和数据需求。EP可以根据各个专家的特点灵活地分配计算资源，使不同性能的计算单元都能得到充分利用。

（2）流水线并行（Pipeline Parallelism, PP）

DeepSeek-V3 采用了 16 路流水线并行（PP），通过将模型的不同部分分配到不同的计算单元上进行并行计算，进一步提高了训练效率。

- 通信计算重叠优化：DeepSeek-V3的流水线并行算法（如DualPipe）通过重叠计算和通信阶段，减少了流水线气泡，解决了跨节点专家并行引入的沉重通信开销的挑战。
- 高效资源分配：通过优化排列功能模块，并精确调控用于通信和计算的GPU SM资源分配比例，系统能够在运行过程中有效隐藏全节点通信和PP通信开销。

（3）数据并行（Data Parallelism, DP）

DeepSeek-V3 采用了 ZeRO-1 数据并行（DP）策略，显著降低了单个 GPU 的内存占用，同时加速了模型训练。

- 降低内存占用：ZeRO-1通过将优化器状态划分到不同的设备上，每个设备只保存一部分优化器状态，从而显著减少了内存冗余。
- 加速模型训练：由于内存占用降低，模型可以处理更大的批量数据，提高了计算资源的利用率，从而加快了训练速度。此外，ZeRO-1通过在不同GPU之间共享一部分状态变量，减少了GPU之间的通信开销，进一步提升了整体训练效率。

（4）通信优化

DeepSeek-V3 在通信优化方面也做了大量工作，以减少通信开销并提高训练效率。

- 网络拓扑优化：通过优化网络拓扑结构，减少了跨节点的通信流量。
- 资源分配优化：通过动态调整资源分配，使得通信和计算能够高效地并行进行。

总之，DeepSeek-V3 通过采用专家并行（EP）、流水线并行（PP）和 ZeRO-1 数据并行（DP）等多种高效的并行策略，显著提高了模型的训练效率，减少了训练时间和成本。同时，通过通信优化，进一步减少了通信开销，使得模型能够在大规模分布式训练中高效运行。

2.6.3 混合精度训练与量化策略

在深度学习中，混合精度训练与量化策略是用于优化模型训练效率和部署性能的重要技术。

（1）混合精度训练（Mixed Precision Training）

混合精度训练是一种在训练过程中同时使用单精度浮点数（FP32）和半精度浮点数（FP16）的技术。其主要目的是在不显著影响模型精度的前提下，减少内存占用、加速训练过程。

① 混合精度训练的优势。

- 减少内存占用：使用FP16数据类型可以将显存占用减少一半，从而允许更大的模型和批量大小。
- 加速训练：FP16计算通常比FP32更快，尤其是在支持Tensor Cores的硬件上。

- 保持精度：通过在关键步骤（如梯度更新）中使用FP32，混合精度训练能够在加速的同时保持模型的精度。

② 实现方法：混合精度训练广泛应用于大规模模型训练，如 Transformer 架构，以及需要高效利用硬件资源的场景。在 PyTorch 中，可以使用 torch.cuda.amp 模块中的 autocast 和 GradScaler 来实现混合精度训练。

（2）量化策略（Quantization）

量化是将模型的权重和激活值从浮点数转换为定点数（如 8 位整数）的过程，主要用于减小模型大小和加速推理。

① 常见量化策略。

- 基础8位量化：将模型参数和激活值量化为8位定点数，实现简单，压缩率固定。
- 层间均衡量化：通过调整相邻层的数值范围来减少量化误差，适合相邻层数值分布差异大的网络。
- 混合精度量化：对不同层使用不同的量化位宽，平衡精度和效率。

② 量化的优势。

- 减小模型大小：量化可以显著减少模型的存储需求，便于在边缘设备上部署。
- 加速推理：量化后的模型在推理时速度更快，功耗更低。

（3）DeepSeek 中的应用

在 DeepSeek-V3 模型的训练过程中采用了混合精度训练框架，结合精细量化策略，以提升计算效率和降低显存开销。

- 混合精度训练：对计算量大的GEMM操作采用FP8精度执行，同时对关键操作（如嵌入模块、注意力操作）保持高精度（BF16/FP32）计算。
- 精细量化策略：采用分块量化、块级量化和高精度累加等策略，减少量化误差，确保训练稳定性和模型性能。

总之，混合精度训练和量化策略是深度学习中用于优化训练效率和模型部署性能的重要技术。混合精度训练通过结合不同精度的浮点数，减少了内存占用并加速了训练过程；量化策略则通过将浮点数转换为定点数，减小了模型大小并加速了推理。这两种技术在大规模模型训练和边缘设备部署中都发挥了重要作用。

2.6.4　EMA 显存优化

EMA 通过计算模型训练过程中每一步更新得到的参数的指数加权平均值，得到一组新的参数。这些参数用于监测训练方向，避免噪声对模型参数更新的影响，从而得到更加稳定、泛化能力更强的参数。然而，EMA 需要额外维护一组参数，这会占用一定的显存空间。

在 DeepSeek-V3 模型的训练过程中，EMA（Exponential Moving Average，指数移动平均）显存优化是一个重要的技术手段，用于减少显存占用并提高训练效率。DeepSeek-V3 通过异步处理和显存卸载优化了 EMA（指数移动平均）的显存占用，具体说明如下。

① 异步处理：由于 EMA 的计算过程并不需要训练过程中实时产生的数据，因此

可以独立于前向传播和反向传播而开展。DeepSeek-V3 采用异步处理方式，让 EMA 计算过程与训练过程并行开展。这种异步处理方式使得 EMA 的计算不会干扰正常的训练流程，提高了整体的训练效率。

② 显存卸载：基于异步处理的基础，DeepSeek-V3 进一步优化了 EMA 的显存占用。具体来说，将 EMA 计算从 GPU 显存卸载至 CPU。在每一轮训练结束后，将模型参数传递给 CPU，在 CPU 上计算 EMA 参数，然后将更新后的 EMA 参数存储在 CPU 内存中。这种方法减少了 GPU 的显存占用，使得更多的显存可以用于模型训练，从而支持更大的模型和批量大小。

总之，通过异步处理和显存卸载，DeepSeek-V3 有效地优化了 EMA 的显存占用。这种优化不仅减少了显存的使用量，还提高了训练效率，使得模型能够在有限的硬件资源下实现更高效的训练。

2.6.5 头尾参数共享

头尾参数共享是一种在自然语言处理（NLP）模型中常见的优化策略，特别是在 Transformer 架构中。头尾参数共享的核心思想是让模型的输入嵌入层（Embedding Layer）和输出层（通常是一个线性层，如 lm_head）共享同一个权重矩阵。这种设计不仅减少了模型的参数量，还提高了模型的效率和性能。

（1）尾参数共享的基本概念

① 输入嵌入层（Embedding Layer）：输入嵌入层是模型的起始部分，负责将离散的输入 Token（如单词或字符）映射为连续的向量表示。其权重矩阵的大小通常为：

```
vocab_size×hidden_size
```

② 输出层（lm_head）：位于模型末端，将模型输出的嵌入向量重新映射回 Token 的概率分布，以便计算损失函数，其权重矩阵大小同样为 vocab_size×hidden_size。

（2）共享机制

头尾参数共享的核心是让输入嵌入层和输出层使用同一个权重矩阵。具体来说：

- 输入嵌入层：将输入Token映射为嵌入向量。
- 输出层：将模型的输出向量映射回Token的概率分布。
- 通过共享同一个权重矩阵，模型在输入和输出阶段使用相同的参数，从而减少了模型的总参数量。

（3）DeepSeek 中的应用

DeepSeek-V3 采用了 embedding 层和 lm_head 层共享参数的优化策略。

- 减少参数存储量：通过共享参数，减少了与之相关的梯度、优化器状态和参数备份等占用的显存。
- 提高模型性能：共用的权重矩阵有助于模型学习到更稳定和通用的Token表示。

总之，头尾参数共享是一种高效的优化策略，通过让输入嵌入层和输出层共享同一个权重矩阵，减少了模型的参数量和显存占用，同时提升了模型的性能和泛化能力。这种设计在自然语言处理模型中得到了广泛应用，尤其是在 Transformer 架构中，显著提高了模型的效率和可扩展性。

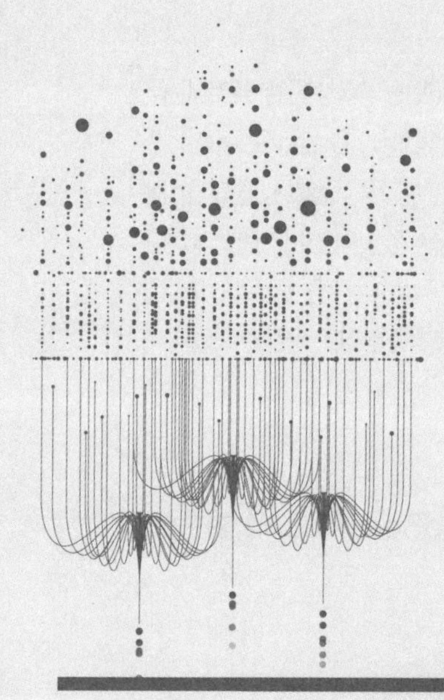

第3章

DeepSeekMoE 架构

扫码看本章视频

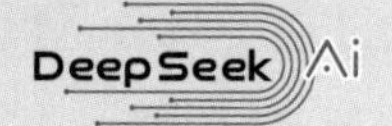

DeepSeekMoE 架构通过专家细分和共享专家策略优化传统 MoE 架构的专家专业化问题，该方法灵活激活部分专家，减少冗余，提高计算效率。实验表明，DeepSeekMoE 2B 在计算成本远低于 GShard 2.9B 的情况下实现了相当性能，并接近同等参数量的密集模型。扩展至 16B 参数后，其性能与 LLaMA2 7B 相当，但计算量仅为 40%。进一步扩展至 145B 参数时，DeepSeekMoE 以更少计算量达到 DeepSeek 67B 级别，验证了其相对于 GShard 的巨大优势。

3.1 DeepSeekMoE 架构简介

DeepSeek 团队通过创新的 MoE 架构设计，创造出了 DeepSeekMoE 架构技术，显著提升了模型的计算效率和灵活性，同时降低了资源消耗。

3.1.1 背景

近年来的研究和实践不断证明，在拥有足够训练数据的前提下，通过大幅增加模型参数和计算预算来扩展语言模型，可以显著提升模型的性能。然而，将模型扩展到极大规模的努力往往伴随着极高的计算成本，这成为进一步提升性能的一大瓶颈。正是在这种背景下，混合专家（MoE）架构应运而生。MoE 架构实现了语言模型向更大规模的跃升，从而展现出其在扩展模型参数时兼顾计算效率的独特优势。

尽管 MoE 架构为大规模模型提供了极具吸引力的扩展方案，但在实际应用中，其专家专业化的问题仍然突出。传统的 MoE 模型通常采用在 Transformer 中用 MoE 层替换标准的前馈网络（FFN），每一 MoE 层包含多个结构与 FFN 类似的专家，并将每个输入标记分配给 1 ~ 2 个专家处理。这种设计在扩展参数量的同时，却容易引发如下所示的两个关键问题。

① 首先是知识混合问题，由于当前实践中常用的专家数量（如 8 个 或 16 个）相对有限，分配给单个专家的标记往往涉及多个知识领域，导致该专家必须同时容纳多种不同类型的知识，这使得其在处理特定领域问题时难以实现深度专业化。

② 其次是知识冗余问题，不同专家在处理输入标记时不可避免地需要捕捉一些通用知识，结果导致多个专家在其参数中逐渐收敛于同一知识内容，从而产生参数冗余，削弱了整体模型的高效利用率。

上面的两个问题共同限制了 MoE 模型达到理论上性能上限的可能性。为了突破上述限制，DeepSeek 团队提出了全新的 DeepSeekMoE 架构，旨在实现专家的极致专业化。该架构在传统 MoE 模型的基础上进行创新：一方面，通过将每个专家进一步细分为更小的子单元，并在运行时仅激活其中一部分，从而实现了专家组合的灵活性和针对性；另一方面，引入了专门的共享专家模块，用以捕捉通用知识，减少各个专家间的不必要冗余。通过这种双管齐下的策略，DeepSeekMoE 能够在保持较低计算成本的同时，实现更高程度的专家专业化，从而为大规模语言模型的高效扩展提供了更为稳健和可持续的解决方案。

3.1.2　DeepSeekMoE 架构策略

为了解决前述知识混合与冗余问题，DeepSeek 团队提出了具有突破性的 DeepSeekMoE 架构，其核心目标在于实现专家的极致专业化，从而在大规模模型扩展过程中兼顾性能与计算成本。DeepSeekMoE 架构主要通过两个策略来达成目标：细粒度专家细分和共享专家隔离。

（1）细粒度专家细分

在这一策略中，将传统 MoE 模型中每个专家进一步拆分为多个更小的单元。这种拆分通过降低 FFN 中间层的隐藏维度，在不改变总参数量的情况下，使每个子单元能够更专注于特定知识领域。与此同时，在相同计算预算内，激活更多的细粒度专家单元使模型在组合专家时更加灵活和具有适应性，从而实现针对性更强的知识获取。通过这种方式，不同领域的知识得以更精细地分解，确保每个专家单元都能保持高度专业化，减少了传统 MoE 架构中因专家数量有限而导致的知识混合问题。

（2）共享专家隔离

为了进一步避免多个专家在捕捉通用知识时产生的参数冗余，设计了一组专门的共享专家，这些专家在每次前馈过程中始终被激活。共享专家的主要职责在于整合和压缩不同上下文中的通用知识，从而让其他路由专家可以专注于学习各自独特的、专业化的知识。这种隔离机制不仅提高了参数利用率，还能确保每个专家在面对特定任务时能够输出更加精准和专一的知识表示。

总之，DeepSeekMoE 架构不仅通过细粒度专家细分和共享专家隔离两大创新策略实现了专家的极致专业化，同时也为在有限计算预算下扩展模型参数提供了高效且可持续的发展路径。这一架构为未来大规模语言模型在性能和效率之间找到了一条更加平衡的道路，展示了 MoE 模型在实际应用中的巨大潜力。

3.1.3　DeepSeekMoE 与传统 MoE 架构的区别

DeepSeekMoE 架构与传统 MoE 架构的主要区别如下。

- 专家粒度与数量：传统MoE架构通常使用较粗粒度的专家划分，而DeepSeekMoE采用了更细粒度的专家设计。例如，DeepSeekMoE的每个MoE层包含1个共享专家和256个路由专家。这种设计使每个专家能够处理更具体的任务，提升了模型的灵活性和表达能力。
- 共享专家机制：DeepSeekMoE引入了共享专家的概念，这些共享专家负责处理所有token的通用特征，而路由专家则根据token的具体特征进行动态分配。这种分工减少了模型的冗余，提高了计算效率。
- 稀疏激活机制：DeepSeekMoE采用稀疏激活机制，每个token只激活少数专家（如8个路由专家），而不是所有专家。这种机制不仅降低了计算开销，还使模型能够更灵活地处理不同类型的输入。
- 动态路由机制：DeepSeekMoE通过动态路由机制，为每个token选择最相关的专家进行处理。例如，使用Top-k策略从所有专家中选择k个最相关的专家。这种机制相比传统MoE的固定分配方式，能够更好地适应不同输入的特征。

- 训练与推理优化：DeepSeekMoE在训练和推理阶段进行了优化，例如引入多头潜在注意力（MLA）机制和RMSNorm归一化，进一步提升了模型的性能和效率。

总之，DeepSeek 团队通过创新的 MoE 架构设计，显著提升了模型的计算效率和灵活性，同时降低了资源消耗。

3.2 DeepSeekMoE 架构详解

在前面曾经说过，DeepSeekMoE 架构采用了两个关键策略：细粒度专家细分和共享专家隔离。这两个策略共同作用，显著提高了专家的专业化水平，进而提升了模型的整体效率和性能。在本节的内容中，将详细讲解 DeepSeekMoE 架构的详细信息，详细介绍细粒度专家细分和共享专家隔离的有关知识。

3.2.1 细粒度专家细分

DeepSeek 团队提出了细粒度专家细分策略，其核心思想是在不增加总参数量和计算成本的前提下，将每个专家进一步划分为更小的子专家单元。具体来说，通过将传统 MoE 架构中每个专家的前馈网络（FFN）的中间层隐藏维度缩减为原来的 $1/N$，将每个专家分解为 N 个较小的专家。这意味着，每个子专家的参数量和容量都大幅减少，但由于每个子专家只需专注于学习某一单一知识领域，故其专业化水平能够显著提高。

具体来说，在典型的 MoE 架构基础上，通过将每个专家的 FFN 中间层隐藏维度减少到原来的 $1/N$ 来细分每个专家，从而将每个专家拆分为 N 个更小的专家。由于每个专家变得更小，相应地，将激活的专家数量增加到原来的 N 倍以保持相同的计算成本。通过细粒度专家细分，MoE 层的输出可以表示为：

$$h_l^{(i)} = \sum_{k=1}^{K \times N} g_{k,l} \cdot \mathrm{FFN}_k\left(u_l^{(i)}\right) + u_l^{(i)}$$

$$g_{k,l} = \begin{cases} s_{k,l} & \text{如果 } s_{k,l} \in Topk\left(\left\{s_{k',l} \mid 1 \leqslant k' \leqslant K \times N\right\}, C \times N\right) \\ 0 & \text{其他情况} \end{cases}$$

$$s_{k,l} = Softmax_k\left(u_l^{(i)} e_k^{(i)}\right)$$

其中，专家的总参数量等于标准 FFN 参数量的 K 倍，而 $K \times N$ 表示细粒度专家的总数。通过细粒度专家细分策略，非零门控值的数量也增加到 $C \times N$。从组合角度来看，细粒度专家细分策略显著提高了激活专家的组合灵活性。以一个示例说明，假设 K=16，典型的 Top-2 路由策略可以产生 $\binom{16}{2} = 120$ 种可能的组合。相比之下，如果每个专家被拆分为 4 个更小的专家，细粒度路由策略可以产生 $\binom{64}{8} = 4426165368$ 种潜在组合。组合灵活性的大幅增加提升了实现更准确、更有针对性的知识获取的潜力。

这样一来，虽然单个子专家较小，但整体上参与计算的专家数量增多，使模型依旧拥有与原始 MoE 层相近的计算量和参数总量。通过这种方式，MoE 层的输出不仅更加稀疏，而且每个专家的输出都能更精准地反映特定领域的知识，从而实现了更高效的知识分布和利用。

总之，细粒度专家细分不仅有效缓解了传统 MoE 架构中专家因知识混合而专业化不足的问题，还在不增加额外计算资源的前提下，大幅提升了模型的表达和泛化能力，为 MoE 模型设定了一个更高的性能上限。

3.2.2　共享专家隔离

在传统的路由策略下，分配给不同专家的标记可能需要一些通用知识或信息。因此，多个专家可能会在其各自的参数中收敛于获取共享知识，从而导致专家参数之间的冗余。然而，如果存在专门用于捕捉和整合不同上下文中的通用知识的共享专家，那么其他路由专家之间的参数冗余将被缓解。这种冗余的减少将有助于构建更高效的模型，使其他路由专家能够更加专注于独特性方面。

为了实现这一目标，在细粒度专家细分策略的基础上，DeepSeek 团队进一步隔离了 M 个专家作为共享专家。无论路由模块如何，每个标记都将被确定地分配给这些共享专家。为了保持计算成本不变，其他路由专家中被激活的专家数量将减少 M 个。在完整的 DeepSeekMoE 架构中，包含共享专家隔离策略的 MoE 层可以表示为：

$$h_l^{(i)} = \sum_{k=1}^{M} \mathrm{FFN}_k\left(u_l^{(i)}\right) + \sum_{k=1}^{K\times N} g_{k,l} \cdot \mathrm{FFN}_k\left(u_l^{(i)}\right) + u_l^{(i)}$$

$$g_{k,l} = \begin{cases} s_{k,l} & \text{如果 } s_{k,l} \in \mathrm{Topk}\left(\left\{s_{k',l} \mid M+1 \leqslant k' \leqslant K\times N\right\}, C\times N - M\right) \\ 0 & \text{其他情况} \end{cases}$$

$$s_{k,l} = \mathrm{Softmax}_k\left(u_l^{(i)} e_k^{(i)}\right)$$

最终，在 DeepSeekMoE 中，共享专家的数量为 M，路由专家的总数为 $K\times N-M$，非零门控值的数量为 $C\times N-M$。

3.2.3　负载平衡

在自动学习的路由策略中，模型会根据输入的特征动态选择激活哪些专家。然而，由于训练数据的分布以及路由决策机制的局限，这一自动学习过程可能会出现负载不平衡的问题，导致如下两个显著的缺陷。

- 路由崩溃风险：负载不均衡可能导致模型总是只选择少数几个专家来处理大部分输入（即所谓的“路由崩溃”），从而使其他专家无法获得足够的训练信号。这种情况不仅降低了整体专家的利用率，而且可能使模型在遇到多样化任务时缺乏足够的专业化能力。
- 跨设备通信瓶颈：在分布式训练环境中，不同专家通常分布在多个设备上，如果某些设备上的专家被过度激活，而其他设备上的专家几乎闲置，负载不平衡问题将进一步加剧跨设备的通信开销和计算瓶颈。这种不均衡不仅降低了整体训练效率，也会增加系统的延迟风险。

为了解决上述问题，现有方法通常依赖于引入额外的辅助损失项来鼓励路由器在专家之间实现均衡分布，但这往往会带来额外的超参数调节负担，甚至可能在一定程度上损害模型性能。为此，DeepSeek 提出了一种无辅助损失的负载平衡策略，通过在路由决策中动态调整专家偏置，使在不引入额外辅助损失的前提下，模型能够自发实现负载均衡。这一策略既能防止路由崩溃，又能在多设备场景下有效缓解计算瓶颈，确保每个设备上的专家都能得到充分训练，从而充分发挥整体模型的性能优势。

（1）专家级平衡损失

为了防止路由器在自动分配输入标记时总是偏向于激活少数几个专家（即“路由崩溃”问题），引入了专家级平衡损失。这一损失项旨在鼓励路由器在各个专家间尽可能均衡地分配输入，从而确保每个专家都能获得足够的训练机会，提升整体模型的专业化水平并降低跨设备通信瓶颈。

具体来说，定义专家级平衡损失为：

$$L_{\text{ExpBal}} = \alpha_1 \sum_{i=1}^{K'} f_i P_i$$

其中，α_1 是超参数，称为专家级平衡因子，用于调控该损失项对整体训练目标的影响；K' 定义为 $mK-Ks$，即经过细粒度分割后参与路由的专家总数，减去被隔离为共享专家的数量；类似地，为了简洁，同时定义 $N'=mN-Ks$。

接下来，定义每个专家的激活频率 f_i 和平均亲和度得分 P_i。

激活频率 f_i 表示在一个训练批次（或序列）中，选择了专家 i 的令牌数量，其计算公式为：

$$f_i = \frac{1}{T'} \sum_{t=1}^{T'} 1(\text{令牌 } t \text{ 选择了专家 } i)$$

这里，T' 是参与路由决策的令牌总数，1(·)是指示函数，当括号内条件满足时返回 1，否则返回 0。

平均亲和度得分 P_i 表示在整个批次中所有令牌对所有参与路由的专家的亲和度得分总和，计算公式为：

$$P_i = \frac{1}{T} \sum_{t=1}^{T} s_{i,l}$$

其中，T 是整个批次中令牌的总数，而 $s_{i,l}$ 则表示令牌 l 与专家 i 之间的亲和度得分，反映了两者之间的匹配程度。

直观上，若某个专家 i 在一个批次中很少被激活，其 f_i 会较低；此时，为了使该专家在损失项中的贡献较大，从而促使路由器在后续训练中更多地分配令牌给该专家，模型会自动调整路由策略达到负载均衡。与此同时，P_i 反映了专家 i 对其被选中令牌的亲和度水平，两个指标相乘后再由超参数 α_1 调节整体平衡损失的影响，最终形成一个自适应调节机制，既避免了少数专家过载，也保证了跨设备时各设备上专家负载的均衡分布。

这种设计不仅有效地缓解了路由崩溃的问题，而且在分布式训练中降低了因负载不平衡而引起的通信瓶颈，确保了所有设备上专家的充分训练，从而整体上提升了模型的性能和专家的专业化水平。

（2）设备级平衡损失

除了专家级平衡损失外，还引入了设备级平衡损失。当目标是缓解计算瓶颈时，没有必要在专家级别施加严格的平衡约束，因为对负载平衡施加过多的约束会损害模型性能。相反，我们的主要目标是确保跨设备的计算平衡。如果把所有路由专家划分为 D 个组 $\{E_1, E_2, \cdots, E_D\}$，并将每组部署在单个设备上，设备级平衡损失计算公式为：

$$L_{\text{DevBal}} = \alpha_2 \sum_{i=1}^{D} f_i' P_i'$$

其中，α_2 是超参数，称为设备级平衡因子；f_i' 表示第 i 组专家的归一化激活频率，其定义为：

$$f_i' = \frac{1}{|E_i|} \sum_{j \in E_i} f_j$$

其中，$|E_i|$ 表示在第 i 个设备上被分配的专家数量，而 f_j 是专家 j 在该组内的激活频率。

P_i' 表示第 i 组专家的累计亲和度得分，计算公式为：

$$P_i' = \sum_{j \in E_i} P_j$$

其中，P_j 表示专家 j 的平均亲和度得分。

在实际应用中，通常设置较小的专家级平衡因子来降低路由崩溃的风险，同时设置较大的设备级平衡因子，以推动跨设备的均衡计算。这不仅有助于缓解单一设备因过载而导致的通信瓶颈，还能确保所有设备上专家都获得充分的训练信号，从而提高整个模型的稳定性和其他性能。

3.3　DeepSeekMoE 的微调

DeepSeekMoE 通过细粒度专家细分和共享专家隔离策略优化模型架构，提升计算效率和性能；同时，采用监督微调和直接偏好优化（DPO）等技术对模型进行微调，使其更好地适应指令和对话任务。

3.3.1　DeepSeekMoE 微调技术介绍

在 DeepSeekMoE 模型微调过程中，使用了如下关键技术。

（1）LoRA（Low-Rank Adaptation）技术

LoRA 是一种高效的微调方法，通过在模型的关键层（如注意力层的 q_proj、v_proj、k_proj、o_proj 等）插入低秩矩阵，仅训练这些低秩矩阵的参数，从而减少训练的参数量，避免灾难性遗忘，并降低计算成本。

（2）量化技术（4bit/8bit）

量化技术将模型权重从浮点型（如 32bit 或 16bit）转换为更低精度的格式（如 4bit 或 8bit），显著减少模型在 GPU 或 CPU 上的内存占用，提高推理效率，同时保持模型性能。

（3）ZeRO（Zero Redundancy Optimizer）优化

ZeRO 是一种显存优化技术，通过将模型的不同部分（包括参数、梯度和优化器状态）分片存储到多个 GPU 上，减少每个 GPU 的内存占用，支持更大规模模型的训练。DeepSeekMoE 使用了 ZeRO 的第 2 阶段（优化梯度和优化器状态）和第 3 阶段（优化所有数据）。

（4）混合精度训练（BF16/FP16）

使用混合精度训练技术（如 BF16 或 FP16），在训练过程中减少显存占用，同时加速计算。BF16 是一种更高效的浮点格式，适合支持该格式的硬件。

（5）分布式训练（DeepSpeed）

DeepSpeed 是一个深度学习优化库，支持大规模分布式训练。DeepSeekMoE 使用 DeepSpeed 框架实现高效的分布式训练，通过优化通信和计算效率，提升训练速度。

（6）数据预处理和分词

对训练数据进行预处理，包括构建指令模板、分词、标签掩码处理等。使用 HuggingFace 的 AutoTokenizer 和自定义的 train_tokenize_function，将文本数据转换为模型可接受的格式。

（7）自定义数据收集器（DataCollator）

定义了 DataCollatorForSupervisedDataset，用于将多个数据实例整理成批量数据格式，支持填充（padding）和注意力掩码（attention mask）的生成，确保训练数据的格式一致性。

（8）梯度累积和动态损失缩放

在训练过程中使用梯度累积技术，允许使用更大的全局批次大小，同时适应有限的显存。动态损失缩放用于优化混合精度训练中的数值稳定性。

（9）检查点机制和恢复训练

支持从最新的检查点恢复训练，避免因意外中断导致的训练进度丢失。通过 SavePeftModelCallback，在训练过程中定期保存 LoRA 适配器的权重。

（10）生成配置管理（GenerationConfig）

使用 HuggingFace 的 GenerationConfig 管理生成过程中的参数，如采样策略、最大生成 token 数量等，确保生成结果符合预期。

通过上述微调技术的结合使用，使 DeepSeekMoE 在微调过程中能够高效利用计算资源，同时保持模型性能，并适应不同的下游任务需求。

3.3.2 ZeRO 优化

ZeRO 是一种显存优化技术，其核心原理在于通过将模型的不同部分（包括模型参数、梯度和优化器状态）划分到多个 GPU 上，以减少每个 GPU 上的内存占用，从而支持更大规模的深度学习模型训练。ZeRO 技术的实现分为如下三个阶段，每个阶段在显存占用和通信开销之间找到不同的平衡。

- ZeRO Stage 1：仅对优化器状态进行分片存储，每个GPU保留完整的梯度和模型参数，易于实现，且通信量相对较小，适用于中等规模的模型训练，但显存节省有限。
- ZeRO Stage 2：在第一阶段的基础上，进一步对梯度进行分片，每个GPU只存储自己负责的部分梯度和优化器状态，而模型参数仍然完整存储在每个GPU上，较大幅度降低显存需求，同时通信开销适中，是大多数大规模模型训练的理想选择，兼顾效率和资源节省。
- ZeRO Stage 3：对所有相关数据（包括模型参数、梯度和优化器状态）都进行分片存储，每个GPU只存储自己负责的一部分数据，显存需求最小，适合超大规模模型（如GPT-3）的训练，但通信开销高，对网络带宽要求高。

总之，ZeRO 技术特别适用于训练大规模深度学习模型，尤其是在显存资源有限的情况下。在 DeepSeekMoE 模型的开源代码中，展示了第 2 阶段和第 2 阶段的优化配置信息。

3.3.3　具体实现

在开源的 DeepSeekMoE 项目中，脚本文件 finetune.py 提供了一套全面的工具，用于对 DeepSeekMoE 预训练语言模型进行微调。支持加载特定任务的数据、对数据进行预处理和编码，以及通过多种配置选项（如 LoRA 量化、分布式训练等）对模型进行高效训练。用户可以根据自己的需求，通过命令行参数或配置文件调整微调策略，以优化模型在特定任务或数据集上的性能。

（1）生成提示文本

定义函数 build_instruction_prompt()，用于生成包含指令和响应格式的提示文本。它接收一个字符串参数 instruction，并返回一个多行字符串，其中包含预定义的上下文说明、指令部分以及响应部分的模板。在生成的字符串中，instruction 的内容被插入到指定位置，以构建完整的提示文本。

（2）配置模型微调参数

定义一个名为 ModelArguments 的数据类，用于配置模型微调的参数。其中包括可训练的模型参数列表、LoRA（低秩适应）相关设置、需要保存的模块、是否使用 LoRA、预训练模型的路径、注意力机制的实现方式，以及量化相关的配置，如是否使用双量化、量化数据类型和位数等。这些配置有助于在微调过程中灵活地调整模型的各项参数，以满足不同的训练需求。

（3）设置训练数据

定义数据类 DataArguments，用于指定训练数据的路径。它包含一个名为 data_path 的字段，用于存储训练数据的位置。

（4）配置超参数

类 TrainingArguments 继承自 HuggingFace 的 transformers.TrainingArguments，

用于配置训练过程中的超参数，如缓存目录、优化器类型和模型最大序列长度等。这些设置有助于控制训练过程的各个方面，确保模型以最佳方式进行微调。

（5）保存模型

SavePeftModelCallback 是一个自定义的回调类，旨在与 HuggingFace 的 Trainer 一起使用，以在训练过程中正确保存 PEFT（参数高效微调）模型。该回调在模型保存时，仅保存 PEFT 模型的适配器权重，而不是整个基础模型，从而节省存储空间并提高加载效率。此外，在训练结束时，它会创建一个名为 completed 的文件，指示训练已成功完成。

另外，HuggingFace 的官方文档提供了有关如何使用回调自定义训练过程的详细信息。 通过实现 SavePeftModelCallback，可以确保在训练过程中正确保存 PEFT 模型的适配器权重，并在训练结束时生成一个指示训练成功完成的文件。

（6）获取最新检查点

函数 get_last_checkpoint() 用于获取指定目录中最新的检查点。首先检查目录是否存在一个名为 'completed' 的文件，如果存在，则表示训练已完成，返回 None。否则，会遍历目录中以 'checkpoint-' 开头的子目录，找到其中编号最大的一个，认为其是最新的检查点，并返回其路径。如果未找到任何符合条件的子目录，同样返回 None。

（7）安全保存模型

函数 safe_save_model_for_hf_trainer() 的主要功能是将 HuggingFace 的 Trainer 对象中的模型安全地保存到指定的目录中。在保存模型时，该函数首先将模型的状态字典（state_dict）从 GPU 内存转移到 CPU 内存，以减少 GPU 内存的占用。然后，它调用 Trainer 对象的 _save 方法，将模型的状态字典保存到指定的输出目录。这种方法确保了在使用分布式训练或混合精度训练时，模型能够被正确地保存，避免了可能的内存问题。

（8）分词处理

函数 _tokenize_fn() 作用是对输入的一批字符串进行分词处理，并返回分词后的 ID 序列以及相关的长度信息。该函数通过 tokenizer 将文本转换为模型可理解的 ID 序列，并返回这些序列及其长度信息，为后续的模型训练和推理提供数据支持。

（9）文本预处理

函数 preprocess() 实现了对输入源文本和目标文本的预处理，主要用于为模型训练准备结构化的输入和标签数据。其核心功能是将源文本和目标文本拼接后进行分词，并通过标记源文本部分的标签为 -100（IGNORE_INDEX），使模型在训练时仅对目标文本部分进行预测。

（10）数据收集器

下面代码定义了一个名为 DataCollatorForSupervisedDataset 的数据收集器类，用于在监督微调过程中将多个数据实例整理成模型训练所需的批量数据格式。其主要功能是将输入的 input_ids 和 labels 转换为张量，并进行填充（padding）以确保批量数据的维度一致，同时生成 attention_mask 用于指示模型哪些位置是有效的输入数据。

（11）练数据的分词和预处理

下面代码定义了一个名为 train_tokenize_function() 的函数，用于对训练数据进行分词和预处理。函数 train_tokenize_function() 接收 examples 和 tokenizer 作为输入，examples 包含用户提供的指令和对应的输出。函数首先调用 build_instruction_prompt 为每个指令构建提示文本，然后将输出拼接上结束标记 token（EOT_TOKEN）。接着，函数对这些提示和输出进行分词，并通过 preprocess 函数将分词后的 ID 序列转换为适合模型训练的格式。最后，函数返回一个包含输入 ID 和标签的数据字典，用于后续的训练过程。

```
# 定义训练分词函数
def train_tokenize_function(examples, tokenizer):
    sources = [build_instruction_prompt(instruction) for instruction
    in examples['instruction']]
    targets = [f"{output}\n{EOT_TOKEN}" for output in examples['ou-
    tput']]
    data_dict = preprocess(sources, targets, tokenizer)
    return data_dict
```

（12）构建和配置模型

函数 build_model() 用于根据提供的参数构建和配置模型，支持量化和 LoRA 配置。该函数的主要功能和实现细节如下。

- 确定计算数据类型：根据training_args.bf16的值，确定计算数据类型为torch.bfloat16或torch.float16。
- 加载预训练模型：使用transformers.AutoModelForCausalLM.from_pretrained方法加载预训练模型。根据model_args.bits的值，决定是否进行4bit或8bit量化。如果启用了LoRA，配置量化参数，包括量化类型、是否使用双量化等。
- 设置模型属性：设置模型的model_parallel和is_parallelizable属性为True，以支持模型并行化。根据training_args.bf16的值，设置模型的torch_dtype。
- LoRA配置：如果启用了LoRA且量化位数小于16bit，调用prepare_model_for_kbit_training函数准备模型进行k-bit训练。如果提供了检查点目录，从检查点加载LoRA适配器。否则，初始化LoRA模块，配置目标模块、LoRA的秩、dropout率、alpha值等参数。
- 模型层的数据类型转换：遍历模型的所有层，根据需要将特定层的数据类型转换为torch.bfloat16或torch.float32。
- 返回模型：返回配置好的模型。

（13）训练模型

函数 train() 是 DeepSeekMoE 项目中的主训练函数，负责整个模型的训练流程。函数 train() 实现了一个完整的训练流程，用于对预训练的 MoE 语言模型进行微调。首先加载用户提供的数据，通过分词和预处理将其转化为模型可接受的输入格式。然后，构建模型时应用了 LoRA 和量化技术，以优化显存占用和训练效率。在训练过程中，使用了梯度累积、动态损失缩放等技术，并通过检查点机制支持从断点恢复训练。训练结束后，模型的权重会被保存下来，以便后续的评估或推理使用。

（14）微调命令

运行下面的命令，文件finetune.py将启动训练过程，加载指定的模型和数据，并按照配置进行微调。训练过程中，检查点和日志将保存到指定的输出目录，并且可以通过TensorBoard查看训练指标。

```
DATA_PATH="<your_data_path>"
OUTPUT_PATH="<your_output_path>"
MODEL_PATH="<your_model_path>"

cd finetune
deepspeed finetune.py \
    --model_name_or_path $MODEL_PATH \
    --data_path $DATA_PATH \
    --output_dir $OUTPUT_PATH \
    --num_train_epochs 3 \
    --model_max_length 1024 \
    --per_device_train_batch_size 16 \
    --per_device_eval_batch_size 1 \
    --gradient_accumulation_steps 4 \
    --evaluation_strategy "no" \
    --save_strategy "steps" \
    --save_steps 100 \
    --save_total_limit 100 \
    --learning_rate 2e-5 \
    --warmup_steps 10 \
    --logging_steps 1 \
    --lr_scheduler_type "cosine" \
    --gradient_checkpointing True \
    --report_to "tensorboard" \
    --deepspeed configs/ds_config_zero3.json \
    --bf16 True \
    --use_lora False
```

对上述各个命令参数的具体说明如下。

- --model_name_or_path：指定预训练模型的路径或名称。
- --data_path：训练数据的路径。
- --output_dir：模型和其他输出文件的保存目录。
- --num_train_epochs：训练的轮数。
- --model_max_length：模型输入的最大序列长度。
- --per_device_train_batch_size：每个设备上的训练批次大小。
- --per_device_eval_batch_size：每个设备上的评估批次大小。
- --gradient_accumulation_steps：梯度累积的步骤数，即在反向传播前累积多少个步骤的梯度。
- --evaluation_strategy：评估策略，此处设置为不进行评估。
- --save_strategy：模型保存策略，此处设置为按步骤保存。
- --save_steps：每隔多少步骤保存一次模型。

- --save_total_limit：保存的模型检查点的总数限制。
- --learning_rate：学习率。
- --warmup_steps：学习率预热的步骤数。
- --logging_steps：日志记录的步骤间隔。
- --lr_scheduler_type：学习率调度器类型，此处为余弦退火。
- --gradient_checkpointing：是否启用梯度检查点，以节省内存。
- --report_to：指定日志报告的工具，此处为TensorBoard。
- --deepspeed：指定DeepSpeed配置文件的路径。
- --bf16：是否使用bfloat16精度进行训练。
- --use_lora：是否使用LoRA技术进行模型微调。

使用 DeepSpeed 来加速和优化模型的微调过程，通过指定 DeepSpeed 配置文件（如 configs/ds_config_zero3.json），可以利用其 ZeRO 优化器阶段 3（ZeRO Stage 3）来有效地管理内存和计算资源，从而支持大规模模型的训练。

此外，在上述命令中还设置了梯度累积、学习率调度、日志记录等参数，以控制训练过程的各个方面。这些参数的配置需要根据具体的硬件资源和任务需求进行调整，以获得最佳的训练效果。

3.4　性能评估

在特定任务和数据集上，DeepSeek 团队对 DeepSeekMoE 的性能进行了评估和验证。在本节的内容中，将详细介绍这一测试过程。

3.4.1　训练数据和分词

在验证实验中，训练数据来源于 DeepSeek-AI 创建的超大规模多语种语料库。该语料库主要涵盖英文和中文，同时也包含其他多种语言的数据，旨在为多语言模型的训练提供丰富而多样的文本资源。数据来源广泛，包括网络文本、数学资料、编程脚本、已出版的文献以及其他各类文本材料，确保模型能够学习和理解不同领域和风格的语言模式。

为了进行模型训练，从整个语料库中抽取了一个包含 1000 亿个标记（tokens）的子集。如此大规模的数据子集有助于模型在训练过程中捕捉语言的细微差别和复杂结构，从而提高其在多语言环境下的泛化能力。

在分词处理方面，采用了 HuggingFace 的 Tokenizer 工具，对训练语料库的一个较小子集进行了字节对编码（Byte Pair Encoding，BPE）分词器的训练。BPE 分词算法通过迭代地合并频率最高的字符或子词对，逐步构建出高频词汇，从而有效地减少词汇表的规模，同时保持对罕见词汇的处理能力。这种方法在处理多语言文本时表现出色，能够平衡词汇表大小和模型性能之间的关系。

在本次实验中，设定了一个包含 8000 个词汇的分词器词汇表。需要注意的是，词汇表的大小会对模型的性能产生直接影响。在训练更大规模的模型时，适当增加词汇表的容量，可以使模型更好地捕捉语言中的复杂模式和长尾词汇，从而提升其理解和生成能力。

总之，通过精心选择和处理训练数据，以及采用先进的分词技术，为模型的训练奠定了坚实的基础，确保其在多语言、多领域的任务中表现出色。

3.4.2 硬件基础设施

在验证实验中，采用了高效且轻量级的训练框架 HAI-LLM，该框架集成了多种并行化策略，以提升大规模模型训练的效率和性能。具体而言，HAI-LLM 实现了以下并行化技术。

- 张量并行：将模型的权重矩阵在多个GPU间切分，允许各GPU并行计算，从而加速训练过程。
- ZeRO数据并行：通过将优化器状态、梯度和模型参数在多个设备间分布式存储，减少单个设备的内存占用，支持更大规模的模型训练。
- PipeDream管道并行：将模型按层级划分为多个阶段，各阶段在不同的GPU上顺序执行，实现流水线式的并行训练，提高资源利用率。
- 专家并行：结合数据并行和张量并行，将模型的不同部分分配给不同的专家（GPU），每个专家专注于处理特定的数据子集或模型组件，提升训练效率。

为了进一步优化性能，使用 CUDA 和 Triton 为门控算法和各专家的线性层计算开发了定制的 GPU 内核。这些定制内核充分利用了 GPU 的计算能力，减少了计算瓶颈，加速了模型训练过程。

DeepSeek 团队的所有实验均在配备 NVIDIA A100 GPU 或 H800 GPU 的高性能计算集群上进行。每个 A100 节点包含 8 个通过 NVLink 桥接的 GPU，提供高带宽、低延迟的 GPU 间通信，确保数据快速传输和同步。H800 集群的每个节点同样配备 8 个 GPU，节点内部通过 NVLink 和 NVSwitch 互联，进一步提升了通信效率和拓扑结构的灵活性。在节点之间，通信通过高速的 InfiniBand 网络实现，提供高带宽和低延迟的连接，满足大规模分布式训练的需求。

注意：NVIDIA A100 GPU 基于 Ampere 架构，采用 7nm 工艺，拥有 6912 个 CUDA 核心和高达 40GB/80GB 的 HBM2 显存，带宽近 1.6TB/s，适用于深度学习和高性能计算任务，而 H800 GPU 则在带宽和算力方面进行了调整，以满足特定市场的需求。

总之，通过上述硬件配置和并行化策略的结合，能够高效地训练大规模、多语言模型，确保在性能和资源利用之间取得最佳平衡。

3.4.3 设置超参数

下面将详细介绍实验中的模型和训练的超参数配置信息，以确保实验的可重复性和结果的可靠性。

（1）模型配置

- Transformer层数：采用了9层的Transformer结构，以平衡模型的深度和计算资源。

- 隐藏层维度：每个层的隐藏维度设置为1280，这决定了模型中间层的大小。
- 多头注意力机制：模型包含10个注意力头，每个头的维度为128，以捕捉输入序列中不同部分之间的相关性。
- 参数初始化：所有可学习参数均采用标准差为0.006的正态分布进行随机初始化，确保模型训练的稳定性。
- 混合专家（MoE）层：将所有前馈网络（FFN）替换为MoE层，使专家参数的总量达到标准FFN的16倍。同时，激活的专家参数（包括共享和路由激活的专家参数）总量约为标准FFN的2倍。

在上述配置下，整个 MoE 模型包含约 20 亿个参数，其中激活参数约为 3 亿个。

（2）训练配置

- 优化器：采用AdamW优化器，其超参数设置为β_1=0.9，β_2=0.95，权重衰减系数为0.1。
- 学习率调度：使用预热和阶梯式衰减策略。初始阶段，学习率在前2000步内线性增加至最大值1.08×10^{-3}。随后，在训练步骤的80% 和90% 时，学习率分别乘以0.316，以逐步降低学习率。
- 梯度裁剪：为了防止梯度爆炸，梯度裁剪的范数设置为1.0。
- 批量大小和序列长度：每个训练批次的批量大小为2048，最大序列长度为2048，因此每个批次包含约400万个标记。
- 训练步数：总训练步数设置为25000步，以处理总计1000亿个训练标记。
- Dropout：由于训练数据丰富且模型规模相对较小，在训练中未使用Dropout正则化。
- 参数部署：所有模型参数（包括专家参数）均部署在单个GPU上，以避免计算不平衡和高通信开销。
- 标记丢弃和设备级平衡损失：在训练过程中未丢弃任何标记，也未使用设备级平衡损失函数。
- 专家级平衡因子：为防止路由崩溃，专家级平衡因子设置为0.01。

上述超参数设置旨在确保模型训练的有效性和稳定性。为了便于参考和复现，在开源文档 DeepSeekMoE.pdf 中，提供了 DeepSeekMoE 模型在不同规模下的超参数概览表，供研究者和实践者参考。

3.4.4 评估基准

在验证实验中，评估基准涵盖了多种任务类型，以全面衡量模型的性能。在下面的内容中，介绍了各个任务类型及其评估指标的详细说明。

（1）语言建模

在 Pile 测试集上评估模型的语言建模能力。Pile 是一个包含多样化文本的数据集，广泛用于训练和评估语言模型。评估指标采用交叉熵损失衡量模型对测试集的预测准确性。交叉熵损失越低，表示模型对语言的理解和生成能力越强。

（2）语言理解和推理

选取了以下基准数据集来评估模型的语言理解和推理能力。

- HellaSwag：旨在测试模型对日常情境的推理能力，要求模型从多个选项中选择最合理的情境延续。
- PIQA（Physical Interaction Question Answering）：评估模型对物理世界常识的理解，如日常物品的使用方式。
- ARC（AI2 Reasoning Challenge）：包含小学到初中水平的科学考试题目，分为挑战集（challenge）和简单集（easy），用于测试模型的科学推理能力。

这些任务的评估指标为准确率，即模型选择正确答案的比例。准确率越高，表示模型的理解和推理能力越强。

（3）阅读理解

采用 RACE（ReAding Comprehension from Examinations）数据集评估模型的阅读理解能力，RACE 源自中国英语考试，分为高中（high）和初中（middle）水平，要求模型阅读文章并回答多项选择题。阅读理解的评估指标为准确率，用于衡量模型在阅读理解任务中选择正确答案的能力。

（4）代码生成

为了评估模型的代码生成能力，使用了以下数据集。

- HumanEval：由OpenAI发布的数据集，包含多种编程问题，要求模型根据问题描述生成正确的代码。
- MBPP（ManyBabies Programming Problems）：包含多样化的编程任务，用于评估模型的代码生成和理解能力。

评估指标为 Pass@1，即模型在首次尝试时生成正确代码的比例。该指标反映了模型在代码生成任务中的准确性。

（5）闭卷问答

选取了以下数据集来评估模型的知识问答能力。

- TriviaQA：包含多种主题的问答对，测试模型对事实性知识的掌握程度。
- NaturalQuestions：由真实用户查询组成，要求模型从长文档中抽取答案，评估其信息检索和理解能力。

闭卷问答的评估指标为完全匹配（Exact Match，EM）率，即模型生成的答案与标准答案完全一致的比例。EM 率越高，表示模型在问答任务中的表现越好。

总之，通过在上述多种基准测试上的评估，能够全面了解模型在不同任务中的性能，为后续的优化和改进提供参考依据。

3.4.5 评估结果

DeepSeek 团队对包括 DeepSeekMoE 在内的五种模型进行了详细的性能对比分析，对这些模型分述如下。

- Dense：一个标准的密集Transformer语言模型，总参数为2亿个。
- Hash Layer：基于Top-1哈希路由的MoE架构，总参数为20亿个，激活参数为2亿个。
- Switch Transformer：基于Top-1可学习路由的知名MoE架构，总参数和激活参数与Hash Layer相同。

- GShard：采用Top-2可学习路由策略，总参数为20亿个，激活参数为3亿个。
- DeepSeekMoE：包含1个共享专家和63个路由专家，每个专家的大小是标准FFN的0.25倍。

所有模型共享相同的训练语料库和训练超参数，且所有 MoE 模型的总参数相同，GShard 的激活参数与 DeepSeekMoE 相同。

本次 DeepSeekMoE 模型测试的具体评估结果如表 3-1 所示。

表 3-1　DeepSeekMoE 模型的评估结果

指标（Metric）	示例数量（# Shot）	Dense	Hash Layer	Switch Transformer	GShard	DeepSeekMoE
总参数量（# Total Params）	N/A	0.2B	2.0B	2.0B	2.0B	2.0B
激活参数量（# Activated Params）	N/A	0.2B	0.2B	0.2B	0.3B	0.3B
每2000个标记的FLOPs（FLOPs per 2K Tokens）	N/A	2.9T	2.9T	2.9T	4.3T	4.3T
训练标记数量（# Training Tokens）	N/A	100B	100B	100B	100B	100B
Pile（损失）	N/A	2.060	1.932	1.881	1.867	1.808
HellaSwag（准确率）	0-shot	38.8	46.2	49.1	50.5	54.8
PIQA（准确率）	0-shot	66.8	68.4	70.5	70.6	72.3
ARC-easy（准确率）	0-shot	41.0	45.3	45.9	43.9	49.4
ARC-challenge（准确率）	0-shot	26.0	28.2	30.2	31.6	34.3
RACE-middle（准确率）	5-shot	38.8	38.8	43.6	42.1	44.0
RACE-high（准确率）	5-shot	29.0	30.0	30.9	30.4	31.7
HumanEval（Pass@1）	0-shot	0.0	1.2	2.4	3.7	4.9
MBPP（Pass@1）	3-shot	0.2	0.6	0.4	0.2	2.2
TriviaQA（完全匹配率）	5-shot	4.9	6.5	8.9	10.2	16.6
NaturalQuestions（完全匹配率）	5-shot	1.4	1.4	2.5	3.2	5.7

表 3-1 展示了在 1000 亿个训练标记后各模型的评估结果，从中可以观察到以下几点。

- 稀疏架构的优势：Hash Layer和Switch Transformer采用稀疏架构，拥有更多的总参数量，与密集基线模型相比，性能显著提升。
- 激活参数的影响：GShard模型的激活参数多于Hash Layer和Switch Transformer，性能也略有提升。
- DeepSeekMoE的卓越表现：在总参数和激活参数相同的情况下，DeepSeekMoE模型相较于GShard表现出明显的优势，体现了其架构的优越性。

此外，DeepSeekMoE 在扩展到更大规模时，如 160 亿参数和 2 万亿标记的训练场景中，仅使用约 40% 的计算量，就能实现与更大规模密集模型相当的性能。这进一步证明了 DeepSeekMoE 在参数效率和性能上的卓越表现。

综上所述，DeepSeekMoE 通过细粒度专家细分和共享专家隔离等创新策略，不仅在小规模模型上表现出色，还在大规模场景中展现出强大的扩展性和效率优势。

3.4.6 和稠密模型的对比

在验证实验中，已经展示了 DeepSeekMoE 在性能上优于密集基线和其他 MoE 架构。为了更深入地理解 DeepSeekMoE 的性能优势，接下来将其与参数量和激活参数更多的大型模型进行比较。这些比较帮助我们估计 GShard 或密集基线需要扩展到何种规模才能达到与 DeepSeekMoE 相当的性能水平。

（1）与 GShard×1.5 的比较

表 3-2 展示了 DeepSeekMoE 与一个专家规模扩大 1.5 倍的 GShard 模型的比较结果。在该模型中，专家参数和计算量均增加了 1.5 倍。总体而言，观察到 DeepSeekMoE 的性能与 GShard×1.5 相当，这突显了 DeepSeekMoE 架构的显著优势。

表 3-2　DeepSeekMoE、GShard×1.5 和 Dense×16 模型的比较

指标	GShard×1.5	Dense×16	DeepSeekMoE
相对专家规模	1.5	1	0.25
专家数量	16	16	64
激活的专家数量	2	16	8
总专家参数量	2.83B	1.89B	1.89B
激活的专家参数量	0.35B	1.89B	0.24B
每2000个标记的FLOPs	5.8T	24.6T	4.3T
训练标记数量	100B	100B	100B
Pile（损失）	1.808	1.806	1.808
HellaSwag（准确率）	54.4	55.1	54.8
PIQA（准确率）	71.1	71.9	72.3
ARC-easy（准确率）	47.3	51.9	49.4
ARC-challenge（准确率）	34.1	33.8	34.3
RACE-middle（准确率）	46.4	46.3	44.0
RACE-high（准确率）	32.4	33.0	31.7
HumanEval（Pass@1）	3.0	4.3	4.9
MBPP（Pass@1）	2.6	2.2	2.2
TriviaQA（完全匹配率）	15.7	16.5	16.6
NaturalQuestions（完全匹配率）	4.7	6.3	5.7

为了进一步验证 DeepSeekMoE 的性能优势，将其总参数增加到 13.3B，并与总参数分别为 15.9B 和 19.8B 的 GShard×1.2 和 GShard×1.5 模型进行了比较。结果显示，在更大规模下，DeepSeekMoE 的性能甚至明显优于 GShard×1.5。

（2）与 Dense×16 的比较

表 3-2 还展示了 DeepSeekMoE 与更大密集模型的比较。为了确保比较的公平性，没有采用常见的注意力参数与前馈网络（FFN）参数的比例（1∶2）。相反，配置了 16 个共享专家，每个专家的参数量与标准 FFN 相同。这种架构模拟了一个拥

有 16 倍标准 FFN 参数的密集模型。可以看出，DeepSeekMoE 的性能几乎达到了 Dense×16 的水平，而后者被视为 MoE 模型的性能上限。这些结果表明，在大约 20 亿个参数和 1000 亿个训练标记的规模下，DeepSeekMoE 的性能已非常接近 MoE 模型的理论上限。

综上所述，这些比较结果清晰地表明，DeepSeekMoE 在保持相对较小参数规模的同时，能够实现与更大规模模型相当甚至更优的性能，体现了其在模型设计和资源利用方面的高效性。

3.4.7　DeepSeekMoE 2B 模型测试

DeepSeekMoE 2B 是由 DeepSeek 团队开发的 MoE 架构模型中的一个产品，包含 20 亿个总参数，有 1 个共享专家和 7 个激活的路由专家。在 DeepSeek 团队实现的训练和评估测试中，DeepSeekMoE 2B 展示了其高效性和性能优势。例如，在性能上接近具有相同参数量的密集模型，但计算量仅为其 17.5%。 此外，DeepSeekMoE 2B 的性能与 GShard 2.9B 模型相当，后者的专家参数和计算量是前者的 1.5 倍。这表明 DeepSeekMoE 2B 在保持计算效率的同时，实现了接近甚至超越现有模型的性能水平。在下面的内容中，将详细介绍 DeepSeek 团队的测试结果。

（1）路由专家的冗余度更低

为了评估路由专家之间的冗余度，DeepSeek 团队设计了一个实验，禁用了不同比例的顶级路由专家，并测量了 Pile 损失的变化。具体而言，对于每个标记，屏蔽了具有最高路由概率的一定比例的专家，然后从剩余的路由专家中选择 Top-k 专家进行激活。为了确保比较的公平性，选择了 DeepSeekMoE 和 GShard×1.5 进行对比，因为它们在未禁用专家时具有相同的 Pile 损失。

实验结果显示，DeepSeekMoE 对禁用顶级路由专家的比例更为敏感。例如，当禁用比例增加时，DeepSeekMoE 的 Pile 损失显著上升，而 GShard×1.5 的损失变化相对较小。这种敏感性表明 DeepSeekMoE 中的路由专家具有更低的冗余度，每个专家都更为不可替代。相比之下，GShard×1.5 在其专家参数中表现出更高的冗余度，能够在禁用顶级路由专家时更好地缓冲性能下降。这一结果表明，DeepSeekMoE 的专家设计更加高效，每个专家都承担了独特的任务，而不是简单地重复其他专家的功能。

（2）共享专家的关键作用

为了研究共享专家在 DeepSeekMoE 架构中的作用，DeepSeek 团队进行了另一项实验，禁用了共享专家并激活了一个额外的路由专家，同时保持相同的计算成本。在 Pile 数据集上的评估结果显示，Pile 损失从 1.808 显著增加到 2.414。这一结果突显了共享专家在 DeepSeekMoE 架构中的关键作用。共享专家捕获了路由专家所没有的基本和核心知识，使其无法被路由专家替代。这表明共享专家在处理通用特征和提供全局信息方面发挥了不可替代的作用。

（3）更准确的知识获取能力

为了验证 DeepSeekMoE 是否能够以更少的激活专家获取必要的知识，DeepSeek 团队研究了其激活专家组合的灵活性。具体而言，将激活的路由专家数量从 3 个增加到 7 个，并评估了 Pile 损失的变化。实验结果显示，即使只有 4 个路由专家被激活，DeepSeekMoE 也能实现与 GShard 相当的 Pile 损失。这一观察结果支持了 DeepSeekMoE 能够更准确和高效地获取知识的主张。

进一步地，为了更严格地验证 DeepSeekMoE 的专家专业化和准确的知识获取能力，DeepSeek 团队从头开始训练了一个新模型。这个模型包含 1 个共享专家和 63 个路由专家，但只有 3 个路由专家被激活。评估结果显示，即使在总专家参数相同且激活专家参数仅为一半的情况下，DeepSeekMoE 仍然优于 GShard。这表明 DeepSeekMoE 更有效地利用了专家参数，激活专家中有效参数的比例远高于 GShard。这一结果进一步证明了DeepSeekMoE在知识获取和专家利用方面的优越性。

总之，通过一系列实验，DeepSeek 团队深入分析了 DeepSeekMoE 架构中路由专家的冗余度、共享专家的作用及其知识获取能力。实验结果说明了如下问题。

- 路由专家的低冗余度：DeepSeekMoE的路由专家具有更低的冗余度，每个专家都承担了独特的任务，表现出更高的不可替代性。
- 共享专家的关键作用：共享专家捕获了路由专家所没有的基本和核心知识，无法被路由专家替代，突显了其在全局信息处理中的重要性。
- 高效的知识获取能力：DeepSeekMoE能够以更少的激活专家获取必要的知识，表现出更高的激活专家组合灵活性和参数利用率。

上述实验结果不仅验证了 DeepSeekMoE 架构设计的合理性，还展示了其在专家利用率和知识获取准确性方面的显著优势。

3.5 消融研究

消融研究（Ablation Study）是一种在机器学习和深度学习领域广泛应用的研究方法，旨在评估模型各组成部分对整体性能的影响。通过有计划地移除或修改模型的某些组件，研究者可以确定每个部分在模型中的作用和重要性，从而深入理解模型的内部机制。

3.5.1 消融研究介绍

消融研究方法的起源可追溯至 20 世纪 60 年代和 70 年代的实验心理学领域，当时研究者通过切除动物大脑的特定部分来观察其对行为的影响。这一概念后来被引入人工智能领域，特别是在复杂的神经网络研究中，用于分析各组件对模型性能的贡献。

在深度学习研究中，消融研究通常涉及以下步骤。

① 确定模型的各个组成部分：明确模型中需要评估的模块或特征。

② 逐一移除或修改组件：在保持其他部分不变的情况下，单独移除或改变某个组件。

③ 评估性能变化：比较修改前后模型在特定任务或数据集上的性能差异。

通过这样的实验流程，研究者可以量化每个组件对模型整体性能的影响，从而指导模型的优化和改进。

注意：消融研究类似于控制变量法，但在复杂的深度学习模型中，组件之间可能存在相互作用，简单的移除可能无法全面反映其作用，因此，设计和解读消融实验时，需要谨慎考虑各组件之间的关系和潜在影响。

总之，消融研究是理解和优化复杂模型的重要工具，有助于揭示模型内部的关键因素，提升模型的性能和可靠性。

3.5.2　消融研究在大模型中的应用

消融研究可以优化和改进模型，在大型模型的开发和应用中，消融研究尤为重要。由于大型模型通常包含数以亿计的参数和复杂的架构，直接评估各个组件的贡献变得困难，通过消融研究，研究者可以达到以下目的。

- 评估特定组件的贡献：确定模型中哪些部分对性能提升起关键作用，哪些部分可能是冗余的。
- 优化模型结构：根据消融研究的结果，简化模型结构，减少计算资源的消耗，同时保持或提升模型性能。
- 指导模型训练：了解不同训练策略或数据处理方法对模型效果的影响，从而制定更有效的训练方案。

例如，在自然语言处理的大型模型中，研究者可能会通过消融研究来评估不同注意力机制、嵌入层或前馈网络的作用。通过逐一移除或替换这些组件，观察模型性能的变化，以确定最优的模型配置。

总之，消融研究作为一种精细化的分析工具，在大型模型的研究和应用中扮演着关键角色，有助于深入理解模型内部机制，提升模型的效率和效果。

3.5.3　DeepSeekMoE 的消融研究

为了深入验证 DeepSeekMoE 架构中两个核心策略——细粒度专家细分和共享专家隔离的有效性，DeepSeek 团队对 DeepSeekMoE 进行了消融研究。为了确保结果的公平性和可比性，所有参与比较的模型均保持相同的总参数量和激活参数量。

（1）共享专家隔离

共享专家隔离策略的核心在于将一个专家从常规的路由专家中分离出来，专门处理通用特征，从而提高模型的整体效率和性能。为了评估这一策略的影响，DeepSeek 团队在 GShard 架构的基础上进行了改进，隔离了一个专家作为共享专家。实验结果显示，经过这种改进的模型在大多数基准测试中均优于原始的 GShard 模型。具体而言，隔离共享专家的模型在多个任务上表现出更高的准确性和更低的损失值。这一结果有力地支持了共享专家隔离策略对提升模型性能的积极作用。

（2）细粒度专家细分

细粒度专家细分策略旨在通过进一步拆分专家，使每个专家能够专注于处理更具体的特征或任务，从而提升模型的专业化水平和整体性能。为了验证这一策略的有效性，DeepSeek 团队进行了详细的实验比较。具体而言，将每个专家拆分为 2 个或 4 个更小的专家，从而分别得到总共 32 个（1 个共享 +31 个路由）或 64 个（1 个共享 +63

个路由）专家。实验结果显示，随着专家细分粒度的增加，模型的整体性能呈现出一致的提升趋势。例如，当专家数量从 32 个增加到 64 个时，模型在多个基准测试中的表现显著改善。这一结果表明，细粒度专家细分能够有效提升模型的灵活性和适应性，从而更好地处理复杂的任务。

（3）共享专家与路由专家的比例

除了验证上述两个核心策略的有效性外，DeepSeek 团队还研究了共享专家与路由专家的最佳比例。基于最细粒度（64 个总专家）的情况，并保持总专家数量和激活专家数量不变，尝试将 1 个、2 个和 4 个专家隔离为共享专家。实验结果显示，不同的共享专家与路由专家比例对性能的影响并不显著。具体而言，1 个、2 个和 4 个共享专家分别得到了 Pile 损失值 1.808、1.806 和 1.811。尽管差异较小，但 1：3 的比例（即 1 个共享专家与 3 个路由专家）略微优于其他比例，表现出更低的 Pile 损失值。因此，在扩展 DeepSeekMoE 架构时，选择了保持共享专家与激活路由专家的比例为 1：3，以实现最佳的性能平衡。

总之，通过系统的消融研究，DeepSeek 团队验证了 DeepSeekMoE 架构中两个核心策略——细粒度专家细分和共享专家隔离的有效性。实验结果表明，共享专家隔离策略能够显著提升模型的性能，而细粒度专家细分则进一步增强了模型的专业化水平和灵活性。此外，还发现共享专家与路由专家的比例对性能有一定影响，但差异较小。综合考虑，选择了 1：3 的比例作为 DeepSeekMoE 架构的最优配置。这些研究成果不仅为 DeepSeekMoE 架构的设计提供了坚实的理论支持，也为后续的模型扩展和优化提供了重要的参考依据。

3.6 DeepSeekMoE 16B 测试

前面的性能测试主要是针对 DeepSeekMoE 2B 模型进行的，在本节的内容中，展示 DeepSeek 团队对 DeepSeekMoE 16B 模型的测试结果。DeepSeekMoE 16B 模型总参数量为 164 亿个，但在推理时仅激活约 28 亿个参数，显著降低了计算成本。DeepSeek 团队的实验结果表明，DeepSeekMoE 16B 的性能可与 DeepSeek 7B 和 LLaMA2 7B 等模型相媲美，同时计算量减少约 60%。值得一提的是，DeepSeek 团队计划进一步扩展该架构（训练参数量达 1450 亿个的更大模型），以探索更大规模下的性能和应用潜力。

3.6.1 训练数据和分词

在训练 DeepSeekMoE 模型时，DeepSeek 团队对训练数据的选择和分词策略进行了精心设计，以确保模型能够在大规模数据上高效学习，并具备良好的语言理解和生成能力。

（1）训练数据

为了满足 DeepSeekMoE 16B 模型的训练需求，在多样化语料库中对大规模的训练数据进行了采样。与之前的验证实验不同，本次采样的数据规模显著增加，包含 2 万亿个标记，与 LLaMA2 7B 的训练标记数量保持一致。这种大规模的数据采样策略旨在为模型提供丰富的语言模式和知识，使其能够学习到更广泛的语言特征和语义信息。选择的语料库涵盖了多种语言和领域，包括新闻文章、维基百科页面、书籍、网页内容以及社交媒体文本等。这种多样化的语料库设计有助于模型在不同场景下出色表现，同时增强其对各种语言风格和主题的理解能力。

（2）分词策略

在分词方面，采用了 HuggingFace Tokenizer 工具来训练字节对编码（BPE）分词器。BPE 是一种广泛使用的分词技术，通过将单词分解为更小的子词单元（subword），能够有效处理词汇表外（OOV）单词的问题，同时提高模型对罕见单词的处理能力。

对于 DeepSeekMoE 16B 模型，将词汇量设置为 10 万个。这一词汇量大小是经过综合考虑后的选择，旨在平衡模型的计算效率和语言表达能力。较小的词汇量可以降低模型的计算复杂度和内存占用，而通过 BPE 分词器的子词划分，模型仍然能够灵活处理丰富的语言表达。

3.6.2 设置超参数

为了确保 DeepSeekMoE 16B 模型在大规模训练中能够高效收敛且性能优异，对其模型结构和训练策略进行了精心设计和优化。

（1）模型设置

- Transformer架构：DeepSeekMoE 16B模型基于Transformer架构，包含28层Transformer，每层的隐藏维度设置为2048。这种深度和宽度的设置旨在为模型提供足够的容量以捕捉复杂的语言模式。
- 多头注意力机制：共有16个注意力头，每个头的维度为128。这种设计使模型能够从多个角度捕捉输入序列的特征，从而提高其对语言的语义和结构理解能力。
- 参数初始化：所有可学习参数均以标准差为0.006的正态分布随机初始化。这种初始化方式有助于模型在训练初期快速收敛，同时避免梯度消失或爆炸的问题。
- MoE层设计：为了实现高效的计算和灵活的专家组合，将除第一层外的所有前馈神经网络（FFN）层替换为MoE层。这一设计是基于观察到第一层的负载平衡收敛速度特别慢，而MoE层在后续层中能够显著提升计算效率和模型性能。每个MoE层包含2个共享专家和64个路由专家，每个专家的大小是标准FFN的0.25倍。每个标记将被路由到2个共享专家和6个路由专家，从而实现高效的计算和灵活的知识获取。
- 专家细分策略：尽管更细粒度的专家细分能够进一步提升模型的专业化水平，但在超过16B的大规模场景下，这种细分可能会导致计算效率降低。因此，在当前配置下选择了2个共享专家和64个路由专家的组合，以平衡模型的专业化和计算效率。在这种设置下，DeepSeekMoE 16B模型的总参数量约为164亿个，激活参数约为28亿个。

（2）训练设置

- 优化器选择：使用了AdamW优化器，这是一种广泛应用于大规模语言模型训练的优化器，能够有效平衡学习率调整和权重衰减。其超参数设置为：$\beta_1 = 0.9$，$\beta_2 =$

0.95，权重衰减为0.1。

● 学习率策略：学习率采用预热和阶梯衰减策略。在训练的前2000步，学习率线性增加到最大值4.2×10^{-4}。随后，在训练步骤的80% 和90% 时，学习率分别乘以0.316。这种策略旨在确保模型在训练初期能够快速收敛，同时在后期避免过拟合。

● 梯度裁剪与批量大小：为了防止梯度爆炸，设置了梯度裁剪范数为1.0；批量大小设置为4500，最大序列长度为4000，因此每个训练批量包含1800万个标记。这种大规模的批量设置有助于充分利用计算资源，同时提高模型的训练效率。

● 总训练步数：为了实现2万亿个训练标记的目标，总训练步数设置为106449步。这一设置确保了模型能够在大规模数据上充分学习，同时避免过度训练。

● Dropout策略：由于训练数据丰富且模型设计已经具备足够的正则化能力，在训练中未使用Dropout。这一选择有助于提高模型的训练速度，同时避免因Dropout带来的性能损失。

● 并行化策略：为了高效利用计算资源，采用了管道并行化技术，将模型的不同层部署在不同设备上。对于每一层，所有专家都将部署在同一设备上，从而避免设备间的通信开销。此外，未在训练中丢弃任何标记，也不使用设备级平衡损失，以确保模型能够充分利用所有训练数据。

● 路由平衡策略：为了防止路由崩溃，将专家级平衡因子设置为0.001。这一设置是基于实验观察，发现在当前的并行化策略下，更高的专家级平衡因子无法提高计算效率，反而会损害模型性能。

总之，在 DeepSeekMoE 16B 模型的训练中，DeepSeek 团队通过精心设计的超参数设置和优化策略，确保了模型在大规模数据上的高效训练和优异性能。在模型结构方面，采用了 28 层 Transformer 架构，结合多头注意力机制和 MoE 层设计，实现了高效的计算和灵活的知识获取。在训练策略方面，通过 AdamW 优化器、预热和阶梯衰减学习率策略、大规模批量设置以及管道并行化技术，优化了模型的训练效率和性能表现。这些设计选择为 DeepSeekMoE 16B 模型的成功训练和部署奠定了坚实的基础。

3.6.3 评估基准

为了全面评估 DeepSeekMoE 16B 模型的性能，在验证实验的基础上引入了更多基准测试，涵盖了语言建模、阅读理解、数学推理、多学科选择题、消歧义以及中文基准测试等多个领域。下面是对新增评估基准的具体说明。

① 语言建模：在 Pile 测试集上评估了语言建模任务。由于 DeepSeekMoE 16B 采用了不同的分词器，为了公平比较，使用了每字节比特数（BPB）作为评估指标。

② 阅读理解：新增了 DROP 数据集作为阅读理解任务的评估基准，采用完全匹配（EM）率作为评估指标。

③ 数学推理：为了评估模型的数学推理能力，引入了 GSM8K 和 MATH 数据集，使用 EM 率作为评估指标。

④ 多学科多项选择：采用了 MMLU 数据集来评估模型在多学科多项选择任务中的

表现，评估指标为准确率。

⑤ 消歧义：使用 WinoGrande 数据集评估模型的消歧义能力，评估指标为准确率。

⑥ 中文基准测试：鉴于 DeepSeekMoE 16B 在双语语料库上进行了预训练，在以下中文基准测试上进行评估。

- CLUEWSC：中文消歧义基准测试，评估指标为完全匹配率。
- CEval和CMMLU：类似于MMLU的中文多学科多项选择基准测试，评估指标为准确率。
- CHID：中文成语完形填空基准测试，用于评估对中文文化的理解，评估指标为准确率。

⑦ Open LLM 排行榜：为了与其他开源模型进行公平且便捷的比较，在 Open LLM 排行榜上对 DeepSeekMoE 16B 进行了评估。该排行榜由 HuggingFace 支持，包含六个任务，即 ARC、HellaSwag、MMLU、TruthfulQA、WinoGrande 和 GSM8K。

通过在上述多种基准测试上的评估，DeepSeek 团队全面地验证了 DeepSeekMoE 16B 在各类任务中的性能表现。

3.7　DeepSeekMoE 16B 的对齐

在深度学习和自然语言处理（NLP）领域，对齐（Alignment）是一个术语，通常用来描述模型的行为、输出或性能与人类期望或目标一致的过程。以往研究表明，MoE 模型通常无法从传统的微调（fine-tuning）中获得显著提升。然而，近期研究指出，通过指令微调（instruction tuning），MoE 模型确实能够从中受益。为了验证 DeepSeekMoE 16B 是否也能从微调中获益，DeepSeek 团队对其进行了监督式微调（Supervised Fine-Tuning, SFT）操作，并将其转化为一个聊天模型——DeepSeekMoE Chat 16B。

3.7.1　测试设置

为了训练 DeepSeekMoE 16B 聊天模型，DeepSeek 团队进行了监督式微调，下面是详细的测试设置信息。

（1）训练数据

为了构建一个功能强大的聊天模型，使用了内部整理的数据集进行监督式微调。该数据集包含 140 万条训练样本，涵盖了数学、代码、写作、问答、推理、总结等多个领域。这些数据主要以英文和中文为主，使聊天模型能够在双语场景中灵活应用。

（2）超参数设置

在监督式微调过程中，采用了如下超参数配置。

- 批量大小：设置为1024个样本。
- 优化器：使用AdamW优化器，这是一种广泛应用于深度学习的优化器。
- 训练轮次：进行8个轮次的训练。
- 最大序列长度：设置为4000，并尽可能紧密地打包训练样本，直到达到序列长度限制。

- 学习率：固定为10^{-5}，不采用任何学习率调度策略。
- Dropout：在监督式微调过程中不使用Dropout。

（3）评估基准

为了全面评估聊天模型的性能，采用了与第 3.6.3 节中类似的基准测试，并进行了以下调整。

- 排除Pile：由于聊天模型很少用于纯语言建模任务，因此排除了Pile。
- 排除CHID：由于CHID的结果不稳定，难以得出可靠的结论，因此排除了该基准测试。
- 新增BBH：为了更全面地评估聊天模型的推理能力，额外增加了BBH。

通过上述实验设置，确保了 DeepSeekMoE 16B 聊天模型能够在多样化的任务中表现出色，同时验证了其在双语场景中的适应性。

3.7.2 评估结果

为了验证 DeepSeekMoE 16B 在对齐后的潜力，对其进行了监督式微调，并与两个 7B 级别的密集模型——LlamA2 7B 和 DeepSeek 7B 进行了详细的性能对比。

（1）基线模型

为了确保公平性，对 LlamA2 7B、DeepSeek 7B 和 DeepSeekMoE 16B 使用了完全相同的微调数据，并构建了三个聊天模型：LlamA2 SFT 7B、DeepSeek Chat 7B 和 DeepSeekMoE Chat 16B。值得注意的是，7B 级别的密集模型的计算量约为 DeepSeekMoE Chat 16B 的 2.5 倍，这为评估提供了一个重要的性能对比基准。

（2）评估结果

表 3-3 展示了 DeepSeek 团队测试后获得的详细评估结果。

表 3-3 LlamA2 SFT 7B、DeepSeek Chat 7B 与 DeepSeekMoE Chat 16B 的比较

指标	# Shot	LLaMA2 SFT 7B	DeepSeek Chat 7B	DeepSeekMoE Chat 16B
总参数量	N/A	6.7B	6.9B	16.4B
激活参数量	N/A	6.7B	6.9B	2.8B
每4K标记的FLOPs	N/A	187.9T	183.5T	74.4T
HellaSwag（准确率）	0-shot	67.9	71.0	72.2
PIQA（准确率）	0-shot	76.9	78.4	79.7
ARC-easy（准确率）	0-shot	69.7	70.2	69.9
ARC-challenge（准确率）	0-shot	50.8	50.2	50.0
BBH（完全匹配率）	3-shot	39.3	43.1	42.2
RACE-middle（准确率）	5-shot	63.9	66.1	64.8
RACE-high（准确率）	5-shot	49.6	50.8	50.6
DROP（完全匹配率）	1-shot	40.0	41.7	33.8

续表

指标	# Shot	LLaMA2 SFT 7B	DeepSeek Chat 7B	DeepSeekMoE Chat 16B
GSM8K（完全匹配率）	0-shot	63.4	62.6	62.2
MATH（完全匹配率）	4-shot	13.5	14.7	15.2
HumanEval（Pass@1）	0-shot	35.4	45.1	45.7
MBPP（Pass@1）	3-shot	27.8	39.0	46.2
TriviaQA（完全匹配率）	5-shot	60.1	59.5	63.3
NaturalQuestions（完全匹配率）	0-shot	35.2	32.7	35.1
MMLU（准确率）	0-shot	50.0	49.7	47.2
WinoGrande（准确率）	0-shot	65.1	68.4	69.0
CLUEWSC（完全匹配率）	5-shot	48.4	66.2	68.2
CEval（准确率）	0-shot	35.1	44.7	40.0
CMMLU（准确率）	0-shot	36.9	51.2	49.3

该表详细对比了三种聊天模型在多个任务和基准测试上的性能，得到的结论如下。

- 整体性能表现：尽管DeepSeekMoE Chat 16B的计算量仅为对比密集聊天模型的约40%，但在多数基准测试中，其表现甚至超越了7B级别的密集聊天模型。具体来说，在语言理解与推理任务（如PIQA、ARC、BBH）、机器阅读理解任务（如RACE）、数学推理任务（如GSM8K、MATH）以及知识密集型任务（如TriviaQA和NaturalQuestions）中，DeepSeekMoE Chat 16B均展示了与密集聊天模型相当甚至更优的准确率和表现。
- 代码生成任务：在HumanEval和MBPP数据集上的代码生成任务中，DeepSeekMoE Chat 16B显著优于LLaMA2 SFT 7B，并且其性能也超过了DeepSeek Chat 7B。这表明在生成编程代码和理解代码逻辑方面，DeepSeekMoE 16B能够更好地捕捉和表达技术性知识。
- 多项选择问答任务：在MMLU、CEval和CMMLU等多项选择问答基准测试中，DeepSeekMoE Chat 16B的表现虽然仍略逊于DeepSeek Chat 7B，但在经过监督式微调后，两者之间的性能差距明显缩小。这说明经过对齐后，DeepSeekMoE 16B在部分任务上已能有效提升其表现。
- 中文基准测试的优势：由于DeepSeekMoE 16B在预训练阶段使用了双语语料库，其在中文基准测试中的表现尤为突出。无论是在中文消歧义测试（如CLUEWSC）还是在中文多学科多项选择测试（如CEval和CMMLU）上，DeepSeekMoE Chat 16B均明显优于LLaMA2 SFT 7B。这进一步验证了模型在处理中文信息时具备出色的平衡能力和适应性。

总之，聊天模型的评估结果突显了 DeepSeekMoE 16B 在对齐过程中的显著受益。尽管其计算量仅占对比密集模型的约 40%，但在多个任务上均能实现或超过 7B 级别密集模型的性能表现。这些结果证明了 DeepSeekMoE 架构在实现高效计算和优秀性能方面的潜力，为大规模语言模型的对齐和下游应用提供了坚实的理论和实验支持。

注意：DeepSeek团队正在测试DeepSeekMoE 145B模型的性能，将DeepSeekMoE扩展到了1450亿个参数规模。DeepSeekMoE 145B在2.45万亿个标记上进行了训练，在完成DeepSeekMoE 145B的最终版本和完整训练后，DeepSeek团队声称会将测试结果公开发布。

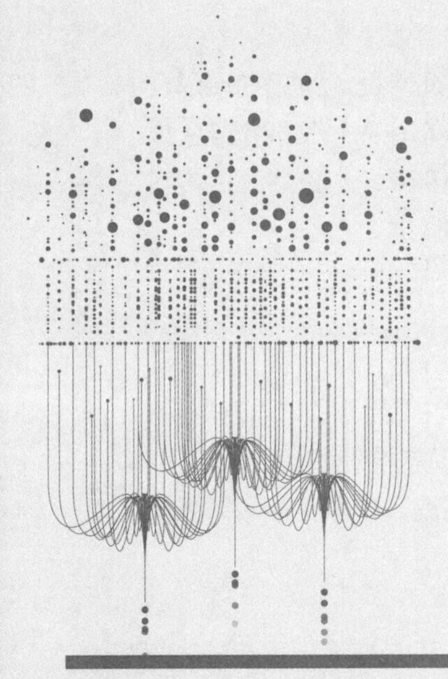

第4章

DeepSeek 多模态大模型架构

扫码看本章视频

DeepSeek 推出的多模态技术，在解耦视觉编码、优化训练流程、数据扩展以及模型规模上实现了全方位的提升，构建了一个既能有效理解多模态输入，又能精准生成图像和文本的统一模型体系。满足了从基础研究到实际应用的多种需求。在本章的内容中，将详细讲解 DeepSeek 多模态大模型的架构知识。

4.1 DeepSeek 多模态大模型的发展历程

DeepSeek 的多模态大模型从最初的文本处理能力，逐步扩展到视觉语言融合、多模态理解，再到强化学习和推理能力的提升，最终实现了跨模态推理和商业化应用。这一过程不仅展示了技术的快速演进，也体现了 DeepSeek 在提升模型性能和降低成本方面的持续努力。

（1）初始阶段：视觉语言模型的引入

- 2024年3月11日：发布DeepSeek-VL，一个开源的视觉-语言模型，具有较高的视觉任务处理能力。
- 2024年5月7日：发布DeepSeek-V2，采用Mixture-of-Experts（MoE）架构，显著提升了性能。
- 2024年6月17日：推出DeepSeek-Coder-V2，提升了编码和数学推理能力，扩展了支持的编程语言数量。

（2）开始阶段：Janus 模型

DeepSeek 最早推出的 Janus 模型采用了“理解 - 生成”双路径的架构，将图像处理分为两个独立的分支：

- 理解路径使用SigLIP编码器提取高层次语义特征，解决图像理解任务。
- 生成路径则借助VQ Tokenizer将图像转化为离散ID，再经过生成适配器映射到统一的语言模型输入空间，用于图像生成任务。

这种解耦设计缓解了传统单一视觉编码器在同时执行理解与生成时的角色冲突。

（3）升级阶段：Janus-Pro 模型

随着实际应用需求的增加，Janus 模型在图像生成细节和多模态指令遵循能力上显现不足，DeepSeek 随即推出了 Janus - Pro。主要改进包括：

- 训练策略优化：延长ImageNet数据上的训练步数，调整多模态数据与纯文本数据、文本到图像数据的比例（例如从7：3：10调整到5：1：4），使各任务表现更加均衡。
- 数据扩展：在预训练阶段加入了大量新的多模态数据，既有真实图像及字幕，也引入了约7200万条高质量的合成美学数据，提升了图像生成的稳定性和细节还原能力。
- 模型规模扩大：由较小的参数版本升级到7B参数（甚至更大），增强了模型的表达能力与收敛速度。

（4）深度扩展：DeepSeek - VL2 模型的引入

在 Janus - Pro 的升级过程中，DeepSeek - VL2 模型发挥了关键作用。作为面向多模态理解任务的核心模型之一，DeepSeek - VL2 采用了专家混合策略。

- 专家混合架构：针对图像、表格、图表和文档等不同类型的视觉数据，DeepSeek-VL2

通过整合多个专业化的视觉语言专家，提取更丰富的语义信息。

- 大规模数据支撑：该模型在预训练过程中为Janus - Pro提供了约9000万样本的多模态数据支持，使得整体模型在多模态理解方面获得了更强的泛化能力。
- 多任务适应性：DeepSeek - VL2不仅提升了视觉问答和图像理解等任务的性能，还为后续的跨模态对齐和生成任务奠定了坚实基础。

总体来看，DeepSeek 的多模态大模型技术经历了从 Janus 到 Janus-Pro 的不断迭代升级，而 DeepSeek - VL2 的加入则进一步丰富了预训练数据和模型的多模态理解能力。这一系列的技术演进使得 DeepSeek 的模型在文生图、视觉问答以及其他多模态任务上均表现出色，既实现了理解与生成任务的高效统一，也为未来扩展更多输入模态（如音频、视频、3D 点云等）提供了坚实的技术基础。

4.2　Janus 模型架构

Janus 多模态模型的设计核心在于视觉编码的解耦。传统多模态模型通常使用单一的视觉编码器来处理多模态理解和视觉生成任务，但由于这两种任务对视觉特征的需求存在显著差异，单一编码器往往难以同时满足两种任务的需求，从而导致性能瓶颈。为了解决这一问题，Janus 模型提出了双路径视觉编码架构，将多模态理解和视觉生成任务的视觉编码过程完全分离，从而避免了任务间的冲突，并显著提升了模型在多模态任务中的表现。

4.2.1　架构简介

Janus 模型的整体架构基于自回归 Transformer，这是一种强大的序列生成框架，广泛应用于自然语言处理和多模态任务中。自回归 Transformer 通过逐个生成序列中的元素（如文本中的单词或图像中的像素），能够有效地捕捉序列中的依赖关系。在 Janus 模型中，自回归 Transformer 不仅处理文本输入，还整合了来自视觉模态的特征，从而实现多模态数据的统一处理。

（1）视觉编码路径

Janus 模型的核心设计是将视觉编码分为如下两个独立的路径：

① 多模态理解：专门用于处理需要理解图像语义的任务，如视觉问答（VQA）、图像描述生成、图文匹配等。这一路径的目标是从图像中提取高维语义特征，并将其映射到与语言模型兼容的输入空间。

② 视觉生成：专门用于处理需要生成图像的任务，如文本到图像的生成。这一路径的目标是将图像转换为离散的视觉 token，并通过生成适配器将其嵌入到语言模型的输入空间中。

这两种路径分别处理不同任务的输入数据，但最终会将生成的特征序列拼接在一起，形成一个统一的多模态特征序列，这个序列随后被输入到自回归 Transformer 中进行进一步处理。通过这种设计，Janus 模型能够在同一个框架下高效地处理多模态理解和视觉生成任务，同时避免了传统模型中视觉编码器在两种任务间的功能冲突。

（2）Janus 架构设计的优势

Janus 多模态模型通过解耦视觉编码路径，实现了多模态理解和视觉生成任务的高效统一。这种架构设计不仅解决了传统模型中视觉编码器的功能冲突问题，还提升了模型的性能和扩展性。具体来说，Janus 模型的架构设计带来了以下显著优势。

- 解耦视觉编码：通过将视觉编码分为两个独立路径，Janus模型能够分别优化多模态理解和视觉生成任务。这种解耦设计避免了传统模型中视觉编码器在这两种任务中的功能冲突，使得模型能够更好地处理复杂的多模态任务。例如，在多模态理解任务中，模型可以专注于提取图像的语义信息；而在视觉生成任务中，模型可以专注于生成高质量的图像内容。
- 高效扩展性：Janus模型的架构设计支持模型规模的扩展。例如，Janus-Pro版本将模型参数扩展到7B，显著提升了模型在多模态理解和视觉生成任务中的性能。这种扩展性使得模型能够处理更复杂的任务，并生成更高质量的输出。
- 统一框架：尽管Janus模型将视觉编码分为两个独立路径，但整个模型仍然在同一个自回归Transformer框架下运行。这种统一框架简化了训练和推理过程，使得模型能够高效地处理多模态数据。同时，这种设计也使得模型能够灵活地扩展到其他多模态任务，如视频理解、多模态对话等。

4.2.2　多模态理解

多模态理解的目标是从图像中提取丰富的语义信息，以支持视觉问答、图像描述等任务。为了实现这一目标，Janus 模型在这一部分采用了专门设计的模块和操作流程，具体说明如下所示。

（1）视觉编码器

Janus 模型选用了 SigLIP 编码器作为多模态理解路径的核心。SigLIP 是一种基于 Transformer 的视觉编码器，设计初衷是捕捉图像中的高层语义信息，SigLIP 的工作如下：

- 高维语义特征：SigLIP能够从图像中提取出既包含整体语义（如场景、对象类别）又兼顾细节和局部关系的高维特征。这些特征不仅能描述图像的全局内容，还能捕捉图像中细微的纹理和结构信息。
- 与语言模型兼容：由于SigLIP的设计考虑到了与语言模型的融合需求，其输出特征的格式和分布经过精心设计，从而能够无缝地与文本特征对齐，为后续的多模态融合打下基础。

（2）特征处理

SigLIP 编码器输出的是一个二维的特征图，这个特征图类似于一个由多个特征向量构成的网格，每个向量对应图像中某一局部区域的语义描述。为了更好地利用这些视觉特征，Janus 模型在后续处理中引入了两项关键策略，这两项策略相辅相成，共同确保了视觉信息能够在多模态建模中发挥最大效用。特征处理的工作如下：

- 保留空间顺序信息：为了让这些视觉特征能够被自回归Transformer模型处理，Janus模型将二维特征图展平为一维序列。在展平过程中，模型不仅简单地将二维矩阵转换为线性序列，还保留了原始空间中的顺序信息，这对于捕捉图像中局部与全局语义关系至关重要。

- 统一格式：与此同时，展平后的特征序列与文本token序列格式保持一致，使得后续的多模态融合和自回归建模能够在同一输入空间中进行。这种格式统一有助于模型同时考虑图像与文本信息的上下文关联，从而实现更有效的信息融合。

（3）理解适配器

为了将展平后的高维视觉特征进一步映射到与语言模型相同的嵌入空间，Janus 模型引入了一个两层多层感知机（MLP）作为理解适配器。

- 特征映射：该适配器对输入的视觉特征进行非线性变换，使得这些特征能够更好地表达与文本信息对应的语义含义。经过映射后的视觉特征与文本特征在语义层面上实现了对齐，便于后续的跨模态融合。
- 无缝融合：通过这种映射操作，理解适配器确保了从图像中提取的语义信息能够与文本数据结合在一起，形成一个统一的多模态输入序列。这样，模型在处理诸如视觉问答和图像描述任务时，可以直接利用来自不同模态的互补信息，从而提高理解准确性和生成质量。

在 DeepSeek 的开源代码中，文件 projector.py 定义了一个名为 MlpProjector 的类，作为一个多层感知机（MLP）投影器，用于将输入数据映射到指定的嵌入空间。在多模态模型中，投影器是连接不同模态特征的关键组件。MlpProjector 投影器根据配置（cfg）的不同，支持多种类型的投影方式：identity、linear、mlp_gelu 和 low_high_hybrid_split_mlp_gelu。如果配置为 low_high_hybrid_split_mlp_gelu，会将输入分为两部分（高分辨率和低分辨率），然后分别进行投影并合并。前向传播方法接收一个输入（可以是元组，也可以是单一张量），并通过配置的投影器进行转换，返回投影后的结果。

```
class MlpProjector(nn.Module):
    def __init__(self, cfg):
        super().__init__()

        self.cfg = cfg

        if cfg.projector_type == "identity":
            modules = nn.Identity()

        elif cfg.projector_type == "linear":
            modules = nn.Linear(cfg.input_dim, cfg.n_embed)

        elif cfg.projector_type == "mlp_gelu":
            mlp_depth = cfg.get("depth", 1)
            modules = [nn.Linear(cfg.input_dim, cfg.n_embed)]
            for _ in range(1, mlp_depth):
                modules.append(nn.GELU())
                modules.append(nn.Linear(cfg.n_embed, cfg.n_embed))
            modules = nn.Sequential(*modules)
```

```
        elif cfg.projector_type == "low_high_hybrid_split_mlp_
             gelu":
            mlp_depth = cfg.get("depth", 1)
            self.high_up_proj = nn.Linear(cfg.input_dim, cfg.n_
            embed // 2)
            self.low_up_proj = nn.Linear(cfg.input_dim, cfg.n_
            embed // 2)

            modules = []
            for _ in range(1, mlp_depth):
                modules.append(nn.GELU())
                modules.append(nn.Linear(cfg.n_embed, cfg.n_embed))
                modules = nn.Sequential(*modules)

        else:
            raise ValueError(f"Unknown projector type: {cfg.
            projector_type}")

        self.layers = modules

    def forward(
        self, x_or_tuple: Union[Tuple[torch.Tensor, torch.Tensor],
        torch.Tensor]
    ):
        """
        参数:
            x_or_tuple (Union[Tuple[torch.Tensor, torch.Tensor],
            torch.Tensor]): 如果是一个元组，则来自混合视觉编码器，其中
            x = high_res_x, low_res_x;
                否则，它是来自单一视觉编码器的特征。

        返回:
            x (torch.Tensor): [b, s, c]
        """

        if isinstance(x_or_tuple, tuple):
            # self.cfg.projector_type == "low_high_hybrid_split_
            mlp_gelu":
            high_x, low_x = x_or_tuple
            high_x = self.high_up_proj(high_x)
            low_x = self.low_up_proj(low_x)
            x = torch.concat([high_x, low_x], dim=-1)
        else:
            x = x_or_tuple

        return self.layers(x)
```

```
if __name__ == "__main__":
    cfg = AttrDict(
        input_dim=1024,
        n_embed=2048,
        depth=2,
        projector_type="low_high_hybrid_split_mlp_gelu",
    )
    inputs = (torch.rand(4, 576, 1024), torch.rand(4, 576, 1024))

    m = MlpProjector(cfg)
    out = m(inputs)
    print(out.shape)
```

通过上述流程，Janus 的多模态模型有效地将图像中的视觉信息转换为与文本特征相兼容的表示。该过程不仅保留了图像的全局和局部语义，同时也为自回归 Transformer 模型提供了一个统一的输入，从而在后续任务中实现高效的多模态融合与信息建模。

4.2.3　视觉生成路径

视觉生成的核心目标是将图像转换为离散的 ID 序列，并根据文本描述生成对应的图像。设计旨在解决传统多模态模型中视觉生成任务的挑战，例如如何高效地将图像内容与文本描述对齐，以及如何生成高质量且语义一致的图像。通过将图像离散化为视觉 token，并将其嵌入到语言模型的输入空间中，Janus 模型能够以一种类似于处理文本的方式处理图像，从而实现高效的视觉生成。

（1）视觉编码器：VQ Tokenizer

在视觉生成中，Janus 模型使用了 VQ Tokenizer 作为核心组件。VQ Tokenizer 基于矢量量化（Vector Quantization）技术，能够将图像分割为离散的视觉 token。具体实现过程如下：

① 图像分割：VQ Tokenizer 首先将输入图像划分为多个小块（patches）。这些小块通常是固定大小的正方形区域，例如 16×16 像素。通过这种方式，图像被分解为多个局部区域，每个区域代表图像的一个局部特征。

② 矢量量化：每个小块被提取为一个特征向量，并通过矢量量化技术映射到一个离散的编码空间中。矢量量化是一种将连续的特征向量映射到离散符号的技术，类似于将图像中的每个小块“编码”为一个特定的符号或 token。这些离散的 token 能够有效地表示图像的局部特征，同时减少了计算复杂度。

③ 离散化处理：通过矢量量化，图像被转换为一系列离散的 ID 序列。这种离散化处理使得图像能够以一种类似于文本的方式被处理，每个视觉 token 类似于文本中的单词或字符。这种设计不仅便于与语言模型的输入格式对齐，还使得图像生成过程能够利用语言模型的强大生成能力。

在介绍了 Janus 模型中视觉生成路径的核心组件 VQ Tokenizer 之后，我们转向模型的另一个重要组成部分：视觉编码器配置。在 DeepSeek Janus 模型的开源代码中，文件 clip_encoder.py 定义了一个名为 CLIPVisionTower 的类，用于构建并使用不同类型的视觉模型（如 siglip、sam 或 HuggingFace 的 CLIP）。这个类包括图像预处理（如像素均值和标准差归一化）、选择不同层输出的功能，以及根据不同模型配置生成相应的视觉模型。具体来说，CLIPVisionTower 将图像通过视觉塔（vision tower）进行特征提取，提取指定层的特征，并根据 select_feature 参数选择合适的特征（如“patch”或“cls_patch”）。它还支持自定义图像归一化。

```
class CLIPVisionTower(nn.Module):
    def __init__(
        self,
        model_name: str = "siglip_large_patch16_384",
        image_size: Union[Tuple[int, int], int] = 336,
        select_feature: str = "patch",
        select_layer: int = -2,
        select_layers: list = None,
        ckpt_path: str = "",
        pixel_mean: Optional[List[float]] = None,
        pixel_std: Optional[List[float]] = None,
        **kwargs,
    ):
        super().__init__()

        self.model_name = model_name
        self.select_feature = select_feature
        self.select_layer = select_layer
        self.select_layers = select_layers

        vision_tower_params = {
            "model_name": model_name,
            "image_size": image_size,
            "ckpt_path": ckpt_path,
            "select_layer": select_layer,
        }
        vision_tower_params.update(kwargs)
        self.vision_tower, self.forward_kwargs = self.build_vision_
        tower(
            vision_tower_params
        )

        if pixel_mean is not None and pixel_std is not None:
            image_norm = torchvision.transforms.Normalize(
                mean=pixel_mean, std=pixel_std
            )
        else:
            image_norm = None

        self.image_norm = image_norm

    def build_vision_tower(self, vision_tower_params):
        if self.model_name.startswith("siglip"):
```

```
            self.select_feature = "same"
            vision_tower = create_siglip_vit(**vision_tower_params)
            forward_kwargs = dict()

        elif self.model_name.startswith("sam"):
            vision_tower = create_sam_vit(**vision_tower_params)
            forward_kwargs = dict()

        else:  # huggingface
            from transformers import CLIPVisionModel

            vision_tower = CLIPVisionModel.from_pretrained(**vision_
            tower_params)
            forward_kwargs = dict(output_hidden_states=True)

        return vision_tower, forward_kwargs

    def feature_select(self, image_forward_outs):
        if isinstance(image_forward_outs, torch.Tensor):
            # 输出已经是self.select_layer对应的特征
            image_features = image_forward_outs
        else:
            image_features = image_forward_outs.hidden_states[self.
            select_layer]

        if self.select_feature == "patch":
            # 如果输出中包含cls_token
            image_features = image_features[:, 1:]
        elif self.select_feature == "cls_patch":
            image_features = image_features
        elif self.select_feature == "same":
            image_features = image_features

        else:
            raise ValueError(f"Unexpected select feature: {self.
            select_feature}")
        return image_features

    def forward(self, images):
        """
        参数:
            images (torch.Tensor): [b, 3, H, W]

        返回:
            image_features (torch.Tensor): [b, n_patch, d]
        """

        if self.image_norm is not None:
            images = self.image_norm(images)
```

```
        image_forward_outs = self.vision_tower(images, **self.
        forward_kwargs)
        image_features = self.feature_select(image_forward_outs)
        return image_features
```

总之，类 CLIPVisionTower 为多模态模型提供了图像特征提取功能，这些特征可以用于与文本特征的对齐和融合。

（2）特征处理：生成适配器

VQ Tokenizer 输出的是一系列离散的 ID 序列，这些 ID 序列需要进一步处理以适应语言模型的输入格式。具体步骤如下：

① 序列展平：VQ Tokenizer 输出的 ID 序列通常是二维的（对应于图像的行和列），为了与语言模型的输入格式一致，Janus 模型将这些二维 ID 序列展平为一维序列。这种展平操作保留了图像的空间顺序信息，使得语言模型能够更好地理解图像的局部和全局结构。

② 码本嵌入映射：每个离散 ID 对应于一个码本嵌入（Codebook Embeddings），这些嵌入是 VQ Tokenizer 在训练过程中学习到的特征表示。为了将视觉 token 嵌入到语言模型的输入空间中，Janus 模型使用了一个生成适配器。生成适配器由两层多层感知机（MLP）组成，其作用是将码本嵌入映射到语言模型的输入空间中。

③ 交互与融合：通过生成适配器的映射操作，视觉 token 能够与文本 token 在同一个空间中进行交互。这种交互使得语言模型能够同时处理文本和视觉特征，从而实现高效的视觉生成任务。例如，在文本到图像的生成任务中，模型可以根据文本描述中的语义信息，选择合适的视觉 token 来生成对应的图像内容。

（3）向量量化模型

视觉生成路径的目标是将图像转换为离散的 ID 序列，并根据文本描述生成对应的图像。这一路径的核心组件是基于向量量化（Vector Quantization）的模型，具体实现为 VQ-VAE（Vector Quantized Variational Autoencoder）。在 DeepSeek Janus 模型的开源代码中，文件 vq_model.py 实现了这一模型，包括编码器、解码器和向量量化器，支持图像的压缩和重建。这是多模态模型中图像处理的核心组件，为图像的嵌入和生成提供了基础。文件的核心思想是借助 VQ-VAE 对输入数据进行编码、离散化，并使用向量量化方法来学习更好的表示。

4.2.4 自回归 Transformer

自回归 Transformer 是 Janus 多模态模型的核心组件，负责处理来自多模态理解路径和视觉生成路径的特征序列，并生成相应的输出。它将多模态数据的处理统一在一个强大的序列生成框架中，使得模型能够高效地处理复杂的多模态任务。

（1）输入融合

在自回归 Transformer 处理之前，来自多模态理解路径和视觉生成路径的特征序列需要进行融合。具体步骤如下：

- 特征序列拼接：多模态理解路径的特征序列（如通过SigLIP编码器提取的图像语义特征）和视觉生成路径的特征序列（如通过VQ Tokenizer生成的离散视觉token嵌

入）被按顺序拼接在一起。这种拼接操作保留了不同模态特征的顺序信息，使得自回归Transformer能够明确区分不同模态的输入。

- 上下文关系的保留：通过保留不同模态特征的顺序信息，自回归Transformer能够更好地理解多模态数据的上下文关系。例如，模型可以明确哪些特征来源于图像，哪些特征来源于文本，从而在生成输出时能够更好地结合多模态信息。这种设计不仅提高了模型对多模态数据的理解能力，还为生成任务提供了更丰富的语义背景。
- 统一的多模态输入序列：拼接后的特征序列形成一个统一的多模态输入序列，该序列被输入到自回归Transformer中进行进一步处理。这种统一的输入格式使得模型能够在一个框架下处理多种模态的数据，从而简化了训练和推理过程。

（2）自回归生成

自回归 Transformer 的核心功能是生成输出序列，无论是文本还是图像。其生成过程遵循自回归机制，具体说明如下：

- 逐token生成：自回归Transformer逐个生成输出序列中的token。在生成每个token时，模型会考虑之前已经生成的token序列，从而捕捉到序列中的依赖关系。这种自回归机制使得模型能够生成连贯且语义一致的输出。
- 依赖关系的捕捉：通过自回归机制，模型能够有效地捕捉到序列中的依赖关系。例如，在生成文本描述时，模型可以根据已经生成的前文内容来决定下一个单词；在生成图像时，模型可以根据已经生成的图像区域来决定下一个像素或视觉token。这种依赖关系的捕捉使得生成的输出更加自然和连贯。
- 多模态生成能力：自回归Transformer不仅能够生成文本，还能生成图像内容。通过将视觉token嵌入到输入序列中，模型能够在生成过程中同时处理文本和图像模态的信息。这种多模态生成能力使得Janus模型能够高效地完成复杂的多模态任务，如文本到图像的生成、图像描述生成等。

（3）预测头

为了更好地支持多模态任务，Janus 模型在自回归 Transformer 的基础上增加了多个预测头，具体如下：

- 语言模型自带的预测头：自回归Transformer本身配备了用于文本生成的预测头。这个预测头能够根据输入的多模态特征序列生成文本输出，例如图像描述、视觉问答的答案等。这种设计使得模型在处理多模态理解任务时高效地生成高质量的文本内容。
- 视觉生成任务的预测头：除了语言模型自带的预测头外，Janus模型还增加了一个随机初始化的预测头，专门用于视觉生成任务中的图像预测。这个预测头的作用是将生成的视觉token序列转换为最终的图像输出。通过这种设计，模型在处理视觉生成任务时能够更准确地生成图像内容，同时保持了对多模态理解任务的支持。
- 多任务支持：通过增加专门的预测头，Janus模型能够同时支持多模态理解和视觉生成任务。这种设计不仅提高了模型的灵活性，还使得模型能够在同一个框架下高效地处理多种复杂的多模态任务。

在 DeepSeek 的开源代码中，文件 siglip_vit.py 实现了一个基于 Vision Transformer（ViT）的视觉模型，支持多种配置和预训练权重加载。该模型用于图像特征提取和分类任务，支持动态图像大小调整、位置嵌入调整等功能。此外，代码还提供了权重初始化、层归一化和注意力机制的实现，以及模型的前向传播逻辑。文件 siglip_vit.py 的主要目标是利用 Transformer 结构进行图像识别任务。该实现参考了论文 “*An Image is Worth 16x16 Words: Transformers for Image Recognition at Scale*”，并在标准 ViT 基础上进行了改进，例如：

- 支持动态图像尺寸，以适配不同输入大小。
- 可变的全局池化策略（如token、avg、map）。
- 可选的前归一化 (Pre-Norm) 结构。
- 增强的MLP结构。
- 可调的Dropout机制，以提高泛化能力。
- 可选的PatchDropout，用于数据增强。
- 支持Attention Pooling，以替代传统的全局池化。

4.2.5 三阶段训练策略（Three-Stage Training Procedure）

Janus 模型采用了三阶段训练策略，旨在逐步提升模型在多模态理解和生成任务上的性能。每个阶段的具体目标和方法如下：

（1）适配器和图像预测头训练（Training Adaptors and Image Head）

- 目标：在保持大型语言模型（LLM）和视觉编码器参数冻结的情况下，训练理解适配器、生成适配器和图像预测头，以建立视觉与语言之间的有效连接。
- 方法：通过在ImageNet-1k数据集上进行训练，模型学习从图像像素到语义的映射关系。此阶段的训练确保视觉特征能够被有效地转换为语言模型可理解的表示形式，为后续的多模态融合奠定基础。

（2）统一预训练（Unified Pretraining）

- 目标：在多模态数据上进行联合训练，使模型具备强大的多模态理解和生成能力。
- 方法：在此阶段，模型在多种类型的数据上进行训练，包括纯文本数据、多模态理解数据和视觉生成数据。通过这种多样化的数据训练，模型能够学习不同模态之间的关联，提高在多模态任务上的表现。

（3）监督微调（Supervised Fine-tuning）

- 目标：通过指令微调，增强模型的指令跟随和对话能力。
- 方法：在这一阶段，模型使用混合的数据集进行微调，包括多模态理解数据、纯文本对话数据和文本到图像生成数据。这种数据组合确保模型在多模态理解和生成方面的能力得到全面提升，同时具备良好的指令跟随和对话能力。

通过上述三阶段的训练策略，Janus 模型在多模态理解和生成任务上实现了性能的逐步提升，为多模态人工智能应用提供了坚实的基础。

4.2.6 Janus 模型的推理与扩展性

Janus 模型的推理方式和扩展性使其能够高效地处理多种多模态任务，并且能够灵活地适应新的模态和数据类型。

（1）推理

Janus 模型的推理过程采用了自回归方式（Autoregressive Inference），这种推理方式在处理文本任务和图像生成任务时有所不同：

- 文本任务：对于文本任务，模型采用逐步解码的方式，逐个生成token。具体来说，模型会根据已经生成的文本序列，预测下一个token的概率分布，并从中采样得到下一个token。
- 图像生成任务：对于图像生成任务，Janus模型使用了Classifier-Free Guidance（CFG）来提升生成质量。CFG是一种在生成过程中引入条件信息的技术，它通过结合条件得分和无条件得分来引导生成过程。

（2）扩展性

Janus 模型具有强大的扩展性，这使得它能够适应多种多模态任务和数据类型。具体来说，Janus 模型的扩展性体现在以下几个方面：

- 引入新的编码器：Janus模型的架构设计允许引入新的编码器来处理不同类型的数据。例如，除了现有的视觉编码器（如SigLIP）和文本编码器（如LLM的Tokenizer），还可以引入新的编码器来处理3D点云、EEG信号、音频数据等。这种模块化的设计使得模型能够灵活地扩展到新的模态和任务。
- 多模态建模：通过解耦视觉编码和统一的Transformer架构，Janus模型能够实现更通用的多模态建模。这意味着模型不仅能够处理文本和图像的组合，还能够扩展到其他模态的组合，例如图像和音频、文本和3D点云等。
- 性能优化：在扩展到新模态时，Janus模型还可以通过优化训练策略和数据处理方式来提升性能。例如，对于视觉生成任务，可以使用更细粒度的编码器和专门设计的损失函数来提高生成质量。

4.3　Janus-Pro 架构

Janus-Pro 架构采用了解耦视觉编码的设计理念，将多模态理解与视觉生成任务分离开来，以充分发挥各自优势。Janus-Pro 的核心创新在于将视觉编码过程分为两个独立的路径，从而解决传统统一编码中“理解”和“生成”任务之间的冲突。

4.3.1　解耦视觉编码

Janus-Pro 模型在架构设计上继承并优化了 Janus 的核心理念——视觉编码的解耦，这种设计通过分离多模态理解任务和视觉生成任务的视觉编码路径，进一步提升了模型在多模态任务中的表现，同时增强了其在大规模数据和复杂任务场景下的适应性。在接下来的内容中，将详细解析 Janus-Pro 模型的解耦视觉编码知识。

（1）理解编码器（Understanding Encoder）

Janus-Pro 的理解编码器基于 SigLIP 视觉编码器，其核心任务是从图像中提取高维语义特征，以支持多模态理解任务，例如图像分类、视觉问答（VQA）和图文匹配等。具体实现如下：

① SigLIP 视觉编码器：SigLIP 是一种基于 Transformer 的先进视觉编码器，专为多模态任务设计，能够捕捉图像中的全局语义信息和细节特征。与 Janus 相比，Janus-Pro 在 SigLIP 的使用上进行了优化，进一步提升了特征提取的效率和语义丰富度。SigLIP 编码器输出的特征表示不仅包含图像的整体语义，还能反映图像中的局部结构和关系。

② 特征处理：SigLIP 编码器输出的特征是一个二维网格（2D grid），其中每个位置的特征向量代表图像的一个局部区域。为了与自回归 Transformer 的输入格式对齐，Janus-Pro 将这些二维特征网格展平为一维序列。这种展平操作保留了特征的空间顺序信息，使得模型能够更好地捕捉图像中的局部和全局语义关系。

③ 理解适配器（Understanding Adaptor）：为了将提取的图像特征映射到大语言模型（LLM）的输入空间，Janus-Pro 引入了一个专门设计的理解适配器。与 Janus 相比，Janus-Pro 的理解适配器经过优化，能够更高效地将高维图像特征转换为与 LLM 兼容的特征表示。理解适配器由两层多层感知机（MLP）组成，其作用是将图像特征与文本特征在同一空间中对齐，从而实现多模态数据的统一处理。

（2）生成编码器（Generation Encoder）

生成编码器的目标是将图像转换为离散的 ID 序列，以支持文本到图像的生成任务。具体实现如下：

① VQ Tokenizer：Janus-Pro 使用 VQ Tokenizer 作为生成编码器的核心组件。与 Janus 相比，Janus-Pro 对 VQ Tokenizer 进行了优化，进一步提升了图像离散化的效果。VQ Tokenizer 通过矢量量化技术将图像划分为多个小块（patches），并将每个小块映射到一个离散的编码空间中，从而生成一个离散的 ID 序列。这种离散化处理使得图像能够以一种类似于文本的方式被处理，便于与语言模型的输入格式对齐。

② 特征嵌入与映射：VQ Tokenizer 输出的每个离散 ID 对应一个码本嵌入，这些嵌入是 VQ Tokenizer 在训练过程中学习到的特征表示。为了将这些视觉 token 嵌入到 LLM 的输入空间中，Janus-Pro 使用了一个生成适配器。与 Janus 相比，Janus-Pro 的生成适配器经过优化，能够更高效地将码本嵌入映射到 LLM 的输入空间中。生成适配器同样由两层 MLP 组成，其作用是将视觉 token 与文本 token 在同一空间中对齐，从而实现高效的视觉生成任务。

③ 特征序列拼接：经过理解适配器和生成适配器处理后的图像特征序列，与文本特征序列按顺序拼接在一起，形成一个统一的多模态输入序列。这个序列随后被输入到自回归 Transformer 中进行进一步处理。与 Janus 相比，Janus-Pro 在特征拼接过程中进一步优化了不同模态特征的对齐方式，使得模型能够更好地理解多模态数据的上下文关系。

4.3.2 训练策略

在 Janus-Pro 的第二阶段（统一预训练阶段）的设计中，最初参考了 PixArt 的方法，将文本到图像（text-to-image）生成能力的训练分为两个部分。这种分阶段的训练策略旨在通过不同的数据集和训练目标，逐步提升模型在视觉生成任务中的性能。

然而，在实际实施过程中，这种策略暴露出了效率和效果上的问题，促使研究者对其进行了重新评估和优化。

（1）初始策略：参考 PixArt 方法的两部分训练

① 第一部分：基于 ImageNet 数据的训练。

- 目标：在第一部分中，Janus使用ImageNet数据集进行训练。ImageNet是一个大规模的图像分类数据集，包含丰富的图像类别和高质量的标注信息。在训练时，模型以类别名称作为文本提示，进行文本到图像的生成任务。
- 目的：通过这种方式，模型能够学习到图像中像素之间的依赖关系，从而更好地理解和生成图像内容。这种训练方式类似于“基于类别的图像生成”，帮助模型建立图像的全局语义结构。
- 比例分配：在第二阶段的文本到图像训练步骤中，有66.67%的训练步骤被分配给这一部分。这表明，模型在这一阶段主要专注于通过类别名称生成图像，以学习像素之间的依赖关系。

② 第二部分：基于普通文本到图像数据的训练。

- 目标：在第二部分中，模型使用普通的文本到图像数据进行训练。这些数据通常包含更复杂的文本描述和对应的图像，旨在提升模型在具体场景下的生成能力。
- 目的：通过这部分训练，模型能够学习如何根据详细的文本描述生成更具体的图像内容，从而提升其在实际应用中的表现。
- 比例分配：剩余的33.33%的训练步骤被分配给这一部分，用于处理更复杂的文本到图像生成任务。

（2）问题与挑战

尽管这种分两部分的训练策略在理论上具有一定的合理性，但在实际实施过程中，研究者发现这种策略存在显著的问题：

① 计算效率低下。

- 在实验过程中，研究者发现将66.67%的训练步骤分配给基于ImageNet数据的训练部分并不理想。这种分配方式导致模型在学习像素依赖关系时花费了过多的计算资源，而这些资源并没有带来与之匹配的性能提升。
- 这种策略使得模型在训练过程中过于依赖类别名称作为提示，而忽视了更复杂的文本描述能力的训练。

② 性能瓶颈。

- 通过进一步实验，研究者发现，这种策略虽然能够帮助模型学习到图像的全局语义结构，但在处理具体场景下的文本到图像生成任务时，模型的表现并不理想。
- 这种策略导致模型在生成复杂图像内容时，无法充分利用详细的文本描述信息，从而限制了其在实际应用中的表现。

（3）优化方向

鉴于上述问题，研究者对 Janus 模型的训练策略重新进行了评估和优化。优化后的策略主要集中在以下几个方面：

- 调整训练步骤的比例分配：重新分配第二阶段训练步骤的比例，减少基于

ImageNet数据的训练步骤，增加基于普通文本到图像数据的训练步骤。这种调整使得模型能够更均衡地学习像素依赖关系和复杂的文本描述能力。

- 引入更高效的数据采样方法：优化数据采样策略，使得模型在训练过程中能够更高效地利用不同数据集的特点。例如，通过动态调整数据采样比例，模型可以在不同阶段更灵活地学习图像的全局语义结构和细节信息。
- 增强模型的多任务学习能力：在训练过程中，引入更多的多任务学习机制，使得模型能够同时处理多种类型的多模态任务。这种设计不仅提高了模型的泛化能力，还提升了其在复杂场景下的表现。

总之，PixArt 这种策略虽然在理论上具有一定的合理性，但在实际实施过程中暴露出了计算效率低下和性能瓶颈的问题。通过进一步实验和优化，DeepSeek 团队对训练策略进行了调整，以提升模型的效率和表现。这种优化不仅解决了初始策略中的问题，还为多模态模型的训练提供了新的思路和方法。

4.3.3 优化训练策略

在 DeepSeek 的技术报告中，针对原始 Janus 模型的三阶段训练流程中存在的训练效率和数据利用率问题，Janus-Pro 对训练策略进行了显著改进。这些改进不仅提升了模型的训练效率，还增强了其在多模态任务中的性能表现。以下是 Janus-Pro 在各阶段的具体优化措施。

（1）阶段Ⅰ：适配器与图像预测头训练

在原始 Janus 的训练流程中，阶段Ⅰ主要用于训练适配器和图像预测头，但训练步数相对较少，导致模型在学习图像像素依赖关系时不够充分。为了优化这一点，Janus-Pro 对阶段Ⅰ的训练策略进行了以下改进：

① 延长 ImageNet 数据上的训练步数：Janus-Pro 显著增加了在 ImageNet 数据集上的训练步数。ImageNet 是一个大规模的图像分类数据集，包含丰富的图像类别和高质量的标注信息。通过延长在该数据集上的训练时间，模型能够在冻结大语言模型（LLM）参数的情况下，更充分地学习图像的像素依赖关系。这种改进使得模型即使在不更新 LLM 参数的情况下，也能生成较为合理和高质量的图像内容。

② 专注于像素依赖关系的学习：在阶段Ⅰ，Janus-Pro 的目标是让模型专注于学习图像内部的像素依赖关系，而不是依赖于复杂的文本描述。通过这种方式，模型能够在后续阶段更好地处理图像生成任务，同时为多模态任务打下坚实的基础。

（2）阶段Ⅱ：统一预训练

原始 Janus 在阶段Ⅱ的训练中，参考了 PixArt 的方法，将文本到图像的训练分为两部分：一部分使用 ImageNet 数据，以类别名称作为提示进行图像生成；另一部分使用常规的文本到图像数据进行训练。然而，这种策略导致了显著的计算效率低下，并且在处理复杂描述时表现不稳定。针对这一点，Janus-Pro 对阶段Ⅱ的训练策略进行了以下优化：

① 取消基于 ImageNet 分类提示的训练部分：Janus-Pro 取消了依赖 ImageNet 数据进行分类提示的训练部分。这种设计减少了不必要的计算开销，避免了模型在学习

像素依赖关系时的冗余训练。

② 直接使用常规文本 - 图像数据进行训练：Janus-Pro 直接使用常规的文本到图像数据进行训练，重点学习如何根据密集的文本描述生成图像。这种改进使得模型能够更高效地利用训练数据，同时在处理复杂描述时表现得更为稳定。

③ 提升训练效率与稳定性：通过这种优化，Janus-Pro 不仅提高了训练效率，还增强了模型在生成任务中的稳定性。模型能够更好地理解文本描述与图像内容之间的语义对齐，从而生成更高质量的图像。

（3）阶段Ⅲ：监督微调

在原始 Janus 的阶段Ⅲ中，训练数据的比例为多模态理解数据：纯文本数据：文本到图像数据 =7：3：10，这种比例分配虽然能够平衡不同任务的需求，但在实际应用中，模型的多模态理解性能和图像生成能力仍有提升空间。针对这一点，Janus-Pro 对阶段Ⅲ的训练策略进行了以下调整：

① 调整数据比例：Janus-Pro 将训练数据的比例调整为多模态理解数据：纯文本数据：文本到图像数据 =5：1：4。这一调整使得模型在保持较强图像生成能力的同时，进一步提升了多模态理解性能。

② 优化任务平衡：通过调整数据比例，Janus-Pro 更好地平衡了多模态理解任务和图像生成任务的需求。减小文本到图像数据的占比，使得模型能够更专注于多模态理解任务，从而在视觉问答、图像分类等任务中表现得更为出色。

③ 增强模型的综合性能：这种调整不仅提升了模型在多模态理解任务中的表现，还使得模型在图像生成任务中保持了较高的质量。通过优化任务平衡，Janus-Pro 在多种多模态任务中展现了更强的综合性能。

总之，Janus-Pro 针对原始 Janus 模型的三阶段训练流程中存在的问题，进行了显著的优化和改进。在阶段Ⅰ，通过延长在 ImageNet 数据上的训练步数，模型能够更充分地学习图像的像素依赖关系；在阶段Ⅱ，取消了依赖 ImageNet 分类提示的训练部分，直接使用常规文本到图像数据进行训练，显著提升了训练效率和模型的稳定性；在阶段Ⅲ，通过调整训练数据的比例，优化了多模态理解任务和图像生成任务之间的平衡。这些改进不仅提升了模型的训练效率，还增强了其在多模态任务中的综合性能，为多模态模型的训练提供了新的思路和方法。

4.3.4　数据扩展策略

为了进一步提升 Janus-Pro 模型的性能，DeepSeek 在数据扩展方面进行了大幅度的改进，主要体现在以下两个方面。

（1）多模态理解数据扩展

在预训练阶段，Janus-Pro 新增了约 9000 万个样本，涵盖了多种类型的数据：

- 图像字幕数据：引入了如YFCC等大型数据集，这些数据集包含丰富的图像及其对应的文本描述，有助于模型学习图像与文本之间的关联。
- 专用数据集：为了增强模型对特定领域的理解能力，Janus-Pro加入了针对表格、图表和文档理解的专用数据集，如Docmatix等。这些数据使模型能够更好地处理复杂的视觉信息，提升在各类视觉任务中的表现。

（2）视觉生成数据扩展

在视觉生成任务中，数据质量对模型性能至关重要。为此，Janus-Pro 采取了以下措施：

- 引入合成美学数据：为了弥补真实数据中可能存在的噪声和不足，模型在训练中加入了约7200万条合成美学数据。这些数据经过精心设计，具有高质量和多样性，有助于模型学习更丰富的图像生成模式。
- 数据比例平衡：在训练过程中，Janus-Pro将真实数据与合成数据的比例设定为1：1。这样的配置不仅加快了模型的收敛速度，还显著提升了生成图像的稳定性和美观度。

通过上述数据扩展策略，Janus-Pro 模型在多模态理解和视觉生成任务上均取得了显著的性能提升，为多模态 AI 的发展提供了坚实的基础。

4.3.5 模型规模扩展

除了架构和训练策略的改进，Janus-Pro 还通过扩展模型规模来进一步提升性能。模型规模的扩展不仅是对参数数量的增加，更是对模型架构和计算能力的全面优化。下面介绍 Janus-Pro 模型在规模扩展方面的具体措施及其效果。

（1）多种模型规模

Janus-Pro 提供了两种不同规模的模型版本，以满足不同场景下的需求并验证模型扩展的有效性。

① 1B 版本。

- 参数量：15亿参数
- 嵌入维度：2048
- 注意力头数量：16
- 层数：24
- 词汇量：100K
- 上下文窗口：4096

1B 版本的 Janus-Pro 是在原始 Janus 模型的基础上进行优化的版本，在多模态理解和文本到图像生成任务中表现出色，尤其是在处理中等复杂度的任务时，能够以较低的计算成本提供高效的解决方案。

② 7B 版本。

- 参数量：70亿参数
- 嵌入维度：4096（相比1B版本提升一倍）
- 注意力头数量：32（相比1B版本增加一倍）
- 层数：30（相比1B版本增加6层）
- 词汇量：100K（保持不变）
- 上下文窗口：4096

7B 版本的 Janus-Pro 是对模型规模进行大幅扩展后的版本。通过增加嵌入维度、注意力头数量和层数，7B 版本在处理复杂多模态任务时表现出更强的能力。它能够捕捉到更丰富的语义信息和更复杂的模态间关系，从而在多模态理解和文本到图像生成任务中取得显著的性能提升。

（2）收敛速度与性能提升

实验结果表明，模型规模的扩展不仅提升了 Janus-Pro 的性能，还在多个方面带来了显著的改进：

① 更快的收敛速度。

- 在多模态理解任务中，7B版本的Janus-Pro在训练初期就能快速收敛，显示出更强的学习能力。相比1B版本，7B版本能够在更少的训练步骤内达到较高的准确率，这表明其架构设计能够更高效地利用训练数据。
- 在文本到图像生成任务中，7B版本的收敛速度同样更快。它能够更快地学习如何根据文本描述生成高质量的图像，减少了训练时间并提高了训练效率。

② 更高的性能表现。

- 在多模态理解基准测试中，7B版本的Janus-Pro在多个数据集上取得了领先的成绩。例如，在MMBench数据集上，7B版本的准确率达到了79.2%，显著高于1B版本的69.4%。这表明7B版本在处理复杂的多模态任务时具有更强的语义理解能力。
- 在文本到图像生成任务中，7B版本在GenEval和DPG-Bench等基准测试中也表现出色。例如，在GenEval数据集上，7B版本的总体准确率达到了80%，远高于1B版本的61%。这表明7B版本在生成复杂图像内容时具有更高的稳定性和语义一致性。

③ 验证模型扩展策略的有效性：实验结果验证了模型扩展策略的有效性。通过增加参数量、嵌入维度、注意力头数量和层数，7B 版本的 Janus-Pro 在多模态任务中展现出更强的性能。这种扩展不仅提升了模型的表达能力，还增强了其在复杂任务中的适应性。

此外，7B 版本的扩展还为未来进一步提升模型性能提供了基础。随着模型规模的增加，Janus-Pro 有望在更复杂的多模态任务中取得更好的表现，例如多模态对话、视频理解等。

总之，Janus-Pro 通过扩展模型规模，进一步提升了其在多模态任务中的性能。1B 和 7B 两种版本的设计满足了不同复杂度任务的需求，而 7B 版本在嵌入维度、注意力头数量和层数上的提升，显著增强了模型在多模态理解和文本到图像生成任务中的表现。实验结果表明，较大规模的模型不仅在收敛速度上有明显加快，而且在多个评测基准上均能取得领先成绩。这些改进验证了模型扩展策略的有效性，并为未来多模态模型的发展提供了重要的参考。

4.4　JanusFlow 架构

JanusFlow 是一种融合自回归 (Autoregression) 语言模型和 Rectified Flow 生成模型的统一多模态理解与生成框架。该框架旨在实现高效的图像理解 (Vision Understanding) 和文本到图像生成 (Text-to-Image Generation)，同时避免以往统一模型的架构复杂性和任务冲突问题。

4.4.1 实现多模态模型

文件 modeling_vlm.py 实现了一个多模态模型，结合了视觉理解、视觉生成和语言模型，此文件包含了三个主要的配置类：VisionUnderstandEncoderConfig、VisionGenerationEncoderConfig 和 VisionGenerationDecoderConfig，每个类负责不同部分的配置。在类 MultiModalityCausalLM 中，模型集成了视觉理解编码器、视觉生成编码器和解码器，以及语言模型。该类通过将视觉输入转化为特征嵌入，并结合语言输入，进行多模态处理。此外，还定义了 prepare_inputs_embeds () 方法，用于处理图像和文本的嵌入，并生成合适的输入格式。

```
def model_name_to_cls(cls_name):
    if "CLIPVisionTower" in cls_name:
        cls = CLIPVisionTower
    elif "ShallowUViTEncoder" in cls_name:
        cls = ShallowUViTEncoder
    elif "ShallowUViTDecoder" in cls_name:
        cls = ShallowUViTDecoder
    else:
        raise ValueError(f"class_name {cls_name} is invalid.")

    return cls


class VisionUnderstandEncoderConfig(PretrainedConfig):
    model_type = "vision_und_enc"
    cls: str = ""
    params: AttrDict = {}

    def __init__(self, **kwargs):
        super().__init__(**kwargs)

        self.cls = kwargs.get("cls", "")
        if not isinstance(self.cls, str):
            self.cls = self.cls.__name__

        self.params = AttrDict(kwargs.get("params", {}))


class VisionGenerationEncoderConfig(PretrainedConfig):
    model_type = "vision_gen_enc"
    cls: str = ""
    params: AttrDict = {}

    def __init__(self, **kwargs):
        super().__init__(**kwargs)

        self.cls = kwargs.get("cls", "")
```

```
        if not isinstance(self.cls, str):
            self.cls = self.cls.__name__

        self.params = AttrDict(kwargs.get("params", {}))


class VisionGenerationDecoderConfig(PretrainedConfig):
    model_type = "vision_gen_dec"
    cls: str = ""
    params: AttrDict = {}

    def __init__(self, **kwargs):
        super().__init__(**kwargs)

        self.cls = kwargs.get("cls", "")
        if not isinstance(self.cls, str):
            self.cls = self.cls.__name__

        self.params = AttrDict(kwargs.get("params", {}))


class MultiModalityConfig(PretrainedConfig):
    model_type = "multi_modality"
    vision_und_enc_config: VisionUnderstandEncoderConfig
    language_config: LlamaConfig

    def __init__(self, **kwargs):
        super().__init__(**kwargs)
        vision_und_enc_config = kwargs.get("vision_und_enc_
        config", {})
        self.vision_und_enc_config = VisionUnderstandEncoderConfig(
            **vision_und_enc_config
        )

        vision_gen_enc_config = kwargs.get("vision_gen_enc_config",
        {})
        self.vision_gen_enc_config = VisionGenerationEncoderConfig(
            **vision_gen_enc_config
        )

        vision_gen_dec_config = kwargs.get("vision_gen_dec_config",
        {})
        self.vision_gen_dec_config = VisionGenerationDecoderConfig(
            **vision_gen_dec_config
        )

        language_config = kwargs.get("language_config", {})
        if isinstance(language_config, LlamaConfig):
            self.language_config = language_config
        else:
```

```
        self.language_config = LlamaConfig(**language_config)


class MultiModalityPreTrainedModel(PreTrainedModel):
    config_class = MultiModalityConfig
    base_model_prefix = "multi_modality"
    _no_split_modules = []
    _skip_keys_device_placement = "past_key_values"


class MultiModalityCausalLM(MultiModalityPreTrainedModel):

    def __init__(self, config: MultiModalityConfig):
        super().__init__(config)

        # 视觉理解编码器
        vision_und_enc_config = config.vision_und_enc_config
        vision_und_enc_cls = model_name_to_cls(vision_und_enc_
        config.cls)
        self.vision_und_enc_model = vision_und_enc_cls(**vision_
        und_enc_config.params)

        # 视觉理解对齐器
        self.vision_und_enc_aligner = nn.Linear(1024, 2048, bias=
        True)

        # 视觉理解嵌入的开始标志
        self.beg_of_und_embed = nn.Parameter(torch.zeros(1, 2048))

        # 视觉生成编码器
        vision_gen_enc_config = config.vision_gen_enc_config
        vision_gen_enc_cls = model_name_to_cls(vision_gen_enc_
        config.cls)
        self.vision_gen_enc_model = vision_gen_enc_cls(**vision_
        gen_enc_config.params)

        # 视觉生成编码器对齐器
        self.vision_gen_enc_aligner = nn.Linear(768, 2048, bias=True)

        # 视觉生成解码器
        vision_gen_dec_config = config.vision_gen_dec_config
        vision_gen_dec_cls = model_name_to_cls(vision_gen_dec_
        config.cls)
        self.vision_gen_dec_model = vision_gen_dec_cls(**vision_
        gen_dec_config.params)

        # 语言模型
        language_config = config.language_config
        self.language_model = LlamaForCausalLM(language_config)
```

```
        # 视觉生成解码器对齐器
        self.vision_gen_dec_aligner_norm = LlamaRMSNorm(
            2048, eps=language_config.rms_norm_eps
        )
        self.vision_gen_dec_aligner = nn.Linear(2048, 768, bias=
        True)

    def prepare_inputs_embeds(
        self,
        input_ids: torch.LongTensor,
        pixel_values: torch.FloatTensor,
        images_seq_mask: torch.LongTensor,
        images_emb_mask: torch.LongTensor,
        **kwargs,
    ):
        """
        准备输入嵌入
        参数:
            input_ids (torch.LongTensor): [b, T]
            pixel_values (torch.FloatTensor): [b, n_images, 3,
            h, w]
            images_seq_mask (torch.BoolTensor): [b, T]
            images_emb_mask (torch.BoolTensor): [b, n_images, n_
            image_tokens]

            assert torch.sum(images_seq_mask) == torch.sum(images_
            emb_mask)

        返回:
            input_embeds (torch.Tensor): [b, T, D]
        """

        bs, n = pixel_values.shape[0:2]
        images = rearrange(pixel_values, "b n c h w -> (b n) c h w")
        # [b x n, T2, D]
        images_embeds = self.vision_und_enc_model(images)
        images_embeds = self.vision_und_enc_aligner(images_embeds)
        beg_of_und_embed = self.beg_of_und_embed[0].detach().
        clone()
        images_embeds = torch.cat(
            [
                beg_of_und_embed.view(1, 1, -1).repeat(images_
                embeds.shape[0], 1, 1),
                images_embeds,
            ],
            dim=1,
        )
        # [b x n, T2, D] -> [b, n x T2, D]
        images_embeds = rearrange(images_embeds, "(b n) t d -> b (
        n t) d", b=bs, n=n)
```

```
        # [b, n, T2] -> [b, n x T2]
        images_emb_mask = rearrange(images_emb_mask, "b n t -> b (n t)")

        # [b, T, D]
        input_ids[input_ids < 0] = 0  # 忽略图像嵌入
        inputs_embeds = self.language_model.get_input_embeddings()
        (input_ids)

        # 用图像嵌入替换
        inputs_embeds[images_seq_mask] = images_embeds[images_emb_
        mask]

        return inputs_embeds


AutoConfig.register("vision_und_enc", VisionUnderstandEncoderConfig)
AutoConfig.register("vision_gen_enc", VisionGenerationEncoderConfig)
AutoConfig.register("vision_gen_dec", VisionGenerationDecoderConfig)
AutoConfig.register("multi_modality", MultiModalityConfig)
AutoModelForCausalLM.register(MultiModalityConfig, MultiModalityCau-
salLM)
```

4.4.2 结合自回归语言模型与 Rectified Flow

JanusFlow 采用了 DeepSeek-LLM（1.3B 参数量）作为核心，通过自回归方式处理文本输入，并将其与图像编码特征结合，实现多模态理解和文本到图像的生成。这种结合方式使得模型能够同时处理文本和图像信息，提供更丰富的上下文理解能力，从而在多模态任务中表现出色。

（1）自回归建模（Autoregressive Modeling）

自回归建模是 JanusFlow 框架中的一个重要组成部分，它基于传统的大型语言模型（LLM），主要用于多模态理解任务。在这种建模方式中，模型通过逐步预测下一个 token 来处理文本和图像描述任务。具体来说，自回归模型会根据已有的输入序列（如文本描述或图像特征）逐步生成下一个 token，直到完成整个输出序列的生成。这种方法在处理自然语言处理任务时非常有效，因为它能够捕捉到文本序列中的长距离依赖关系，并生成连贯且有意义的文本输出。

在 JanusFlow 中，自回归建模不仅用于处理纯文本输入，还能够结合图像编码特征，实现对图像内容的理解和描述。例如，当用户输入一段文本描述时，模型可以利用自回归建模逐步生成与该描述相关的图像特征，从而实现多模态理解。这种结合方式使得模型能够更好地理解文本和图像之间的关系，提供更准确的多模态任务解决方案。

（2）Rectified Flow 生成（Rectified Flow Generation）

Rectified Flow 生成是 JanusFlow 框架中的另一个关键技术创新，它是一种基于流匹配（Flow Matching）的生成方法。与传统的生成模型（如扩散模型）相比，Rectified Flow 生成在大语言模型框架内进行训练，无须额外的复杂网络结构。这种方法的核心原理是利用常微分方程（ODE）进行图像的递归生成，从而提升采样效率和生成质量。

在传统的生成模型中，图像生成通常需要通过多次迭代和复杂的采样过程来逐步逼近目标分布。然而，Rectified Flow 生成通过直接利用 ODE 来建模图像生成过程，能够更高效地生成高质量的图像。具体来说，ODE 可以描述图像生成过程中的连续变化，使得模型能够在较少的迭代步骤内生成更接近目标的图像。这种方法不仅提高了生成效率，还能够生成更稳定和高质量的图像。

在 JanusFlow 中，Rectified Flow 生成与自回归语言模型相结合，实现了高效的文本到图像生成。当用户输入一段文本描述时，模型首先通过自回归建模理解文本内容，然后利用 Rectified Flow 生成方法生成与描述相符的图像。这种结合方式不仅提高了生成图像的质量，还使得模型能够更好地遵循文本提示，生成更符合用户需求的图像。

总之，JanusFlow 通过结合自回归语言模型和 Rectified Flow 生成，提供了一种高效的多模态理解和生成框架。自回归建模使得模型能够逐步处理文本和图像描述任务，捕捉长距离依赖关系；而 Rectified Flow 生成则通过利用 ODE 进行图像的递归生成，提升了采样效率和生成质量。这种结合方式不仅提高了模型在多模态任务中的性能，还使得模型能够生成更高质量的图像，为多模态模型的发展提供了新的方向。

4.4.3　采用任务解耦的编码器 (Decoupled Encoder Design)

JanusFlow 采用了独立的视觉编码器来分别处理理解（Understanding）和生成（Generation）任务，避免任务之间的干扰。这种设计的核心在于将视觉编码过程拆分为两个独立的路径，从而有效解决传统模型中视觉编码器在两种任务中的功能冲突。具体来说：

- 理解任务：采用预训练的SigLIP-Large-Patch/16模型，专门用于提取图像的语义连续特征。SigLIP模型能够捕捉图像中的高层语义信息，为多模态理解任务提供强大的特征支持。
- 生成任务：采用ConvNeXt结构，独立负责生成任务。ConvNeXt是一种高效的卷积神经网络结构，能够生成高质量的图像特征，从而提升生成图像的质量。
- 解码：负责将潜变量映射回图像空间，并生成最终输出。在生成过程中，解码器利用Rectified Flow技术，基于常微分方程（ODE）进行图像的递归生成，从而提升采样效率和生成质量。

这种任务解耦的设计不仅提高了模型在多模态理解和生成任务中的性能，还增强了模型的灵活性和可扩展性。例如，未来可以轻松地引入更多输入类型（如点云、脑电图信号或音频数据），通过独立编码器提取特征，然后使用统一的 Transformer 进行处理。

4.4.4　U-ViT 模型

DeepSeek 团队基于 U-Net Transformer (UViT) 架构实现的一个视觉变换模型（Vision Transformer），主要用于图像处理任务，比如图像去噪、超分辨率、生成式建模等。代码改编自 denoising-diffusion-pytorch，并结合了 LLaMA 模型的一些规范化方法，如 RMSNorm。这个视觉变换模型的基本架构如下。

（1）U-Net Transformer (UViT) 结构

- ShallowUViTEncoder（浅层编码器）：提取图像的特征表示，包含时间步编码（Timesteps和TimestepEmbedding），以及输入卷积层和中间块（UVitBlock）。
- ShallowUViTDecoder（浅层解码器）：根据编码器的输出和时间步信息，进行图像重建。
- UVitBlock（核心U-Net块）：包含ResNet风格的ConvNextBlock，以及可选的Downsample2D（降采样）和Upsample2D（上采样）。

（2）Patchify 和 Unpatchify

- Patchify将输入图像转换成嵌入块，用于Transformer计算。
- Unpatchify负责将Transformer处理后的特征图还原回完整的图像。

4.4.5 三阶段训练策略

JanusFlow 采用了一种高效的三阶段训练策略，旨在同时优化自回归语言建模（Autoregressive Learning）和 Rectified Flow 生成，这种策略结合了自回归语言模型的强大理解和生成能力，以及 Rectified Flow 在图像生成任务中的高效性和高质量。

（1）阶段 1：适配阶段 (Adaptation Stage)

在第一阶段，训练的重点是新增模块，包括生成编码器、解码器和线性变换层，以适配预训练的 LLM 和 SigLIP 编码器。这一阶段的目标是确保这些新增模块能够与预训练的模型无缝对接，从而为后续的多模态任务提供支持。

（2）阶段 2：统一预训练 (Unified Pre-Training)

在第二阶段，模型在大规模数据上进行端到端训练，这些数据包括：

- 多模态理解数据 (Vision-Language Data)：用于提升模型在视觉和语言结合任务中的表现。
- 图像生成数据 (Text-to-Image Pairs)：用于优化模型的图像生成能力。
- 纯文本数据 (Text-Only Data)：用于增强模型的语言理解能力。

这一阶段的目的是通过综合多种类型的数据，提升模型的泛化能力和多模态任务的处理能力。

（3）阶段 3：监督微调 (Supervised Fine-Tuning, SFT)

在第三阶段，使用高质量的指令微调数据（Instruction Tuning Data）对模型进行微调。这一阶段的目标是进一步提升模型在对话、问答、文本到图像生成等具体任务上的表现。通过这种方式，模型能够更好地理解和遵循人类的指令，从而在实际应用中提供更准确和有用的输出。

上述三阶段训练策略不仅优化了模型的多模态理解能力，还显著提升了其在图像生成任务中的表现。通过逐步训练和微调，JanusFlow 能够在多种任务中展现出色的性能，为多模态模型的发展提供了一种有效的训练框架。

4.4.6 实验结果

JanusFlow 是一种创新性的多模态大模型，通过将自回归 LLM 与 Rectified Flow

生成模型结合，在多模态理解和生成任务上达到了领先水平。接下来看 DeepSeek 团队对 JanusFlow 模型的测试结果。

① 在多模态理解任务上的表现：JanusFlow 在多个视觉理解基准测试 (如 POPE、VQAv2、GQA、MMBench) 上取得了超越现有方法的表现，尤其是在文本 - 图像对齐和复杂视觉推理任务上表现优异。

② 在文本到图像生成任务上的表现。

- JanusFlow在GenEval和DPG-Bench任务中的表现优于多个专用生成模型，包括SDXL和DALL-E 2。
- 在MJHQ FID-30k评测中，JanusFlow以1.3B参数规模取得了9.51 FID分数，超越其他同等规模的模型，如Janus (10.10 FID) 和Show-o (15.18 FID)。
- 在语义一致性 (Semantic Consistency) 方面，JanusFlow在多个任务 (如颜色匹配、对象关系) 上取得了较高分数。

经过测试证明，Janus-Pro 和 JanusFlow 在多个任务上超越了 Janus，并在某些任务上比 DALL-E 3、Stable Diffusion 3 Medium 表现更优。

多模态理解任务的评测结果如表 4-1 所示。

表 4-1　多模态理解任务的评测结果

任务	Janus	Janus-Pro-7B	JanusFlow
MMBench	69.4	79.2	78.5
GQA	59.1	62.0	61.5
SEED-Bench	63.7	72.1	73.0

文本 - 图像生成任务的评测结果如表 4-2 所示。

表 4-2　文本 - 图像生成任务的评测结果

任务	Janus	Janus-Pro-7B	JanusFlow
GenEval	0.61	0.80	0.82
DPG-Bench	79.7	84.2	85.5
MJHQ FID-30k	10.10	9.51	9.12

上述评测结果说明 JanusFlow 在文本到图像任务上的表现比 Janus-Pro 更优，这主要得益于 Rectified Flow 生成方法，能够更精准地生成符合文本描述的高质量图像。

根据评测结果可以得出如下结论：

① Janus-Pro 的优势。

- 在多模态理解和生成任务上均超越Janus，提升了指令跟随能力。
- 改进VQ Tokenizer，提高图像生成稳定性和细节质量，在GenEval任务上超越DALL-E 3。
- 优化训练策略和数据扩展，使其在7B规模下达到最佳性能。

② JanusFlow 的突破。

- 采用Rectified Flow生成，超越VQ Tokenizer离散化方式，提升生成质量和采样速度。

- 引入新型任务解耦编码器，提高文本-图像对齐能力。
- 在GenEval和MJHQ FID-30k评测中的表现优于Janus-Pro和DALL-E 3。

总之，JanusFlow 是一种创新性的多模态大模型，更适用于增强现有的多模态理解与文本到图像生成能力。JanusFlow 则是一个全新的探索方向，通过 Rectified Flow 生成，使图像质量超越传统方法。

注意：核心技术对比。Janus、Janus-Pro 和 JanusFlow 的核心技术对比如表 4-3 所示。

表 4-3　Janus、Janus-Pro 和 JanusFlow 的核心技术对比

技术点	Janus	Janus-Pro	JanusFlow
核心架构	统一自回归变换器（Autoregressive Transformer）	优化的自回归变换器，增强视觉编码解耦	自回归LLM + Rectified Flow生成
视觉编码方式	解耦视觉编码（Understanding Encoder + Generation Encoder）	增强版SigLIP + 高质量VQ Tokenizer	独立视觉编码器（SigLIP + ConvNeXt）
图像生成方法	VQ Tokenizer进行离散化	优化VQ Tokenizer，提高稳定性和细节质量	Rectified Flow生成（基于ODE的连续生成）
训练策略	三阶段训练	优化训练流程，提升数据利用率	三阶段训练，结合自回归损失与流匹配损失
优化目标	兼顾理解与生成	改进指令跟随，提升文本-图像生成稳定性	通过流匹配优化ODE轨迹，提升图像质量
文本-图像生成能力	基于VQ Tokenizer，质量接近DALL-E 2	优化VQ Tokenizer，超越DALL-E 3	基于Rectified Flow生成，超越Stable Diffusion 3 Medium

4.5　DeepSeek-VL2 多模态视觉模型

DeepSeek-VL2 是一个高性能的多模态视觉语言模型，其核心架构通过动态平铺策略、视觉 - 语言适配器、混合专家机制和多头潜在注意力等创新设计，实现了高效处理高分辨率图像和生成高质量文本的能力。其模块化设计和多阶段训练策略进一步提升了模型的灵活性和泛化能力，使其在视觉问答、文档理解、视觉定位等多模态任务中表现出色。

4.5.1　模型架构

DeepSeek-VL2 的架构包括 5 个核心模块，具体说明如下所示。

（1）视觉编码器

DeepSeek-VL2 引入了动态平铺视觉编码策略，能够处理不同分辨率和宽高比的高分辨率图像。它将高分辨率图像分割成局部平铺，使用共享的 SigLIP-

SO400M-384 视觉变换器处理每个平铺，从而提取丰富的视觉特征。

其主要步骤如下：

① 图像分割与平铺：对于输入图像，模型首先根据长边和短边计算合适的候选分辨率，并选择一个最小化填充区域的分辨率。然后，将图像调整到该分辨率后，分割成多个 384×384 的局部平铺，同时添加一个全局缩略图平铺。

② 共享视觉编码器：所有（$1+m\_i \times n\_i$）个平铺均由共享的 SigLIP-SO400M-384 视觉变换器处理。每个平铺经过编码后，输出固定数量的视觉嵌入，即每个平铺产生 27×27 = 729 个嵌入，每个嵌入的维度为 1152。

这种设计既保留了图像的局部细节，也能够高效地生成固定长度的视觉 token 序列，便于后续与语言模型进行融合。

（2）视觉 - 语言适配器

DeepSeek-VL2 模型采用动态平铺视觉编码策略，能够处理不同分辨率和宽高比的高分辨率图像。具体而言，模型将高分辨率图像分割成多个局部平铺（如 384×384），并添加一个全局缩略图平铺。每个平铺通过共享的视觉变换器（如 SigLIP-SO400M-384）进行处理，提取视觉特征。对于每个平铺，模型生成 27×27=729 个视觉嵌入，每个嵌入的维度为 1152。

为了将这些视觉特征与语言模型的嵌入空间对齐，DeepSeek-VL2 引入了一个视觉 - 语言适配器。在处理每个平铺的视觉特征后，模型通过像素洗牌操作将其压缩到 14×14=196 个视觉标记。对于全局缩略图平铺，添加 14 个 <tile_newline> 标记，形成 14×15=210 个视觉标记。局部平铺被排列成一个二维网格，形状为（i×14，i×14），并在最终列末尾添加 i×14 个 <tile_newline> 标记。此外，在全局缩略图平铺和局部平铺之间插入一个 <view_separator> 标记。处理后的完整视觉序列包含 $210+1+i\times14\times(i\times14+1)$ 个视觉标记，这些标记随后被投影到语言模型的嵌入空间，使用两层 MLP。

这种方法使模型能够有效地处理高分辨率图像，并将视觉信息与语言模型紧密结合，增强了多模态任务的性能。

（3）MoE 语言模型

- DeepSeekMoE语言模型：模型在语言部分采用了改进的Transformer架构，基于DeepSeek-V2语言模型实现，并集成了Mixture-of-Experts (MoE) 架构。这种设计允许模型在保持较高容量的同时，通过稀疏激活只使用部分专家，从而提高推理效率。
- Multi-head Latent Attention (MLA)：该机制通过将Key-Value缓存压缩到潜在向量中，实现了高效的注意力计算和更快的推理速度。
- 专家选择与辅助损失：MoE模块中的门控机制（MoEGate）会根据输入特征计算门控得分，并采用贪婪或分组等策略选择Top-K专家。辅助损失机制用于优化专家选择过程，使得专家的路由更加合理。

DeepSeek-VL2 提供了三个不同大小的模型变体：DeepSeek-VL2-Tiny（1.0B 激活参数）、DeepSeek-VL2-Small（2.8B 激活参数）和 DeepSeek-VL2（4.5B

激活参数）。这些模型通过 MoE 架构实现了高效的稀疏计算，可以根据输入选择不同的专家网络来处理任务。

（4）数据预处理与对话管理

- 多模态数据预处理：通过专门的处理模块（如processing_deepseek_vl_v2.py和utils.py中的函数），模型能够将文本与图像数据转换为统一格式的输入，包括对话模板格式化、特殊token的处理和图像转换（如PIL到张量或Base64编码）。
- 对话与上下文管理：在对话生成过程中，系统将用户输入、图像和历史对话结合在一起，构造适合模型推理的输入序列，实现多轮对话交互。

（5）训练与微调策略

- 多阶段训练流程：DeepSeek-VL2的训练采用了三阶段策略实现，分别是视觉语言对齐、大规模预训练、监督微调（SFT）和指令调优。
- 数据多样性：训练数据涵盖了VQA、OCR、文档/表格理解、视觉推理等多种任务，确保模型具备广泛的应用能力。

在 DeepSeek 的开源项目中，文件 modeling_deepseek_vl_v2.py 定义了 DeepSeek-VL2 模型的核心组件，包括视觉编码器、多层感知机投影器和语言模型。此文件实现了多模态融合，能够处理视觉和文本输入，并生成相应的输出。具体来说，文件 modeling_deepseek_vl_v2.py 实现如下核心功能：

- 视觉编码器 (VisionTransformer)：用于提取输入图像的视觉特征。
- 多层感知机投影器 (MlpProjector)：将视觉特征投影到语言模型的嵌入空间，实现视觉和文本特征的对齐。
- 语言模型 (DeepseekV2ForCausalLM)：基于Transformer的语言模型，能够生成文本输出。
- 多模态融合：将视觉特征和文本特征融合，实现对复杂多模态任务的理解和处理。

4.5.2 技术创新与亮点

DeepSeek-VL2 通过混合专家架构、动态分辨率支持和高效训练策略，实现了多模态任务的高性能与高效率。其技术原理和架构设计为 AI 视觉领域的创新与应用提供了强大支持，其技术创新与亮点如下。

（1）动态切片视觉编码策略 (Dynamic Tiling Strategy)

① 背景问题：传统视觉编码器通常处理固定分辨率图像，对于高分辨率且长宽比例变化较大的图像（如文档、图表、复杂场景）会面临计算资源浪费和细节捕捉不足的问题。

② 创新方案：通过将高分辨率图像拆分为多个局部切片，每个切片经过共享的视觉 Transformer 处理，从而在不增加计算复杂度的前提下实现对图像细节的高效解析。适用于文档、表格、图表分析及视觉定位任务。

③ 动态切片策略的设计原理。

- 候选分辨率选择：定义一组候选分辨率$CR = \{(m \cdot 384, n \cdot 384) \mid m, n \in \mathrm{N}, 1 \leqslant m, n, mn \leqslant 9\}$（在某些任务中可扩展到$mn \leqslant 18$），对于输入图像 (H, W) 计算每个候选分

辨率下需要的填充面积，然后选取填充面积最小的候选分辨率。

- 图像切片与处理：将图像调整至选定分辨率后，划分为$m_i \times n_i$个局部切片（每个切片尺寸为384×384），同时额外生成一个全局缩略图切片。所有切片均由同一预训练SigLIP模型进行处理，提取出的视觉嵌入用于后续任务。

这种方法既能捕捉图像的局部细节，又能避免因分辨率增加带来的计算复杂度呈二次增长的问题，从而兼顾了效率与精度。

（2）多头潜在注意力 (Multi-head Latent Attention, MLA)

① 背景问题：传统注意力机制的计算复杂度较高，特别是在处理大型视觉 - 语言模型时。

② 优化方法：引入 MLA 机制，将 Key-Value 缓存压缩为潜在向量，显著提高推理效率和吞吐量。通过 DeepSeekMoE 框架实现稀疏计算，有效提升计算效率。

（3）视觉语言适配器 (Vision-Language Adaptor)

视觉语言适配器承担了将视觉信息和语言模型有效对接的任务，其主要流程包括：

① 特征压缩与重排：利用 2×2 像素混洗操作将每个切片输出的视觉 token 从原始的 27×27 压缩至 14×14，这样既减少了 token 数量，又保留了局部空间结构信息。

② 添加特殊标记：在全局缩略图切片后，为每一行添加 <tile_newline> 标记，在局部切片的 2D 网格结构中添加行结束标记，并在全局与局部切片之间插入 <view_separator> 标记。这些特殊标记帮助模型理解视觉token 序列的层次结构和分隔信息。

③ 映射到语言空间：最终使用一个两层的多层感知器 (MLP) 将整合后的视觉 token 序列映射到与语言模型嵌入空间一致的维度，保证后续语言模型处理时能够融合视觉与文本信息。

总之，视觉语言适配器通过像素混洗和特定标记（如 <tile_newline>, <view_separator> 等）将视觉特征序列映射到语言模型的嵌入空间，实现视觉与文本信息的无缝对接。

（4）优化算法和超参数

DeepSeek-VL2 使用 AdamW 优化器进行训练，采用 cosine 和 step 调度策略调整学习率。模型的权重衰减因子为 0.1，梯度裁剪的值为 1.0。在训练过程中，模型的超参数根据不同的任务和数据集进行调整，以获得最佳的性能。

总之，这一系列的创新设计和实现使得 DeepSeek-VL2 成为一个强大且灵活的多模态大模型，为视觉与语言的联合理解与生成提供了全新的解决方案。

4.5.3　模型训练

（1）训练数据准备

DeepSeek-VL2 的训练数据包括视觉 - 语言对齐数据、视觉 - 语言预训练数据和监督微调数据。视觉 - 语言对齐数据用于初始阶段的 MLP 连接训练，视觉 - 语言预训练数据用于提升模型的多模态理解能力，而监督微调数据则用于进一步优化模型的性能。

这些数据来自多个公开数据集和内部收集的数据，涵盖多种任务，如视觉问答、光学字符识别、文档理解、视觉定位等。数据的多样性和丰富性确保了模型的泛化能力和适应性。

（2）模型训练流程

DeepSeek-VL2 的训练流程分为三个主要阶段：模型初始化、视觉 - 语言预训练和监督微调，具体说明如下所示。

① 在模型初始化阶段，视觉编码器和语言模型被分别预训练，以获取基本的视觉和语言特征表示。

② 然后，模型进入视觉 - 语言预训练阶段，使用大规模的多模态数据来训练模型的视觉 - 语言对齐能力和多模态融合能力。在这个阶段，模型通过多任务学习和对比学习等技术，不断提高其对不同任务的理解和处理能力。

③ 最后，模型进行监督微调，使用标注的多模态数据来进一步优化其性能。在这个阶段，模型通过优化任务特定的损失函数，学习如何更好地完成特定任务，如视觉问答、文档理解等。总之，通过监督微调（SFT）和指令调优提升了模型的对话和多模态推理能力。

（3）并行训练与资源优化

- 并行策略：在模型训练中采用了模型并行、数据并行和专家并行等多种策略，充分利用GPU集群（如NVIDIA A100）进行大规模分布式训练。
- 负载均衡与切片调度：针对动态切片策略下的视觉编码器，由于不同图像切片数量存在差异，通过细粒度层分割和数据并行策略，实现了在前向与反向过程中各GPU负载的均衡调度。

4.5.4 和 Janus 项目的对比

DeepSeek-VL2 和 Janus 都是 DeepSeek 开源的多模态项目，但它们在设计侧重点和实现细节上有所不同。DeepSeek-VL2 主要聚焦于通过动态平铺策略和 SigLIP 视觉编码器实现高分辨率图像的细粒度特征提取，并利用视觉 - 语言适配器和 MoE 语言模型（结合 Multi-head Latent Attention）来实现视觉问答、OCR、文档解析和视觉定位等任务；而 Janus 则致力于构建一个统一的多模态理解与生成框架，其核心思想在于将视觉编码解耦成独立通路，以便在同一模型中同时优化理解与生成任务，并进一步通过 JanusFlow 融合了自回归与 rectified flow 技术，实现了高效的文本到图像生成。

（1）设计侧重点

- DeepSeek-VL2：侧重于高分辨率图像的精细特征提取和视觉-语言信息的深度融合，适用于视觉问答、OCR、文档理解和视觉定位等任务。
- Janus：侧重于构建统一的多模态平台，解耦视觉编码以同时支持理解和生成任务，并通过JanusFlow进一步提升文本到图像生成的质量。

（2）视觉编码方法

- DeepSeek-VL2：采用动态平铺策略结合SigLIP视觉编码器，对图像进行分块处理，然后通过视觉-语言适配器将图像特征转换为语言模型输入。

- Janus：通过解耦视觉编码，将视觉特征分别提取后统一输入到Transformer架构中，从而降低视觉编码与生成任务之间的冲突。

（3）语言模型架构

- DeepSeek-VL2：基于改进的DeepSeek-V2 Transformer，部分变体引入MoE（混合专家）机制和Multi-head Latent Attention，以提高参数利用率和推理效率。
- Janus：采用单一统一的Transformer架构处理多模态输入，重点在于通过解耦设计实现更好的任务适应性和交互性，同时在JanusFlow中融合自回归与rectified flow技术实现图像生成。

（4）训练与推理优化

- DeepSeek-VL2：采用多阶段训练策略（视觉-语言对齐、预训练、监督微调）和增量预填充技术，确保在高分辨率、多模态场景下高效推理。
- Janus：强调数据和模型规模的扩展，通过优化训练策略来提升多模态理解和生成能力，确保在统一框架下兼顾多种任务性能。

总之，虽然这两个项目都是多模态模型，但 DeepSeek-VL2 更侧重于细粒度视觉信息与语言模型的深度融合，而 Janus 通过解耦视觉编码和集成生成技术，追求更广泛的多模态统一性和灵活性。

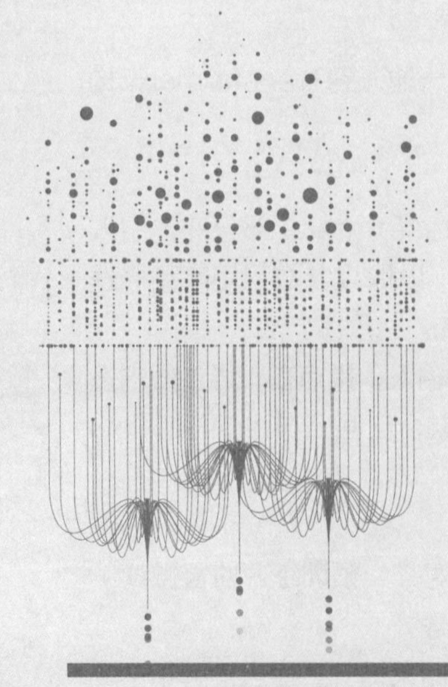

第5章

DeepSeek 推理模型架构

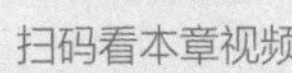

DeepSeek-R1 是 DeepSeek-AI 团队推出的第一代推理模型，包括 DeepSeek-R1-Zero 和 DeepSeek-R1。通过大规模强化学习训练，这些模型不依赖于监督微调进行初步训练，在多个推理相关基准测试中表现出色。DeepSeek-R1-Zero 展示了强大的推理能力，能够自然地涌现出许多强大而有趣的推理行为。DeepSeek-R1 在解决可读性和语言混合问题的同时，进一步提升了推理性能。此外，通过蒸馏技术，成功地将推理能力赋予了更小的模型，为未来的研究和应用提供了新的方向。

5.1 背景

近年来，随着人工智能技术的飞速发展，大型语言模型（LLMs）不断迭代与进化，逐步缩小了与人工通用智能（AGI）之间的差距。在这一进程中，推理能力的提升成为 LLMs 发展的重要方向之一。传统上，推理能力的提升主要依赖于监督微调（Supervised Fine-Tuning, SFT），这种方法虽然有效，但需要大量的监督数据，数据收集成本高且耗时。

为了突破这一瓶颈，DeepSeek 的研究团队尝试采用纯强化学习（Reinforcement Learning, RL）来提升 LLMs 的推理能力，不再依赖于 SFT 作为初步步骤。他们以 DeepSeek-V3-Base 为基础模型，采用组相对策略优化（Group Relative Policy Optimization，GRPO）作为 RL 框架，通过大规模的强化学习训练，使模型在推理任务中展现出强大的“自我进化”能力。例如，在 AIME 2024 测试中，DeepSeek-R1-Zero 的单样本通过率从 15.6% 飙升至 71.0%，通过多数投票策略甚至能达到 86.7%，与 OpenAI-o1-0912 的水平相当。

然而，DeepSeek-R1-Zero 在推理过程中也暴露出一些问题，如可读性差、语言混用等。为了解决这些问题并进一步提升推理性能，研究团队引入了 DeepSeek-R1，该模型在训练初期加入了少量冷启动数据，并采用了多阶段训练流程。最终，DeepSeek-R1 在多个推理基准测试中达到了与 OpenAI-o1-1217 相当的性能。

此外，DeepSeek 团队还探索了将 DeepSeek-R1 的推理能力通过蒸馏技术传递给更小的模型，成功地提升了小型密集模型的推理性能。这一成果不仅为 LLMs 的推理能力提升提供了新的思路，也为未来的研究和应用开辟了更广阔的空间。

5.2 DeepSeek-R1 模型简介

DeepSeek-R1 是由 DeepSeek 团队发布的一个推理模型，旨在通过强化学习（RL）显著提升大型语言模型（LLMs）的推理能力。近年来，LLMs 在不断演进过程中逐渐逼近人工通用智能（AGI）的水平，而推理能力的提升被证明不仅能够提高数学、编程、科学推理等任务的准确性，还能更好地符合社会价值和用户偏好，同时降低训练计算资源的需求。

5.2.1 DeepSeek-R1 模型演进

在 DeepSeek-R1 中涉及了两个模型 DeepSeek-R1-Zero 和 DeepSeek-R1，

具体说明如下。

（1）DeepSeek-R1-Zero

这是 DeepSeek 的第一代推理模型，采用纯强化学习训练，没有经过任何监督微调（SFT）的冷启动阶段。通过大规模的 RL 训练，模型在 AIME 2024 等推理基准上表现出惊人的性能提升。例如，pass@1（首次通过率）分数从 15.6% 提升至 71.0%，在多数投票机制下甚至达到 86.7%，与 OpenAI-o1-0912 模型表现相当。该模型在训练过程中自然涌现出很多有趣而强大的推理行为，但也存在可读性差和语言混杂等问题。

（2）DeepSeek-R1

为了解决 DeepSeek-R1-Zero 的不足，DeepSeek 团队引入了少量冷启动数据和多阶段训练流程。在 RL 之前，先用数千个长思维链（Chain-of-Thought, CoT）推理数据对基础模型（DeepSeek-V3-Base）进行微调，再利用 RL（基于 GRPO 算法）进一步强化推理能力。训练过程还结合了拒绝采样生成的监督微调数据，以确保输出既具备高性能的推理能力，又能保持清晰和用户友好的格式。最终，DeepSeek-R1 在多项任务上表现与 OpenAI-o1-1217 相当。

5.2.2 DeepSeek-R1 模型的基本架构

DeepSeek 的推理模型融合了多项前沿技术，既保证了超大参数规模带来的能力，又在实际推理时大幅降低了计算与能耗成本。

（1）混合专家（MoE）架构

- 参数规模与激活机制：DeepSeek推理模型总体参数量高达6710亿，但在每次推理时，仅激活其中大约十分之一的参数。这种“稀疏激活”方式通过将模型分解为多个专家子网络，使得不同任务或输入可以由最适合的专家处理，从而大幅降低了计算量和内存需求。
- 动态路由机制：当输入提示进入模型时，一个高效的路由器根据任务类型和输入特征，将查询自动分发到最匹配的专家网络。这不仅确保了推理效率，还有效平衡了各专家的负载。

（2）优化的 Transformer 架构与稀疏注意力机制

- Transformer基础：DeepSeek的模型基于Transformer架构，采用预归一化（Pre-Norm）结构与高效的前馈网络设计，为语言理解与生成提供了坚实基础。
- 稀疏注意力：在处理长序列数据时，模型并非对所有位置进行全量注意力计算，而是采用稀疏注意力策略，只关注关键的输入位置。这种设计极大地减少了计算复杂度，提高了长文本或复杂逻辑任务的推理速度。

（3）蒸馏与强化学习优化

- 知识蒸馏：在训练过程中，DeepSeek利用知识蒸馏技术，将大型模型的推理能力“压缩”到较小的模型中，使得推理时既能保持高性能，又能进一步降低计算资源消耗。
- 强化学习驱动：通过引入强化学习，模型在生成答案时可以根据反馈不断调整推理策略，这在数学、代码和复杂逻辑问题上尤为显著。强化学习过程还帮助模型优化输出格式与语言一致性，提升了实际应用中的可靠性。

（4）低推理成本与部署

- 低推理成本：由于只激活部分专家网络，DeepSeek模型能够在低成本硬件上实现高效推理，既降低了运维成本，也缩短了响应时间。
- 高效资源利用：动态路由与稀疏注意力的结合，使得模型能够灵活应对不同任务，既不浪费计算资源，又能在多种场景下保证高质量输出。

总之，DeepSeek 推理模型利用混合专家架构、优化的 Transformer 和稀疏注意力机制，再辅以知识蒸馏和强化学习，成功实现了在超大参数量下的高效推理，兼顾了性能和成本优势，成为当前大模型领域的重要创新成果。

5.2.3　训练方案

在提升语言模型性能时，往往依赖大量监督数据进行训练，这需要花费大量时间和人工成本来收集和标注数据。相较之下，DeepSeek-R1 提出了一种全新的思路：即便不利用监督微调（SFT）作为冷启动，仅通过大规模的强化学习（RL）方法，也能显著提升模型的推理能力。通过这种方法，模型在没有预先灌输大量人工示例的情况下，依靠自我探索与奖励机制，逐步发现并掌握有效的推理策略，从而在多项推理任务中取得了令人瞩目的成绩。

DeepSeek 团队发现，在强化学习前引入少量高质量的冷启动数据，能够进一步促进模型性能的提升。具体而言，DeepSeek 设计了如下三种训练方案：

- DeepSeek-R1-Zero：直接在基础模型上施行强化学习训练，全程不依赖任何监督微调数据。这一策略充分验证了纯RL方法在激发模型自我进化方面的巨大潜力。
- DeepSeek-R1：为了克服纯RL在可读性和语言一致性等方面存在的不足，该方法首先利用长思维链（CoT）推理的示例数据对基础模型进行微调，从而形成一个更为“温和”的冷启动检查点；随后再通过强化学习进一步优化，提升模型在复杂推理任务中的表现。
- 推理能力蒸馏到小型模型：在获得性能优异的DeepSeek-R1后，研究者利用蒸馏技术将其推理能力迁移至体积更小的密集模型中。这样，即便是在计算资源有限的情况下，也能获得高效且具有强大推理能力的模型。

这种多阶段、混合策略的训练流程，不仅突破了传统依赖海量监督数据的局限，还为大规模语言模型训练提供了一条更为经济高效的新途径，有助于在降低训练成本的同时实现卓越的推理性能。

DeepSeek-R1 采用组相对策略优化（GRPO）来进行 RL 训练，该方法通过从旧策略中采样一组输出，并利用规则设计的奖励（包括准确性奖励和格式奖励）来优化模型。奖励机制确保模型不仅在任务解答上正确，同时将推理过程清晰地嵌入到特定标签（如 <think> 和 </think>）中。为了有效引导 RL 过程，在项目文档中介绍了如下两种奖励方案：

- 准确性奖励：评估模型响应的正确性，例如在数学问题中要求答案格式符合预定义标准。
- 格式奖励：要求模型将推理过程以固定格式输出，确保易读性和结构化表达。

通过设计固定的训练模板（用户提示—模型生成推理过程和答案），DeepSeek-R1-Zero 在 RL 过程中展现了“顿悟时刻”：模型能够在中间版本中自主学会重新评估初始方法并延长思考时间，从而处理更复杂的问题。

5.2.4 开源信息

目前（作者写本书时），在 DeepSeek-R1 的 GitHub 仓库，开源内容主要是一个详细的 PDF 文档 DeepSeek_R1.pdf，这份文档全面介绍了项目的背景、模型架构、训练方法（包括纯强化学习、冷启动策略、推理导向的 RL、拒绝采样和监督微调等）以及蒸馏技术等核心内容。

文档中提到，DeepSeek-AI 已经开源了两大系列模型：

- 推理模型：包括通过纯强化学习训练得到的DeepSeek-R1-Zero和经过冷启动数据微调后的DeepSeek-R1。
- 蒸馏模型：利用DeepSeek-R1生成的800k推理样本，对基于Qwen和Llama平台的小型密集模型进行微调，涵盖了从1.5B到70B不等的多个参数规模版本。

目前仓库中仅提供这份 PDF 文档，尚未见到实际的代码或模型权重。这表明 DeepSeek 团队仅先公开了详细的研究成果和方法论，为社区提供一个完整的技术参考，后续版本中可能会陆续发布相应的代码和预训练模型。

虽然仓库中没有提供具体的训练代码，但确实开源了模型。根据仓库信息，DeepSeek-R1-Zero 和 DeepSeek-R1 两个模型都基于 DeepSeek-V3-Base 进行训练，拥有 671B 的总参数和 37B 的激活参数，同时支持长达 128K 的上下文长度，并可通过 HuggingFace 下载。

（1）DeepSeek-R1-Zero 模型

DeepSeek-R1-Zero 是 DeepSeek AI 开源的第一代推理模型，其训练过程完全基于大规模强化学习（RL），没有使用监督微调（SFT）作为初始步骤。该模型在数学、代码和逻辑推理等任务上展现了卓越的性能，并在训练过程中自然涌现出多种强大而有趣的推理行为。DeepSeek-R1-Zero 模型在 HuggingFace 发布，如图 5-1 所示，大家可以从 Hugging Face 获取并部署。

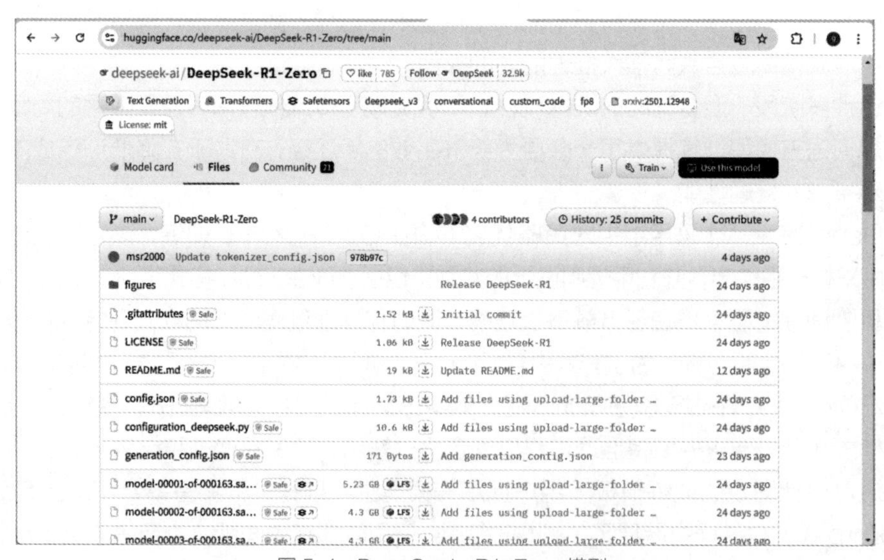

图 5-1 DeepSeek-R1-Zero 模型

（2）DeepSeek-R1 模型

虽然 DeepSeek-R1-Zero 模型展示出了强大的推理能力，但是也暴露出了重复、可读性差和语言混杂等问题。为了解决这些挑战并进一步提升性能，发布了 DeepSeek-R1 模型，在 RL 训练前引入了少量冷启动数据，从而实现了在数学、编程和逻辑推理等任务上与 OpenAI-o1 相媲美的效果。DeepSeek-R1 模型同样在 HuggingFace 发布，如图 5-2 所示，大家可以从 Hugging Face 获取并部署。

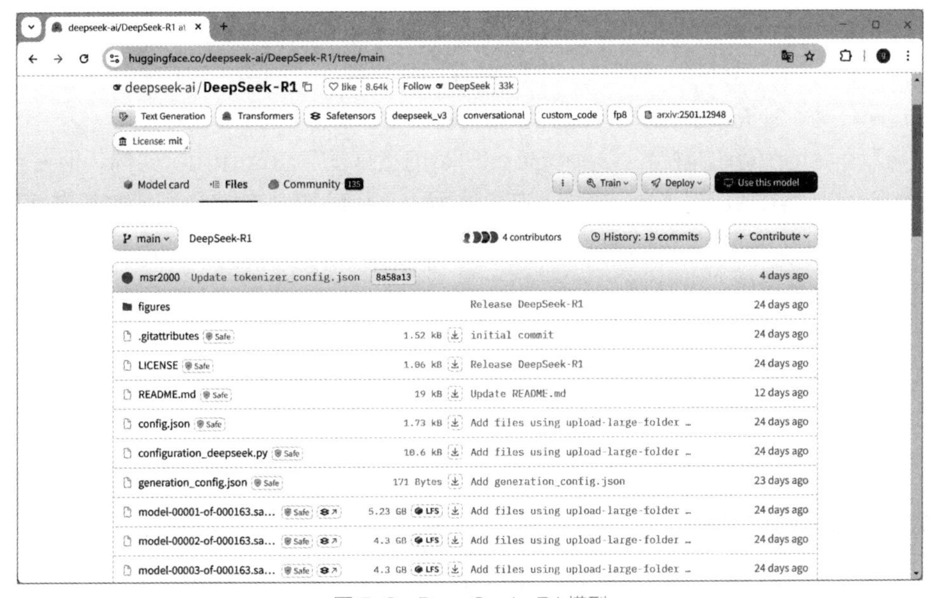

图 5-2　DeepSeek-R1 模型

我们可以直接从 Hugging Face 上获取这些预训练好的模型权重，而无需重新训练模型。

5.3　推理模型的相关技术

在探讨 DeepSeek 推理模型的关键技术时，需要重点解释混合专家（MoE）架构、多头潜在注意力（MLA）以及强化学习（RL）这三项核心技术。这些技术在提升模型推理能力方面发挥了至关重要的作用。混合专家架构通过动态分配计算资源，实现了模型的高效推理；多头潜在注意力则通过低秩联合压缩技术，显著提升了模型的计算和内存效率；而强化学习则通过奖励机制，进一步优化了模型的推理策略。下面将详细介绍这三项技术在推理模型中的具体应用和优势。

5.3.1　混合专家（MoE）架构

DeepSeek-R1 的混合专家（MoE）架构是该模型实现高效推理和降低计算成本的核心技术之一，其主要特点包括：

- 稀疏激活：整个模型虽然包含了海量参数（总参数量达到数百亿甚至上千亿），但在每次推理时，仅激活其中一小部分专家子网络。这种“稀疏激活”策略使得单次计算只需使用模型中大约十分之一的参数，从而大幅减少了计算资源和内存消耗。

- 专家划分与动态路由：模型内部被划分为多个“专家”子网络，每个专家专注于处理某一类任务或输入特征。一个高效的路由器（门控机制）根据输入的特征和任务需求，动态选择最匹配的几个专家来处理当前的输入。这种动态路由机制确保了每个输入都能由最适合的专家群体处理，提升了模型的适应性与推理准确性。
- 共享专家与路由专家：为了避免某些专家因频繁被激活而过载，而其他专家长期处于闲置状态，DeepSeek-R1在设计上引入了共享专家和路由专家的机制。共享专家承担常用、核心的任务处理，确保基础知识和能力的一致性；而路由专家则专注于处理特殊或边缘任务，补充模型在多样化场景下的表现。
- 与Transformer的融合：DeepSeek-R1仍然基于Transformer架构，但在部分Transformer层中引入了MoE模块。在这些层中，传统的全连接前馈网络被替换为多个专家模块，通过动态路由仅激活部分专家，使得模型在保持高表现的同时，大幅降低了每次推理的计算量。

总之，DeepSeek-R1 中的混合专家（MoE）架构通过将海量参数分散到多个专家子网络中，并在推理时仅激活最合适的那部分，从而在保证模型强大能力的同时，实现了低计算成本和高推理效率。这一设计使得 DeepSeek-R1 在处理复杂逻辑推理、数学问题和代码生成等任务时，既能发挥超大模型的优势，又能适应资源受限的实际部署场景。

5.3.2 多头潜在注意力

多头潜在注意力（MLA）是 DeepSeek-R1 模型中的一个关键组件，旨在通过将Key（键）-Query（查询）-Value（值）（KQV）矩阵投影到低维潜在空间来提高计算和内存效率。在接下来的内容中，将详细讲解 MLA 在 DeepSeek-R1 中的具体应用和优化知识。

（1）MLA 的核心功能

- 低秩键值压缩：MLA通过低秩潜在空间投影压缩键值对，显著减少内存开销。这使得DeepSeek-R1只需存储压缩后的表示，而不是完整的键值状态，从而实现高效的长上下文处理。
- 解耦旋转位置嵌入（RoPE）：标准的RoPE会引入位置依赖的变换，这会阻碍键值压缩。DeepSeek-R1将RoPE与键值存储解耦，确保位置编码在不干扰潜在空间效率的情况下保持有效。
- 高效的多头注意力与压缩存储：MLA不再缓存所有token的完整键值矩阵，而只存储其紧凑的潜在空间等价物。这大幅减少了推理内存需求，同时保持了注意力保真度。
- 自适应投影矩阵：MLA使用单独的、可学习的投影矩阵来处理查询、键和值。这些矩阵在训练过程中动态调整，确保存储效率最优，同时将准确性损失降到最低。
- 推理高效的缓存机制：通过仅选择性地缓存压缩后的键值表示，MLA实现了比传统多头注意力（MHA）高达93.3% 的键值缓存减少。这使得DeepSeek-R1能够支持更长的上下文长度，同时最小化推理延迟。

（2）MLA 优化技术

- 低秩键值联合压缩：MLA将键和值表示压缩到共享的潜在空间中，然后再投影回各自的维度。
- 多阶段压缩：DeepSeek-R1通过引入额外的变换层，进一步优化了压缩机制，实现了多阶段压缩。
- 强化学习优化的MLA：DeepSeek-R1使用强化学习（RL）进一步优化MLA的变换矩阵。具体来说，使用GRPO对MLA进行奖励，基于高效的内存使用和检索准确性。

（3）MLA 对模型推理速度的影响

① 推理速度的提升。

- 减少冗余计算：MLA通过低秩联合压缩技术，将多个注意力头的键值对压缩成一个潜在向量，减少了不必要的重复计算。实验数据显示，相比传统多头注意力（MHA），MLA架构在推理阶段的速度提升了约30%。
- 提高并行度：MLA架构简化了计算过程，使得模型在推理时能够实现更高的并行度，从而进一步提升推理速度。
- 优化长序列处理：在处理长序列数据时，MLA的优势更加明显。实验表明，在处理长度超过1000个词的文本时，MLA架构的推理速度比传统MHA快了近40%。

② 资源消耗的降低。

- 减少内存占用：MLA通过压缩键值对，显著降低了所需的缓存容量。实验数据显示，MLA架构能够将缓存需求减少约50%。
- 降低显存消耗：MLA技术减少了对KV矩阵的重复计算，大大降低了显存的消耗。

③ 性能的保持。

- 保持高准确性：尽管进行了压缩，MLA算法仍能保持模型的高性能表现，几乎不影响输出质量。
- 增强模型的可扩展性：MLA架构的设计使得模型在扩展时更加灵活，能够更好地适应不同规模的任务需求。

④ 在实际应用中的表现。

- 在线翻译：某知名在线翻译平台采用MLA架构后，成功将推理时间缩短了约30%，同时显著降低了服务器的资源消耗。
- 智能客服：某智能客服企业引入MLA架构后，对话系统的推理速度提升了约40%，并且在处理复杂对话时表现更加稳定。
- 图像识别：某图像识别平台引入MLA后，推理速度提升了约35%，同时GPU的利用率提高了约20%。

综上所述，MLA 对模型推理速度的影响是显著的，不仅提升了推理速度，还降低了资源消耗，同时保持了模型的高性能表现。

5.3.3　强化学习

强化学习（RL）是一种机器学习范式，智能体（Agent）通过与环境互动来学习最优行为策略。其核心在于，智能体根据当前状态选择动作，环境随之反馈奖励和新状态，智能体的目标是最大化长期累积奖励。这一过程不断迭代，智能体逐步优化策略，以适应复杂多变的环境。强化学习在机器人控制、游戏、推荐系统等领域有广泛应用，通过试错和奖励引导，智能体能够自主学习到高效的决策策略。

在 DeepSeek-R1 模型中，强化学习的应用主要体现在以下几个方面。

（1）提升推理能力

DeepSeek-R1 在后训练阶段大规模使用了强化学习技术，在仅有很少标注数据的情况下极大提升了模型的推理能力，在数学、代码、自然语言推理等任务上，测评性能与 GPT-o1 模型正式版接近。

（2）优化监督微调和强化学习

DeepSeek 的旗舰推理模型 DeepSeek-R1，在 DeepSeek-R1-Zero 的基础上进行了改进，加入了额外的监督微调 (SFT) 和强化学习 (RL)，以提高其推理性能。DeepSeek 团队使用 DeepSeek-R1-Zero 生成所谓的“冷启动”SFT 数据，然后通过指令微调训练模型，再进行一个强化学习 (RL) 阶段。此 RL 阶段保留了 DeepSeek-R1-Zero RL 过程中使用的相同准确性和格式奖励，但添加了一致性奖励以防止语言混合。

（3）实现大模型推理能力的提升

DeepSeek-R1 通过强化学习激励大模型的推理能力，具体表现在：

- 自我验证、反思和生成长CoT：DeepSeek-R1-Zero展现出自我验证、反思和生成长CoT等能力，为社区研究树立了一个重要的里程碑。
- 纯RL激励实现推理能力：这是首个证实大模型的推理能力可以通过纯RL激励实现（无需SFT）的公开研究，这一突破为该领域的未来发展铺平了道路。

（4）强化学习算法的应用

DeepSeek-R1 采用了 GRPO 算法进行强化学习微调，其训练流程详见后述（5.4.1 节）。

（5）性能提升

通过强化学习，DeepSeek-R1 在多个任务上表现出色：

- 数学推理任务：在2024年美国数学邀请赛（AIME）中，DeepSeek-R1模型的pass@1得分跃升至71.0%，相比未使用GRPO算法的模型，性能提升显著。
- 代码生成任务：在代码生成任务中，DeepSeek-R1模型生成的代码可运行性达到85%，正确率达到70%。
- 通用任务：在更广泛的通用任务中，如写作和角色扮演等，DeepSeek-R1模型展现出更强的通用性和连贯性。

总之，强化学习在 DeepSeek-R1 模型中的应用显著提升了模型的推理能力和性能，使其在多个任务上接近或达到行业领先水平。

5.4 DeepSeek-R1-Zero 训练方案

在传统的推理任务研究中，很多方法往往依赖于大量监督数据来提升模型性能，而这种数据的采集和标注过程通常既耗时又成本高昂。为了解决这一问题，本研究探讨了如何在完全没有监督数据的条件下，通过纯粹的强化学习（RL）过程来实现大型语言模型（LLMs）的自我进化和推理能力的显著提升。为此，DeepSeek 团队首先设计了一种名为 DeepSeek-R1-Zero 的方案，其主要思想是直接在未经监督微调（SFT）的基础模型上施行 RL 训练，从而让模型在无需预先依赖人工示例的情况下，自动挖掘并优化其内部推理策略。

5.4.1　强化学习算法

在具体实现上，为了降低 RL 训练的计算开销并提高效率，DeepSeek 引入了组相对策略优化（GRPO）算法。

（1）GRPO 算法介绍

组相对策略优化（GRPO）是一种用于强化学习的算法，特别适用于大规模语言模型（LLMs）的微调。GRPO 算法的核心思想是通过组内相对奖励来优化策略模型，而不是依赖传统的批评模型（Critic Model）。具体来说，GRPO 会在每个状态下采样一组动作，然后根据这些动作的相对表现来调整策略，而不是依赖一个单独的价值网络来估计每个动作的价值。

（2）GRPO 的核心思想

- 减少计算负担：通过避免维护一个与策略模型大小相当的价值网络，GRPO显著降低了训练过程中的内存占用和计算代价。
- 提高训练稳定性：GRPO通过组内比较来估计优势函数，减少了策略更新的方差，从而确保了更稳定的学习过程。
- 增强策略更新的可控性：GRPO引入了KL散度约束，防止策略更新过于剧烈，从而保持了策略分布的稳定性。

从数学角度来看，GRPO 的目标是最大化预期累积奖励，同时保持策略更新的稳定性。

（3）与传统强化学习方法对比

GRPO 与传统强化学习方法相比，有如下两个关键特点。

① 不使用独立的评论家模型：常规的策略梯度方法通常需要一个与策略模型规模相匹配的评论家模型来评估当前策略的表现，而 GRPO 则巧妙地放弃了这一做法。它通过从当前策略中采样一组候选输出，并利用这些输出的组内分布统计（例如标准差和均值）来估计一个基线，从而直接为策略模型提供反馈。这种方法既节省了计算资源，又避免了构建和训练额外评论家模型的复杂性。

② 设计采样函数与目标函数：具体来说，对于每个问题（记为 i），GRPO 从旧策略（$\pi_{\theta_{old}}$）中采样出一组候选输出 $\{a_i^1, a_i^2, \cdots, a_i^A\}$。接下来，通过最大化下面的目标函数来对当前策略 π_θ 进行优化：

a．首先，对每个候选输出 a_i，根据其在旧策略下的概率和当前策略下的概率之比，采用剪切（Clipping）策略来控制更新幅度，确保新策略不会偏离旧策略太远。

b．同时，为了鼓励模型探索更优解，目标函数中引入了优势（A_i）的概念，即利用当前组内输出的标准差（Std）与均值（Mean）的差值来衡量每个候选解的优劣。

c. 最后，目标函数中还加入了 KL 散度项，用以约束新旧策略之间的差异，防止策略更新过程中发生过大变化。具体超参数 ε 和 β 分别控制剪切范围和 KL 惩罚的力度。

优势 A_i 的计算方式为：

$$A_i = \mathrm{Std}(\{a_i^1, a_i^2, \cdots, a_i^A\}) / (a_i - \mathrm{Mean}(\{a_i^1, a_i^2, \cdots, a_i^A\}))$$

这意味着，每一组候选输出的离散程度（标准差）与其平均水平之间的关系，会影响到策略的更新方向，从而使模型在没有任何监督信息的情况下，通过内部比较不断改进自身的推理策略。

（4）GRPO 在 DeepSeek-R1-Zero 模型中的应用

DeepSeek-R1-Zero 是一个完全基于强化学习训练的模型，没有进行任何监督微调（SFT）。GRPO 算法在 DeepSeek-R1-Zero 模型中的应用主要体现在训练流程中，具体说明如下所示。

- 采样动作组：对于每个输入提示，模型根据当前策略生成一组不同的输出。这些输出的多样性为后续的相对奖励计算提供了基础。
- 奖励评估：使用奖励模型对每个输出进行评分，这些评分可以基于任务的特定标准，如数学题的正确性、代码的可运行性等。
- 计算相对优势：将每个输出的奖励值进行归一化处理，得到相对优势。这一过程通过比较同一输入下的多个输出，减少了策略更新的方差。
- 策略更新：根据相对优势更新策略模型的参数，增加高奖励输出的概率，减少低奖励输出的概率。同时，通过KL散度约束确保策略更新的稳定性。
- 迭代优化：重复上述步骤，逐步优化策略模型，使其在特定任务上表现得更好。

通过这种方式，DeepSeek-R1-Zero 能够在强化学习过程中逐步“觉醒”出强大的推理能力，并在多个推理任务中展示出令人兴奋的性能提升。DeepSeek 团队通过这一方法证明，即使完全摒弃依赖监督数据的传统训练方式，LLMs 仍然能够在纯 RL 的驱动下实现自我进化，为后续更高效、低成本的推理模型训练提供了有力的理论与实践支持。

5.4.2 奖励建模

在强化学习（RL）训练过程中，奖励信号扮演着至关重要的角色，它不仅为模型提供了方向性的反馈，而且直接决定了模型优化的目标和路径。

（1）基本概念

在强化学习（RL）训练过程中，奖励信号是引导智能体（Agent）学习行为策略的核心机制。奖励信号通常是一个标量值，用于衡量智能体在特定状态（State）下采取特定动作（Action）的效果。通过接收环境反馈的奖励信号，智能体能够逐步调整其策略，以最大化长期累积奖励。

（2）奖励信号的设计方法

- 简单奖励函数：在一些简单任务中，奖励函数可以设计为简单的数值，例如成功完成任务给予“+1”奖励，失败给予“-1”奖励。这种设计简单直观，适用于目标明确的任务。

- 多维度奖励函数：在复杂任务中，奖励函数可能需要考虑多个维度，例如位置、速度、控制成本等。通过将这些维度的奖励信号加权求和，得到最终的奖励值。例如，在机器人控制任务中，奖励函数可以设计为：

$$R(s,a)=w_1R_{位置}+w_2R_{速度}+w_3R_{控制成本}$$

其中，w_1、w_2、w_3 是权重系数，用于平衡不同维度的奖励信号。

- 基于模型的奖励函数：在一些任务中，可以利用环境模型来生成奖励信号。例如，在稀疏奖励环境中，可以通过将代理的当前状态转换为自然语言描述并输入大语言模型（LLMs），使LLMs生成探索目标，从而提高探索效率。

（3）奖励信号的优化策略

- 动态调整奖励权重：在训练过程中，可以根据智能体的表现动态调整奖励权重，以引导其学习到更优的策略。例如，在语言生成任务中，可以随着训练的进行逐渐增加语言一致性奖励的权重，以提高生成文本的质量。
- 引入正则化项：为了防止智能体在训练过程中出现过拟合或梯度爆炸问题，可以在奖励函数中引入正则化项。例如，在GRPO算法中，通过引入动态梯度正则化机制，确保了训练过程的稳定性和高效性。
- 多阶段训练与奖励信号的逐步引入：在多阶段训练过程中，可以逐步引入不同类型的奖励信号。例如，在DeepSeek-R1模型的训练中，从冷启动数据微调开始，逐步引入监督微调、强化学习和二级强化学习等阶段，每个阶段的奖励信号设计有所不同。

（4）奖励建模在 DeepSeek 中的作用

为了训练 DeepSeek-R1-Zero 模型，DeepSeek 设计了一套基于规则的奖励系统，这套系统主要分为两大类奖励机制，以确保模型在推理任务中既能正确回答问题，又能遵循特定的格式输出，从而便于后续的评估与验证。

- 准确性奖励：准确性奖励的核心在于衡量模型生成答案的正确性。在数学问题中，例如模型被要求将最终答案以特定格式（如在方框内）呈现，这样不仅便于规则化检查，也能确保答案可以被程序或规则自动验证其正确性。类似地，对于LeetCode编程题目，可以利用编译器对模型生成的代码进行预设测试，通过测试用例的反馈来评估代码是否符合要求并正确运行。准确性奖励模型通过这种基于规则的自动化验证方式，精确地衡量了模型回答问题的正确率，为模型的进一步优化提供了明确而可靠的训练信号。
- 格式奖励：除了答案的正确性，输出的格式同样至关重要。为了确保模型不仅能给出正确的答案，还能生成结构清晰、便于理解的推理过程，DeepSeek团队设计了格式奖励模型。这一奖励机制要求模型在回答问题时，将其思考过程严格地嵌入在指定的标签中——例如，要求将推理过程封装在 <think> 和 </think> 标签之间。这样做的目的是两方面的：一方面，它能帮助评估系统或人类审阅者快速捕捉到模型的推理轨迹；另一方面，通过强制固定的输出格式，还能降低输出内容中的噪声，提升整体可读性和一致性。

在 DeepSeek-R1-Zero 模型的开发过程中，DeepSeek 特意没有引入基于神经网络的结果或过程奖励模型。原因在于，尽管神经奖励模型在某些场景下可能提供细粒度的反馈，但在大规模强化学习训练中，它们容易遭遇奖励黑客攻击——也就是模型可能通过学习漏洞规避真实的训练目标，从而获得虚假的奖励。此外，训练和维护神经奖励模型本身需要大量额外的训练资源，并且会显著增加整个训练流程的复杂性。为此，DeepSeek 团队选择了基于规则的奖励方式，以确保奖励信号的稳定性和可靠性，从而在大规模 RL 过程中更好地指导模型的自我进化。

总之，通过采用准确性奖励与格式奖励这两种基于规则的奖励机制，能够为 DeepSeek-R1-Zero 提供既准确又直观的反馈信号，确保模型在纯 RL 训练中既提升推理能力，也保持了输出的规范性和易读性，从而为后续的性能优化打下坚实的基础。

5.4.3 训练模板

为了训练 DeepSeek-R1-Zero，DeepSeek 团队精心设计了一种简单而明确的训练模板，该模板为基础模型提供了清晰的指令，引导其在生成答案时遵循特定的格式。具体来说，该模板要求模型在回答用户问题时，首先详细描述其内部的推理过程，然后再给出最终的答案。这样的设计有助于在训练过程中系统地观察和记录模型的思考轨迹，从而更好地分析其自我进化和推理策略的形成。

在训练模板中规定了严格的结构格式，具体格式如下：

```
用户输入提示信息，模型输出时必须先生成包含完整推理过程的部分（用 <think> 和 </think> 标签包裹），接着再生成包含最终答案的部分（用 <answer> 和 </answer> 标签标识）。
```

这种设计有两个主要目的：

- 规范输出格式：通过固定的输出结构，确保所有生成内容具有一致的格式，便于后续的自动化评估和人类审查。这使得研究人员能够更方便地对模型的输出进行量化分析，从而更准确地评估模型的性能和进步。
- 避免内容偏差：模板的简洁设计刻意避免引入额外的指令，例如要求模型反思或解释特定解决策略，从而防止因人为预设的偏好而影响模型自然发展出的推理过程。这样就能更加客观地观察模型在纯强化学习过程中如何自发地构建和优化其内部推理机制，确保模型的推理能力是通过自身的探索和学习形成的，而不是依赖于外部的引导。

总之，这一训练模板不仅为模型提供了明确的生成指南，也为研究人员观察模型在强化学习过程中自然演化推理能力提供了宝贵的数据支持。

5.4.4 DeepSeek-R1-Zero 的自我进化过程

这里的自我进化过程，是指强化学习（RL）在没有任何额外监督数据支持的情况下，驱动 DeepSeek-R1-Zero 模型自主提升推理能力的全过程。这一过程不仅直观地证明了纯 RL 方法的有效性，更为了揭示模型内部自发优化机制的奥秘。通过直接在基础模型上实施强化学习，能够实时、细致地监控模型在面对复杂推理任务时的逐步演化。由于没有依赖传统监督微调阶段的预先引导，模型在训练过程中完全依靠奖励信号的反馈来不断调整和改进其内部策略。这种纯粹的自我驱动进化，为研究者提供了一个难得的窗口，可以观察到模型在面临不同难度和复杂度问题时，其思维过程和策略如何自然地从简单向复杂转变。

如图 5-3 所示，训练过程中模型的“思考时间”呈现出明显且持续的提升。这里的“思考时间”可以理解为模型在生成答案前所使用的推理步骤或计算量。起初，模型可能只生成数百个推理标记来完成简单任务；然而，随着训练的深入，它逐渐学会在面对更具挑战性的问题时，主动扩展推理计算，甚至可以生成数千个推理标记，以便对问题进行更全面、细致的解析。这样的扩展不仅说明了模型在处理复杂任务时的灵活性和适应性，也证明了其内部策略在不断优化和迭代。

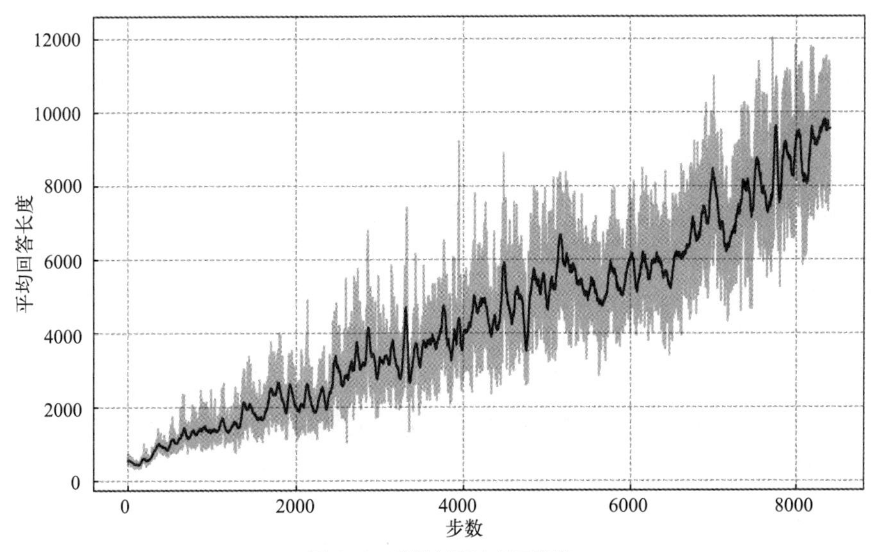

图 5-3 训练过程中的可视化

更引人注目的现象在于，当模型开始重新评估其初始解题策略时，它会主动为难题分配更多的思考时间。这种现象，可以看作是模型在“顿悟时刻”的体现——一种突然突破、策略升级的瞬间。在这一时刻，模型不再局限于早期所采用的简单方法，而是根据过去的反馈和奖励信息，发现了更为高效的推理路径，从而大幅提升了最终答案的准确性和合理性。

总的来说，DeepSeek-R1-Zero 的自我进化过程为我们展示了以下几点重要启示：

- 自我优化能力：模型能够在纯RL的驱动下，自主调整和优化其推理过程，无需额外的监督数据干预，这证明了RL在激发模型内在潜力方面的强大力量。
- 适应性和灵活性：通过延长推理计算和增加思考步骤，模型可以更深入地探索问题解决策略，从而更有效地处理复杂推理任务。这种适应性为面对多变任务提供了强有力的支持。
- 意外的复杂行为涌现：模型在训练过程中自然涌现出的“顿悟时刻”，不仅标志着性能上的跃升，更体现了强化学习方法能够催生出意想不到的高级行为模式，为未来智能系统的自主进化指明了方向。

这种自发的发展和策略优化，为理解和构建未来更自主、更智能的系统提供了宝贵的理论基础和实践经验。通过深入研究这种自我进化的机制，有望在不远的将来设计出能够在极少人类干预下，自主学习并解决复杂任务的高级智能模型。

5.4.5 在 DeepSeek-R1-Zero 的"顿悟时刻"

在 DeepSeek-R1-Zero 模型的训练过程中，DeepSeek 团队观察到一个极具启发性且意义深远的现象——"顿悟时刻"。这一现象不仅展示了纯强化学习的巨大潜力，还为我们理解模型如何自主进化提供了宝贵的线索。

（1）"顿悟时刻"的定义与表现

所谓"顿悟时刻"，指的是在训练的中间阶段，模型突然表现出一种明显超越以往状态的能力跃迁。这时，DeepSeek-R1-Zero 不再依赖单一的初始解题策略，而是开始重新评估自身的推理路径，主动为复杂问题分配更多的思考资源和时间，从而大幅提高了解题的准确率和效率。

（2）机制与内在逻辑

这一现象的背后，是强化学习算法在大规模数据环境下对模型自我调整能力的激发。通过设计合理的奖励机制，DeepSeek 团队并没有预先告知模型如何处理复杂问题，而是通过不断提供正确的激励信号，让模型在试错过程中自主发现更高效的解题方法。具体来说，模型在每一次生成输出后，会根据预设的准确性和格式奖励获得反馈；随着训练的深入，它逐渐学会在遇到更难问题时，延长推理过程，并利用额外的"思考时间"来进行更充分的信息整合和策略调整。这种自我反思和优化的过程正是"顿悟时刻"的核心所在。

（3）意义与启示

"顿悟时刻"不仅证明了纯 RL 方法在不依赖大量监督数据的情况下也能激发出模型的内在潜力，还为未来智能系统的研发指明了方向：

- 自主进化的可能性：模型可以通过适当的激励和反馈，自主发现并优化解决问题的策略，而不必完全依赖人类专家预设的规则。
- 自适应与灵活性：在面对多样化和复杂问题时，模型能够灵活地调整自身行为，从而在不同任务间保持较高的通用性和适应性。
- 未来研究的契机：这一现象为研究人员提供了一个全新的视角，即通过观察和解析"顿悟时刻"，或许可以更深入地理解智能系统内部的决策机制，为设计更为高效和自我完善的AI系统奠定理论基础。

总之，DeepSeek-R1-Zero 的"顿悟时刻"不仅标志着模型在推理能力上实现了质的飞跃，也展示了强化学习方法在大规模语言模型训练中的独特优势。通过这种自主进化的过程，模型在不依赖外部监督的情况下，逐步形成了更高效的问题解决策略，为构建未来更自主、更智能的系统提供了宝贵的实验范例和理论依据。

注意：尽管 DeepSeek-R1-Zero 在推理能力和自主发展方面展现了显著的优势，但它也面临一些挑战。具体而言，模型在生成内容的可读性和语言混合方面存在问题。为了解决这些问题，并使推理过程更易于理解和共享，DeepSeek 团队开发了 DeepSeek-R1。该模型通过在初始阶段引入人类友好的监督数据，结合强化学习，

旨在提升模型生成内容的可读性和一致性。这种方法不仅改善了模型的输出质量，还增强了其在不同任务和语言环境下的适应能力。

5.4.6　DeepSeek-R1-Zero 性能测试

在之前的大模型开发应用中，模型性能的提升通常依赖于大量的监督数据，这些数据的收集既耗时又费力。然而，DeepSeek 团队的研究表明，即使在没有监督微调（SFT）作为初始步骤的情况下，通过大规模的强化学习（RL），模型的推理能力也能显著提高。此外，加入少量的初始数据，可以进一步提升模型性能。

DeepSeek 团队直接对 DeepSeek-R1-Zero 基础模型进行了测试，在应用 RL 后，不依赖任何 SFT 数据，其性能在多个基准测试中表现出色。下面是 DeepSeek 团队的测试结果。

（1）数学推理任务

如前所述，在 AIME 2024 基准测试中，达到了与 OpenAI-o1-0912 相当的水平。

另外，在 MATH-500 基准测试中，DeepSeek-R1-Zero 也表现出色，具体得分未明确提及，但其在数学推理任务中的强大能力得到了验证。

（2）自我进化过程

DeepSeek-R1-Zero 在训练过程中展现了显著的自我进化能力。通过数千步的强化学习训练，模型在推理基准测试中的表现大幅提升。

（3）推理行为的涌现

DeepSeek-R1-Zero 在训练过程中自然地展现出许多强大而有趣的推理行为，例如自我验证、反思和生成长思维链等。这些行为并非人为植入，而是模型在强化学习过程中自然涌现的结果。例如，在一个中间版本中，模型学会以拟人的语气重新思考，这展示了模型通过纯粹的强化学习训练获得了自我反思的能力。

（4）其他任务表现

DeepSeek-R1-Zero 在其他任务中也表现出色，包括创意写作、通用问答、编辑、摘要等。在 AlpacaEval 2.0 上，其长度控制胜率达到了 87.6%，在 ArenaHard 上的胜率达到了 92.3%，展示出其在非考试类查询中智能处理的强大能力。

注意：尽管 DeepSeek-R1-Zero 展现出强大的推理能力，但它也面临一些挑战，例如可读性差和语言混杂等问题。为了解决这些问题并进一步提升推理性能，DeepSeek 团队引入了 DeepSeek-R1 模型。

5.5　DeepSeek-R1 训练方案

在强化学习领域，DeepSeek-R1-Zero 的出色表现引起了广泛关注。通过创新的方法实现了一系列令人瞩目的成果，为后续研究提供了宝贵的思路和方向。然而，随着研究的不断深入，一些新的问题也逐渐浮现出来。如果在训练过程中引入少量但质量极高的数据作为冷启动，是否能够进一步提升模型的推理性能，或者加快模型的收敛速度？这是一个极具挑战性的问题，因为数据的质量和数量在强化学习中起着至关重要的作用。其次，如何训练出一个真正用户友好的模型？这个模型不仅要能够生成清晰、连贯的思维链式（CoT）推理，还要具备强大的通用能力，能够在多种不同的场景和任务中表现出色。为了解决这些复杂而关键的问题，DeepSeek 团队经过深入研究和反复试验，精心设计了一个包含四个阶段的训练流程。本节将详细介绍这个训练流程的每个阶段及其目标信息。

5.5.1 冷启动

冷启动（Cold Start）是指在模型或系统初始运行阶段，由于缺乏足够的历史数据或用户行为信息，而面临难以做出智能决策或提供个性化服务的问题。在强化学习（RL）训练中，冷启动阶段尤为重要，因为模型在这一阶段需要从零开始学习，缺乏有效的指导信息，往往会导致训练不稳定和收敛速度慢。

（1）长思维链（CoT）数据

长思维链（CoT）数据是一种用于提升大型语言模型（LLMs）推理能力的策略，其核心在于通过分解复杂任务为更小、更易管理的子任务，模拟人类逐步推理的过程。这种方法不仅提高了模型解决复杂问题的准确性，还增强了其可解释性。

CoT 数据的核心思想是让模型生成一个有序的推理链条，而不是直接跳到结论。具体来说，CoT 方法将复杂的任务分解成一系列子任务或中间步骤，每个步骤都提供详细的推理信息，帮助模型逐步得出最终结论。

（2）CoT 数据的优势

- 提升推理性能：CoT数据通过分解问题，帮助模型逐步推理，从而提高了解决复杂问题的准确性。例如，在MATH-500数据集上，使用长链CoT数据的模型在强化学习后，其准确性提升了超过3%。
- 增强可解释性：CoT数据生成的推理链条不仅提高了模型的准确性，还增强了其可解释性。通过逐步推理，模型能够展示其解决问题的每一步，使人类更容易理解其推理过程。
- 促进模型泛化：CoT数据通过多样化的推理过程，帮助模型在不同任务和场景中表现出色。这种泛化能力使得模型能够更好地适应多变的任务需求。

（3）DeepSeek-R1 中的冷启动

为了避免在从基础模型开始进行强化学习（RL）训练时可能出现的初期不稳定性，DeepSeek-R1 采用了一种不同的方法。DeepSeek 精心构建并收集了一小部分长思维链数据，以微调模型，作为初始的 RL 策略模型。这种策略旨在为模型提供一个稳定的起点，确保训练过程的平稳进行。

在数据收集过程中，DeepSeek 探索了多种方法：

- 少样本提示：使用包含长思维链的示例，提供少量样本来提示模型生成类似的推理过程。
- 直接提示：直接提示模型生成包含反思和验证的详细答案，鼓励模型在回答问题时进行深度思考和自我检查。
- 输出收集：收集DeepSeek-R1-Zero生成的可读格式输出，筛选出高质量的响应，作为训练数据。

- 人类后处理：通过人类标注者对模型生成的响应进行后处理，完善结果，确保数据的准确性和可读性。

通过上述方法收集了数千条冷启动数据，用于微调 DeepSeek-V3-Base，作为 RL 训练的起点。与 DeepSeek-R1-Zero 相比，冷启动数据具有以下优势：

- 可读性：DeepSeek-R1-Zero的一个主要限制是其生成的内容通常不适合阅读，响应可能混合多种语言或缺乏突出显示答案的格式。在创建DeepSeek-R1的冷启动数据时，设计了一个可读的模式，包括在每个响应末尾添加总结，并过滤掉对读者不友好的响应。具体而言，定义了如下所示的输出格式：

```
|special_token|<reasoning_process>|special_token|<summary>
```

其中，<reasoning_process> 是查询的 CoT，<summary> 用于总结推理结果。

- 潜力：通过精心设计带有人类先验知识的冷启动数据模式，与DeepSeek-R1-Zero相比，模型性能有了显著提升。可见迭代训练是提升推理模型性能的有效方法。

总之，采用冷启动数据为 DeepSeek-R1 提供了一个稳定且有效的训练起点，显著提升了模型的可读性和推理能力。这种方法展示了结合人类知识与模型自我学习的潜力，为未来推理模型的训练提供了宝贵的经验。

5.5.2 推理导向的强化学习

在完成冷启动数据的微调之后，对 DeepSeek-V3-Base 模型应用了与 DeepSeek-R1-Zero 相同的大型强化学习训练过程。这一阶段的核心目标是显著提升模型在推理密集型任务中的推理能力。推理密集型任务通常涉及明确定义的问题以及清晰的解决方案，例如编码任务、数学问题、科学实验分析以及逻辑推理等，这些任务对模型的逻辑思维能力和问题解决能力提出了极高的要求。

（1）语言一致性奖励

在模型训练的 CoT 推理过程中，经常会出现语言混合的情况，尤其是在强化学习（RL）提示涉及多种语言时。这种语言混合可能会导致模型的输出变得混乱，影响推理的准确性和可读性。为了减轻这一问题，在强化学习训练中引入了一种新的奖励机制——语言一致性奖励。具体来说，语言一致性奖励是通过计算 CoT 中目标语言单词的比例来实现的。例如，如果目标语言是英语，那么模型在生成推理过程时，使用英语单词的比例越高，获得的语言一致性奖励就越高。这种奖励机制的引入，旨在引导模型在生成推理过程时保持语言的一致性，从而提高输出的可读性和准确性。

（2）相关问题

在进行消融实验时发现，这种对齐机制虽然能够有效提升语言一致性，但也会导致模型性能略有下降。尽管如此，仍然认为这种奖励机制是必要的。因为它使模型的输出与人类的偏好更加一致，从而提高了输出的可读性。毕竟，模型的最终目标是服务于人类用户，输出清晰、连贯且符合人类语言习惯的结果至关重要。因此，即使这种奖励机制可能会带来一些性能上的损失，但从长远来看，它有助于提高模型的实用性和用户满意度。

（3）DeepSeek 的做法

为了综合考虑推理任务的准确性和语言一致性，DeepSeek 团队将推理任务的准确性奖励和语言一致性奖励直接相加，形成了最终的奖励函数。然后，在微调后的模型上应用强化学习训练，持续优化模型的参数，直到模型在推理任务上达到收敛。这一阶段的训练不仅提升了模型的推理能力，还使其输出更加符合人类的语言习惯，为后续的应用奠定了坚实的基础。通过这种综合奖励函数的设计，模型在推理密集型任务中的表现得到了显著提升，同时输出的可读性和一致性也得到了保证。

5.5.3 拒绝采样和监督微调

在推理导向的强化学习（RL）训练收敛后，接下来利用由此产生的检查点为下一轮收集监督微调（SFT）数据。这一阶段的目标是进一步优化模型，使其不仅在推理任务上表现出色，还能在其他通用任务中表现良好。

（1）拒绝采样

① 定义与目的：

拒绝采样（Rejection Sampling）是一种蒙特卡洛方法，用于从复杂的目标概率分布中生成随机样本。当直接从目标分布中采样困难或不可行时，使用一个易于采样的提议分布，并根据某种接受概率来决定是否接受采样结果。在 DeepSeek-R1 中，拒绝采样的目的是从强化学习训练后的模型输出中筛选出高质量的样本，用于后续的监督微调。

② 实现过程：

- 选择提议分布：选择一个易于直接采样且覆盖目标分布支持的提议分布。
- 确定缩放常数：找到一个常数，使得对于所有的样本，提议分布的值不超过目标分布的值乘以该常数。
- 采样过程：先从提议分布中生成一个样本，然后从均匀分布中采样一个随机数；最后计算接受概率，如果随机数小于接受概率，则接受该样本；否则，拒绝该样本并重新采样。

（2）监督微调（SFT）

① 定义与目的：

监督微调（SFT）是在预训练模型的基础上，使用标注数据进行进一步训练的过程。其目的是使模型在特定任务上表现得更好。在 DeepSeek-R1 中，SFT 的目标是通过高质量的数据进一步优化模型，使其在推理任务和其他通用任务中都能表现出色。

② 实现过程：

- 数据准备：使用拒绝采样生成的高质量数据，以及其他领域的数据（如写作、角色扮演等）。
- 模型微调：在这些数据上对模型进行微调，以提高模型在各种任务上的表现。

（3）DeepSeek-R1 推理数据的生成与筛选

DeepSeek 团队策划了一系列推理提示，并通过拒绝采样从上述强化学习训练的检查点中生成推理轨迹。在之前的推理导向强化学习阶段，主要关注的是可以使用基于规则的奖励进行评估的数据。然而，在这一阶段进一步扩展了数据集，加入了使用生成式奖励模型评估的数据。具体来说，将真实值和模型预测输入 DeepSeek-V3 模型进行判断，以评估模型输出的质量。

此外，由于模型在某些情况下会生成混乱且难以阅读的输出，对生成的数据进行了严格的筛选操作。过滤掉了包含混合语言、长段落和代码块的 CoT 推理，以确保数据的高质量和可读性。对于每个推理提示，采样了多个响应，并仅保留正确的响应。通过这种方式，总共收集了大约 600000 个与推理相关的训练样本。

（4）DeepSeek-R1 非推理数据的生成与整合

除了推理数据外，还收集了非推理数据，包括写作、事实问答、自我认知和翻译等任务。对于这些非推理任务，沿用了 DeepSeek-V3 的整体流程，并复用了 DeepSeek-V3 的部分监督微调数据集。具体来说，这一流程包括以下关键步骤：

① 数据生成与整合：

- 对于某些非推理任务，通过提示调用DeepSeek-V3生成潜在的思维链（CoT），以便在回答问题之前提供更详细的推理过程。
- 对于更简单的查询（例如“你好”），不会提供CoT作为回应，因为这些任务不需要复杂的推理。

② 数据筛选与优化：对生成的数据进行了筛选，确保数据的质量和可读性。例如，过滤掉了混合语言、长段落和代码块的输出。最终，收集了大约 20 万个与推理无关的训练样本。

（5）DeepSeek-R1 的监督微调

在 DeepSeek-R1 的训练流程中，SFT 起到了至关重要的作用，不仅进一步优化了模型在推理任务上的表现，还增强了其在其他通用任务中的能力。

① 使用策划的数据集进行微调：DeepSeek-R1 使用了约 80 万个样本的数据集进行微调，这些样本包括推理和非推理数据。具体说明如下所示：

- 推理数据：通过拒绝采样从强化学习训练后的模型中生成推理轨迹。对于每个提示，生成多个响应，并保留正确的响应作为训练样本。这一过程扩展了数据集，包含使用生成奖励模型的数据，过滤掉混合语言、长段落和代码块，最终收集约60万个推理相关训练样本。
- 非推理数据：采用DeepSeek-V3的Pipeline，重用部分SFT数据，针对某些任务生成潜在的思维链。对于更简单的查询如上所述，不提供CoT作为响应。最终收集约20万个非推理训练样本。

② 微调过程：

- 数据准备：使用上述约80万个样本的精选数据集对DeepSeek-V3-Base进行两个epoch的微调。
- 模型微调：在这些数据上对模型进行微调，以提高模型在各种任务上的表现。具体来说，使用LoRA适配器应用于关键投影层，从而减少微调期间的内存和计算要求。例如，配置和运行训练过程的代码如下：

```
from trl import SFTTrainer
from transformers import TrainingArguments
from unsloth import is_bfloat16_supported
```

```
trainer = SFTTrainer(
    model=model,
    tokenizer=tokenizer,
    train_dataset=dataset,
    dataset_text_field="text",
    max_seq_length=max_seq_length,
    dataset_num_proc=2,
    args=TrainingArguments(
        per_device_train_batch_size=2,
        gradient_accumulation_steps=4,
        warmup_steps=5,
        max_steps=60,
        learning_rate=2e-4,
        fp16=not is_bfloat16_supported(),
        bf16=is_bfloat16_supported(),
        logging_steps=10,
        optim="adamw_8bit",
        weight_decay=0.01,
        lr_scheduler_type="linear",
        seed=3407,
        output_dir="outputs",
    ),
)
trainer_stats = trainer.train()
```

③ 微调后的效果：

- 推理任务：通过推理数据的微调，模型在推理任务上的表现得到了进一步优化。例如，在数学问题、编码任务和科学实验分析等推理密集型任务中，模型的逻辑思维能力和问题解决能力得到了显著提升。
- 通用任务：通过非推理数据的微调，模型在写作、角色扮演、事实问答等通用任务中的表现也得到了增强。这使得模型不仅在推理任务上表现出色，还能在其他任务中提供高质量的输出。

总之，通过使用约 80 万个样本的数据集对 DeepSeek-V3-Base 进行两个 epoch 的微调，DeepSeek-R1 模型不仅在推理任务上表现出色，还在其他通用任务中表现良好。这一过程不仅进一步优化了模型的推理能力，还增强了其在多种任务中的通用性，为后续的应用奠定了坚实的基础。

5.5.4 全场景强化学习

全场景强化学习（Reinforcement Learning for All Scenarios）是一种强化学习方法，旨在使模型在所有场景下都能表现良好，包括推理任务和非推理任务。这种方法通过结合多样化的奖励信号和数据分布，训练模型以满足不同任务的需求，同时确保模型的输出与人类偏好保持一致。

（1）核心目标

全场景强化学习的核心目标是提升模型在各种场景下的表现，包括推理任务和非推理任务。具体来说，这种方法旨在：

- 提高模型的有用性和无害性：确保模型的输出对用户有用且无害，同时优化其推理能力。
- 增强模型的泛化能力：使模型能够在多种任务和场景中表现出色，而不仅仅局限于特定任务

（2）在 DeepSeek-R1 中的应用

在 DeepSeek-R1 的训练流程中，全场景强化学习是第二阶段的强化学习训练，目标是让模型在推理能力不断提升的同时，更加符合人类的偏好，确保其生成的内容既有用又安全无害。为此，设计了一种全场景的强化学习策略，该策略整合了多种奖励信号，并使用了多样化的提示分布，以覆盖不同任务和场景。具体来说，这一阶段的训练主要分为两大类数据：推理数据和通用数据。

- 推理数据：依照之前在DeepSeek-R1-Zero中提出的方法，继续使用基于规则的奖励机制。
- 通用数据：引入了奖励模型，以捕捉那些更为复杂且细微的人类偏好。

为了确保模型生成的内容既实用又无害，在奖励设计上进行了细致区分：

- 有用性奖励：在这一部分，主要关注生成内容的最终总结，确保回答能切实满足用户需求和实际应用场景，从而提升整体响应的相关性和实用性，同时尽量减少对底层推理细节的干扰。
- 无害性奖励：为防止模型生成潜在的有害、偏见或风险内容，应对整个响应（包括推理过程和最终总结）进行全面评估，确保输出既符合安全标准，又能有效避免可能引发的负面效应。

在 DeepSeek-R1 中，实现全场景强化学习的具体步骤如下：

① 推理数据的处理：

- 基于规则的奖励：对于推理数据，使用基于规则的奖励来指导模型在数学、编程和逻辑推理领域的学习过程。这些奖励信号基于任务的特定标准，如数学题的正确性、代码的可运行性等。
- 奖励信号：通过基于规则的奖励模型，确保模型在推理任务中的表现得到优化。

② 通用数据的处理：

- 奖励模型：对于通用数据，采用奖励模型来捕捉复杂和微妙场景中的人类偏好。这些奖励信号基于人类对不同场景的偏好，如写作、角色扮演等任务。
- 多样化提示分布：使用多样化的提示分布，确保模型在各种场景下都能表现良好。

③ 奖励信号的整合：

- 多奖励信号融合：将推理任务的准确性奖励和语言一致性奖励直接相加，形成最终的奖励函数。这种整合方法确保模型在推理任务中的准确性，同时保持输出的可读性和一致性。
- 优化目标：通过整合奖励信号，模型在推理任务中表现卓越，同时在通用任务中也表现出色。

总之，对 DeepSeek-R1 模型的训练过程如下：

- 数据准备：使用约80万个样本的数据集，包括推理和非推理数据，对模型进行微调。
- 模型微调：在这些数据上对模型进行微调，以提高模型在各种任务上的表现。具体来说，使用LoRA适配器应用于关键投影层，从而减少微调期间的内存和计算要求。
- 强化学习训练：在微调后的模型上应用强化学习训练，持续优化模型的参数，直到模型在推理任务上达到收敛。

最终，通过将这两类奖励信号与多样化的数据分布相结合，成功地训练出了一款在推理任务上表现出色，同时在有用性和无害性方面也达到了较高标准的模型。这一全场景强化学习策略不仅提升了模型的推理能力，也使其在面对多种任务时更好地满足用户需求，并确保输出内容符合安全和伦理要求。

5.6 蒸馏处理

为了降低模型体量并便于部署，DeepSeek 团队进一步探索了从 DeepSeek-R1 到更小密集模型的蒸馏技术。利用 Qwen 和 Llama 作为基础，通过直接微调 800k 个推理样本，得到了包括 1.5B、7B、8B、14B、32B、70B 在内的六个密集模型。这些蒸馏模型在多项推理基准测试中表现出色，通过这种简单的蒸馏方法，发现小型模型的推理能力得到了显著提升，部分甚至超过了现有的其他开源大模型。

5.6.1 AI 大模型中的蒸馏处理

蒸馏处理在 AI 大模型中是一种关键技术，用于将大型复杂模型（教师模型）的知识迁移到小型高效模型（学生模型）中。这一过程旨在保持模型性能的同时，显著降低模型的计算复杂度和存储需求，使其更适合在资源受限的环境中部署。下面将详细讲解蒸馏处理在 AI 大模型中的关键技术。

（1）知识蒸馏（Knowledge Distillation）

① 定义：知识蒸馏是一种模型压缩技术，通过训练一个小型学生模型来模仿一个大型教师模型的行为。学生模型学习教师模型的输出，从而在保持高性能的同时降低计算成本。

② 过程：

- 教师模型训练：首先训练一个性能强大的教师模型，该模型通常具有大量的参数和复杂的结构。
- 生成软标签：教师模型在大量数据上推理，并输出比“对/错”更丰富的知识，例如每个选项的概率分布。
- 学生模型学习：学生模型不直接学习训练数据，而是学习教师模型的输出，尽量模仿教师模型的预测方式。
- 蒸馏损失优化：学生模型的损失函数包括普通的交叉熵损失和与教师模型输出的“软标签”之间的差距（KL散度）。
- 迭代优化及精调：经过多个训练周期，学生模型的表现逐步接近教师模型，并在特定任务上进行微调以进一步优化效果。

（2）基于特征的蒸馏

① 定义：这种方法的核心在于将教师模型中间层的特征信息传递给学生模型。教师模型在处理输入数据时，会在不同层次产生丰富的特征表示，这些中间特征蕴含了大量关于数据的抽象信息和语义知识。

② 过程：

- 特征提取：教师模型在不同层次提取特征，如边缘、纹理和形状等信息。
- 特征传递：将这些特征传递给学生模型，并指导学生模型学习和构建类似的特征表示体系。
- 性能提升：学生模型通过学习教师模型的特征表示，更好地捕捉数据的本质特征，提升模型的性能。

（3）特定任务蒸馏

① 定义：针对不同的具体任务，如自然语言处理中的机器翻译、文本生成，计算机视觉中的目标检测、图像分割等，特定任务蒸馏方法能够对蒸馏过程进行针对性优化。

② 过程：

- 任务分析：深入分析特定任务的特点和需求。
- 设计蒸馏策略：根据任务特点设计专门的蒸馏策略和目标函数。
- 性能提升：使学生模型更好地适应任务要求，提高在特定任务上的性能表现。

（4）数据蒸馏

① 定义：数据蒸馏通过利用教师模型生成或优化数据，提高数据的多样性和代表性，帮助小模型更高效地学习。

② 过程：

- 数据增强：教师模型生成的数据可以用于数据增强，增加数据的多样性。
- 伪标签生成：教师模型可以生成伪标签，用于训练学生模型。
- 优化数据分布：通过教师模型优化数据分布，使学生模型能够更好地学习。

（5）模型蒸馏

① 定义：模型蒸馏通过监督微调的方式，将教师模型的知识迁移到学生模型中。

② 过程：

- 监督微调：使用教师模型生成的大量推理数据样本对较小的基础模型进行微调。
- 高效蒸馏：这一过程不包括额外的强化学习阶段，使得蒸馏过程更加高效。

（6）DeepSeek 中的蒸馏应用

- 数据蒸馏：DeepSeek利用强大的教师模型生成或优化数据，包括数据增强、伪标签生成和优化数据分布。
- 模型蒸馏：通过监督微调的方式，将教师模型的知识迁移到学生模型中，使用教师模型生成的大量推理数据样本对较小的基础模型进行微调。
- 性能提升：DeepSeek的蒸馏模型在推理基准测试中取得了显著的性能提升，例如，DeepSeek-R1-Distill-Qwen-7B在AIME 2024上实现了55.5%的pass@1，超越了QwQ-32B-Preview（先进的开源模型）。DeepSeek-R1-Distill-Qwen-32B在AIME 2024上实现了72.6%的pass@1，在MATH-500上实现了94.3%的pass@1。

总之，通过这些关键技术，AI 大模型的蒸馏处理不仅能够显著提升模型的效率和性能，还能在多种应用场景中发挥重要作用。

5.6.2 基础模型的选择与蒸馏过程

在 DeepSeek-R1 项目中，DeepSeek 开发团队选择的基础模型包括 Qwen2.5-Math-1.5B、Qwen2.5-Math-7B、Qwen2.5-14B、Qwen2.5-32B、Llama-3.1-8B 和 Llama-3.3-70B-Instruct。在这些模型中，特别选择了 Llama-3.3，因为它在推理能力上略优于 Llama-3.1。这些基础模型涵盖了不同规模和能力，以全面评估蒸馏方法的有效性。

DeepSeek 提供了如表 5-1 所示的蒸馏模型（Distill Models），这些模型是基于 DeepSeek-R1 的推理能力，通过知识蒸馏技术将推理能力迁移到较小规模的基础模型中，从而提升这些小型模型的推理性能。

表 5-1　蒸馏模型

模型名称	基础模型
DeepSeek-R1-Distill-Qwen-1.5B	Qwen2.5-Math-1.5B
DeepSeek-R1-Distill-Qwen-7B	Qwen2.5-Math-7B
DeepSeek-R1-Distill-Llama-8B	Llama-3.1-8B
DeepSeek-R1-Distill-Qwen-14B	Qwen2.5-14B
DeepSeek-R1-Distill-Qwen-32B	Qwen2.5-32B
DeepSeek-R1-Distill-Llama-70B	Llama-3.3-70B-Instruct

表 5-1 的蒸馏模型在 Hugging Face 平台公开发布，例如 DeepSeek-R1-Distill-Qwen-1.5B 在 Hugging Face 平台的信息如图 5-4 所示，大家可以选择需要的模型部署到本地或云服务器进行测试。

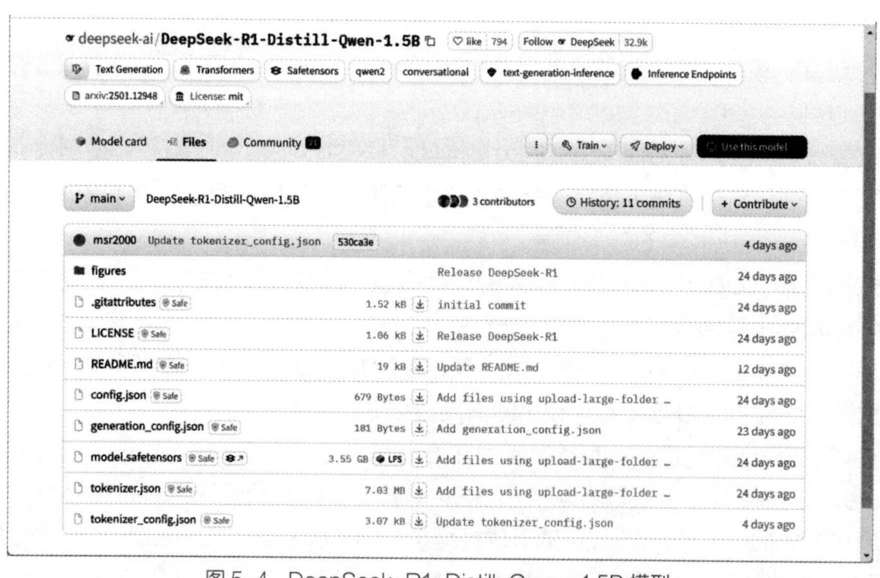

图 5-4　DeepSeek-R1-Distill-Qwen-1.5B 模型

在蒸馏过程中，DeepSeek-R1 仅应用了监督微调，而没有包括强化学习阶段。尽管强化学习可以显著提升模型性能，但这里的主要目标是展示知识蒸馏技术本身的强大有效性。通过使用 DeepSeek-R1 生成的高质量数据对这些小型模型进行微调，成功地将 DeepSeek-R1 的推理能力“蒸馏”到了这些模型中。

5.6.3　模型蒸馏的技术原理

DeepSeek-R1 的模型蒸馏技术是一种将大型教师模型（即 DeepSeek-R1）中获得的高级推理能力迁移到较小、效率更高的学生模型的方法，这种方法的优势在于能够以较低的计算成本和资源消耗，将大型模型的推理能力迁移到小型模型上。这对于资源有限的用户和应用场景来说具有重要意义，因为它使得小型模型能够在推理任务中表现出色，同时保持高效的运行速度。

（1）技术原理

- 知识迁移与软标签：传统的知识蒸馏方法主要依靠教师模型生成的“软标签”作为训练目标，这些软标签不仅包含了标准的正确答案信息，还蕴含了教师模型对样本的置信度分布和内部推理模式。DeepSeek-R1经过大规模强化学习训练后，掌握了复杂的推理策略，其输出中包含详细的CoT推理过程。通过将这些高质量、细粒度的推理数据作为训练样本，学生模型可以学习到教师模型在解决复杂问题时的思考路径和策略，而不仅仅是答案本身。
- 监督微调作为蒸馏手段：在蒸馏过程中，DeepSeek-R1直接使用其生成的约800k条推理样本对开源的学生模型（如Qwen和Llama系列）进行监督微调。相比于强化学习，监督微调的过程更加稳定和高效，因为它利用的是现成的高质量标签数据。这样，学生模型能够在较短时间内捕捉到教师模型传递的推理模式和知识。
- 模型容量与性能传递：蒸馏技术利用了教师模型在大模型容量下形成的强大推理能力，并将这一能力迁移到参数规模较小的模型中。尽管学生模型的规模较小，但由于接受了高质量推理数据的指导，它们在推理任务（如数学、编码、逻辑推理等）上能达到与教师模型相当的性能。这种方法有效地打破了大模型与小模型之间性能差距的瓶颈，为资源受限的应用场景提供了实用的解决方案。

（2）实现方法

① 数据生成与收集：

- 教师数据生成：首先，利用DeepSeek-R1模型生成大规模的推理样本，这些样本不仅包含最终答案，还详细记录了推理过程。生成的数据通常经过精心设计，确保每个样本都具有清晰的思维链和总结部分。
- 数据清洗与过滤：为了确保高质量的数据输入到学生模型中，研究团队对生成的样本进行了筛选和过滤，剔除混杂语言、格式混乱或不符合预期的低质量输出，最终构成约800k条高质量数据集。

② 监督微调训练：

- 目标模型选择：研究人员选择了多个开源学生模型，如Qwen2.5-Math系列（1.5B、7B、14B、32B）和Llama系列（Llama-3.1-8B、Llama-3.3-70B-

Instruct）。这些模型作为基础，通过蒸馏数据进行微调。

- 训练过程：在训练过程中，学生模型通过对比教师模型生成的推理过程和最终答案，学习到如何生成类似的思维链推理输出。训练过程中采用标准的监督学习损失函数，如交叉熵损失，通过多轮迭代使得学生模型逐步逼近教师模型的表现。
- RL阶段的排除：在蒸馏过程中，研究团队仅使用监督微调，而不引入额外的RL训练。这既简化了训练流程，又将RL阶段的复杂性和高资源消耗留给教师模型，重点展示了蒸馏技术本身的有效性。

③ 模型评估与性能提升：

- 性能验证：经过蒸馏训练后，小型模型在多项推理基准测试中表现显著提升，证明了教师模型的推理模式成功迁移。具体的评估指标涵盖数学题目、编码任务以及逻辑推理等多个领域，显示出蒸馏后的模型在准确性和推理深度上均有优异表现。
- 应用场景扩展：由于蒸馏后的模型体积较小，计算效率高，这使得其在实际应用中更加灵活，能够满足在资源受限的环境下快速部署的需求。

总之，DeepSeek-R1 的模型蒸馏技术，通过将大规模、经过强化学习训练获得强大推理能力的教师模型的输出作为监督信号，成功将复杂的推理模式迁移到小型学生模型中。其技术原理依赖于知识迁移和软标签机制，而实现方法则基于大规模数据生成、精细数据清洗以及标准的监督微调训练。该技术不仅显著提升了小型模型在推理任务上的性能，还为低资源环境下的高效推理模型提供了可行方案，同时为后续的模型优化和应用推广奠定了坚实基础。

5.6.4 评估蒸馏模型

下面对 DeepSeek 团队得到的评估结果进行详细分析。

（1）数学与逻辑推理能力（AIME 2024 pass@1 和 MAT-500 pass@1 指标）

- 从AIME 2024的表现来看，GPT-4o-0513（9.3%）和Claude-3.5-Sonnet（16.0%）的成绩明显低于其他模型，说明这两款模型在解决较高难度数学题目时存在较大挑战。
- o1-mini、DeepSeek-R1-Distill系列模型和QwQ-32B-Preview则表现更为出色，尤其是随着模型容量的提升（例如DeepSeek-R1-Distill-Qwen从1.5B到32B），AIME pass@1分数从28.9%提升至72.6%，而MATH-500 pass@1也相应提升至接近94%。这表明通过强化学习和蒸馏技术，较大模型能够更好地捕捉和利用推理模式，从而显著提高数学和逻辑推理能力。

（2）问答推理能力（GPQA Diamond pass@1 指标）

- 在该指标上，Claude-3.5-Sonnet得分为65.0%，高于GPT-4o-0513的49.9%，显示出一定的问答推理优势。
- DeepSeek-R1-Distill系列中，随着模型规模的增加，得分也有逐步提升，从Qwen-1.5B的33.8% 到Qwen-32B的62.1%，Llama-70B达到65.2%，这说明较大容量的模型在处理事实问答或复杂推理问题时具备更强的能力。

（3）代码推理与工程任务能力（LiveCodeBench pass@1 与 CodeForces

rating 指标）

- 在LiveCodeBench指标上，o1-mini取得53.8%，而DeepSeek-R1-Distill系列中的Qwen-32B和Llama-70B分别为57.2% 和57.5%，显示出这些模型在代码生成或编程任务上的竞争力。
- CodeForces rating上，o1-mini以1820的高分领先，表明其在编程竞赛任务中表现尤为突出；而DeepSeek-R1-Distill模型的评分在954至1691之间，虽然略逊于o1-mini，但随着模型容量的增加（例如Qwen-32B达到1691），性能也显著提升。

（4）模型规模与性能关系

从整体趋势来看，蒸馏得到的 DeepSeek-R1-Distill 模型呈现出明显的规模效应：

- 较小模型（如Qwen-1.5B）的各项指标相对较低。
- 随着模型参数量增加（从7B、14B到32B），无论是在数学、问答还是代码任务上，性能都有明显提升。
- 同时，基于不同基础模型（Qwen与Llama）的蒸馏结果在各项指标上各有优势，但总体趋势均表明大模型在推理任务上具有更高的表现潜力。

综上所述，DeepSeek 团队的模型在数学、问答和代码推理任务中均展现出强大的性能提升潜力，尤其是在大模型和蒸馏技术的双重加持下。这不仅为自然语言处理和人工智能领域的研究提供了新的方向，也为未来模型的设计和优化提供了宝贵的参考。

5.6.5 小结

通过 DeepSeek 发布的针对 DeepSeek-R1 模型的评估结果，充分证明了通过大规模强化学习和蒸馏策略提升模型推理能力的有效性，且模型规模对性能具有重要影响。较大模型不仅能捕捉更多推理模式，而且在多个复杂任务中均能取得显著提升。

- 强化学习与蒸馏效果明显：DeepSeek-R1-Distill系列模型在多个推理任务中表现优异，特别是在数学推理（AIME和MATH-500）上，较大容量模型表现与或超过了部分商业模型。
- 商业模型与开源模型对比：GPT-4o-0513和Claude-3.5-Sonnet在某些指标上存在不足，而经过蒸馏的开源模型（尤其是较大模型）则展示了更强的推理与任务适应能力。
- 应用场景多样：虽然在编程竞赛任务上o1-mini评分最高，但DeepSeek-R1-Distill模型在数学、问答、代码生成等任务上均表现出较高的综合能力，表明其在多场景推理任务中具有良好的实用性。

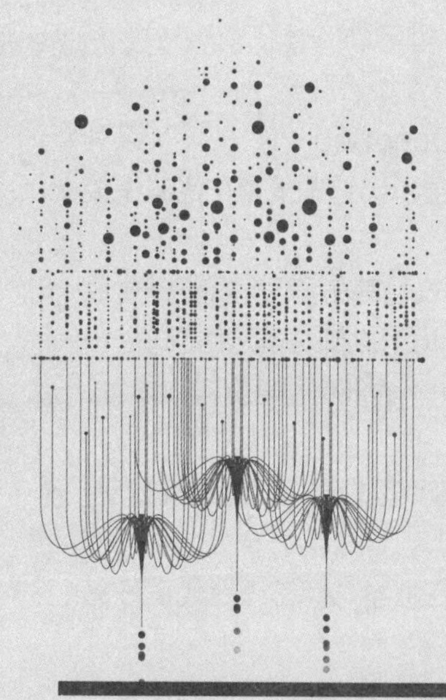

第6章

DeepSeek 模型的本地部署

扫码看本章视频

DeepSeek 大模型的本地部署方案通过软硬件深度协同优化实现高性能与灵活部署，采用统一的多加速器融合适配层，有效整合 GPU、TPU、NPU 等异构设备，并利用 FP8 混合精度与算子级优化提升内核执行效率；同时，通过高效的内存管理、分布式调度与数据通信优化，降低延迟与能耗，保障数据安全与隐私保护，并支持容器化及自动化部署，为企业级应用和边缘计算场景提供了稳健、高效的大模型本地部署解决方案。

6.1　本地部署的优势与常见挑战

本地部署是指将软件、应用程序或模型安装并运行在本地的硬件设备上，而不是依赖远程服务器或云端服务。这意味着所有的数据处理、存储和计算都在本地的计算机、服务器或数据中心内完成，不依赖外部网络连接。

（1）DeepSeek 本地部署的优势

- 数据隐私与安全：在金融、医疗、政务等数据敏感行业，数据隐私和安全至关重要。DeepSeek大模型的本地化部署可确保数据始终留在私有环境中，避免在传输过程中发生外泄，有效提升了数据安全性。例如，某医疗机构使用本地化DeepSeek处理患者病历，完全规避了云端API调用可能引发的合规争议。
- 定制化与灵活性：DeepSeek大模型的开源生态为用户提供了极大的灵活性。企业可以在自己的服务器上运行模型，根据自身的业务需求和工作流程，对模型进行个性化定制和优化。例如，金融机构可以根据自身的风险评估模型和业务规则，对本地部署的DeepSeek模型进行微调，使其能够更准确地评估客户的信用风险，为金融决策提供更可靠的支持。
- 降低成本：虽然本地部署在前期需要投入一笔不菲的资金用于硬件采购和环境配置，但从长期来看，对于高频调用DeepSeek的规模化用户群体，如大型互联网企业的日常内容推荐、智能客服交互等，云服务费用日积月累，逐渐成为沉重的成本负担。相较而言，当业务规模达到一定量级，日均调用量迈过关键阈值后，本地部署的后续运营成本便趋于稳定，且随着时间推移，展现出显著的成本优势。
- 离线运行与实时性：在一些偏远地区或网络信号较弱的环境中，如山区的基站维护、海上的石油勘探作业等，网络连接可能不稳定或无法使用。DeepSeek大模型的本地部署支持完全离线运行，且响应速度更快，无需网络往返，可为工作人员提供必要的支持和帮助，保证工作的顺利进行。

（2）DeepSeek 本地部署的挑战

- 硬件要求高：DeepSeek-R1全量版参数达到671B，量化后体积仍巨大，对硬件设备的要求极高。即使高端设备，显存和计算能力也可能无法支撑完整模型运行。例如，满血版R1需要16张A100显卡+ 2TB固态硬盘，硬件成本超百万。
- 技术门槛高：本地部署DeepSeek需要进行复杂的环境配置、软件安装调试，对技术人员的专业能力要求较高。例如，通过Ollama或vLLM框架部署，需熟悉命令行和模型调参。

- 成本投入大：虽然从长期来看，本地部署具有成本优势，但在前期需要投入大量资金用于硬件采购和环境配置。对于一些中小企业或预算有限的机构来说，这可能是一个较大的挑战。
- 模型更新与维护：本地部署的模型需要企业自行进行更新和维护，这需要投入一定的人力和物力。同时，模型的更新和维护也需要具备一定的技术能力，以确保模型的性能和稳定性。

总之，DeepSeek 大模型的本地部署在数据隐私与安全、定制化与灵活性、降低成本以及离线运行与实时性等方面具有显著优势，特别适合对数据敏感的行业和需要高频调用的规模化用户。然而，本地部署也面临硬件要求高、技术门槛高、成本投入大以及模型更新与维护等挑战。企业在选择本地部署时，需要综合考虑自身的需求、技术能力和预算，权衡利弊，以做出最适合的决策。

6.2 Ollama 本地部署

Ollama 是一款专注于大语言模型本地部署与管理的解决方案，它通过提供直观的用户界面和标准化 API，使用户能够在本地环境中轻松加载、运行和调优大模型，从而无须依赖云端资源。Ollama 支持多模型协同与动态资源调度，确保在保证高效响应和低延迟的同时，严格保护数据隐私与安全。Ollama 平台特别适合需要实时推理和敏感数据处理的企业级应用，帮助开发者在本地环境中实现大模型的高性能部署和灵活管理。

6.2.1 安装 Ollama

① 登录 Ollama 官网，根据本地电脑的操作系统类型下载对应的 Ollama 版本，目前 Ollama 支持 MacOS、Linux 和 Windows 主流操作系统。笔者选择的是 Windows 系统版本，如图 6-1 所示。

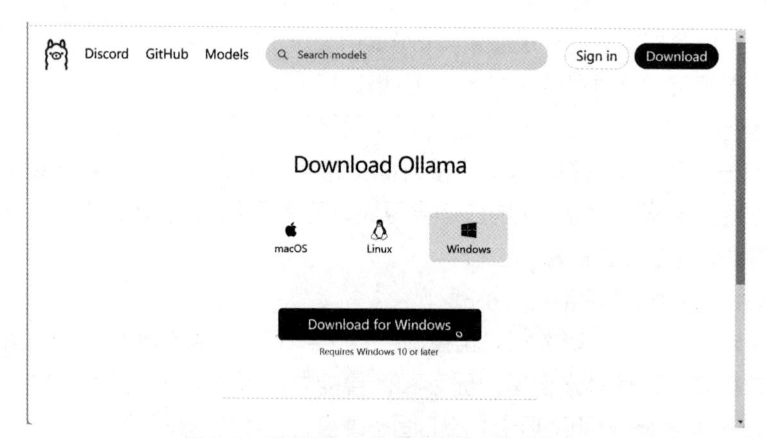

图 6-1　选择 Windows 系统版本的 Ollama

② 单击“Download for Windows”按钮开始下载，下载完成之后是一个 .exe 的安装包，以管理员身份打开它。

③ 在弹出界面中点击“Install”按钮开始安装，如图6-2所示。这里需要注意的是，要将Ollama安装在C盘，不支持更改路径，因此C盘至少要有大于5GB的剩余空间。

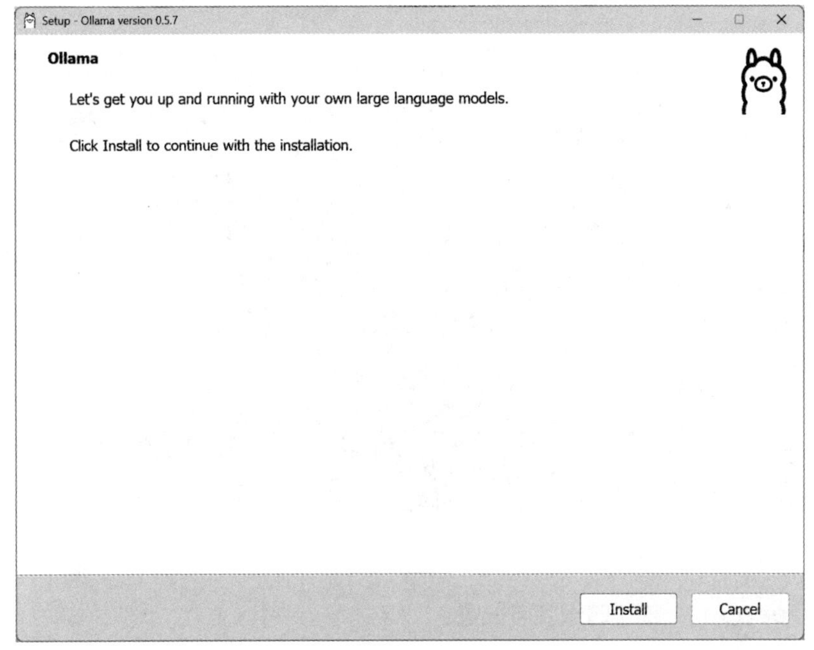

图 6-2　点击“Install”按钮

④ 在弹出的 Installing 界面中，等待进度条完成，如图 6-3 所示。

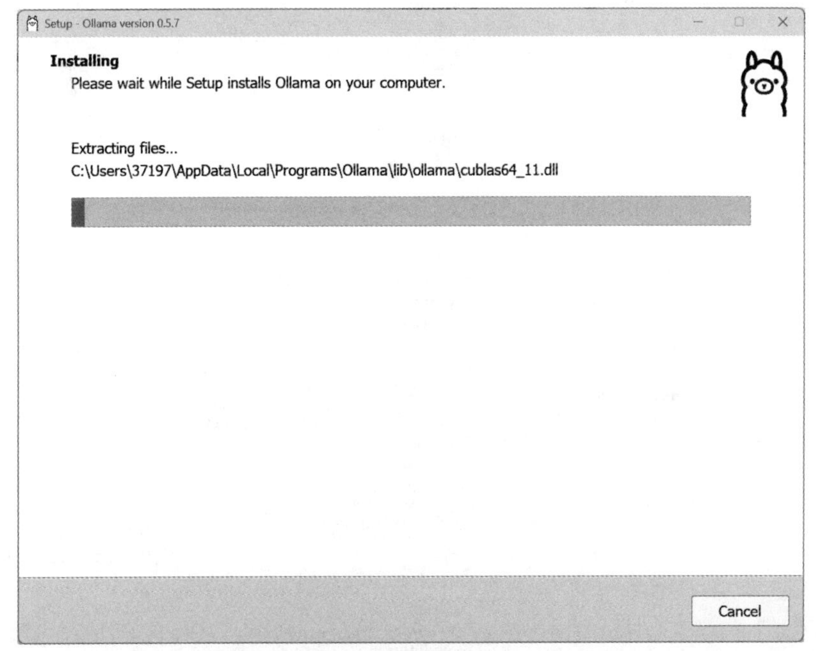

图 6-3　“Installing”界面

⑤ 完成安装后，为了确保 Ollama 服务已启动，在终端中输入下面的 ollama 命令进行验证，弹出如图 6-4 所示的界面表示成功安装。

```
ollama -h
```

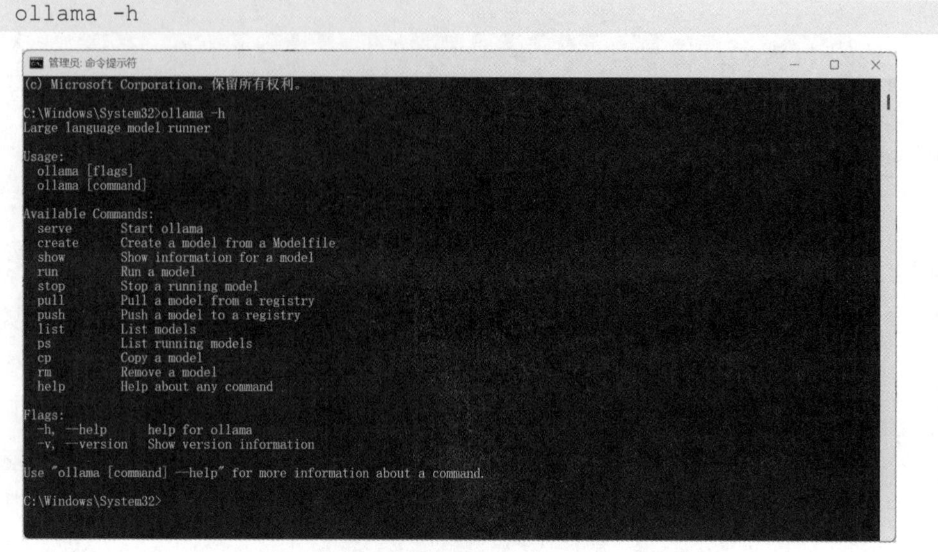

图 6-4　成功安装并启动 Ollama

6.2.2　DeepSeek 模型的安装与配置

在 Ollama 部署 DeepSeek 大模型的基本步骤如下：

① 登录 Ollama 官网，单击顶部的“Models”进入模型界面，如图 6-5 所示。

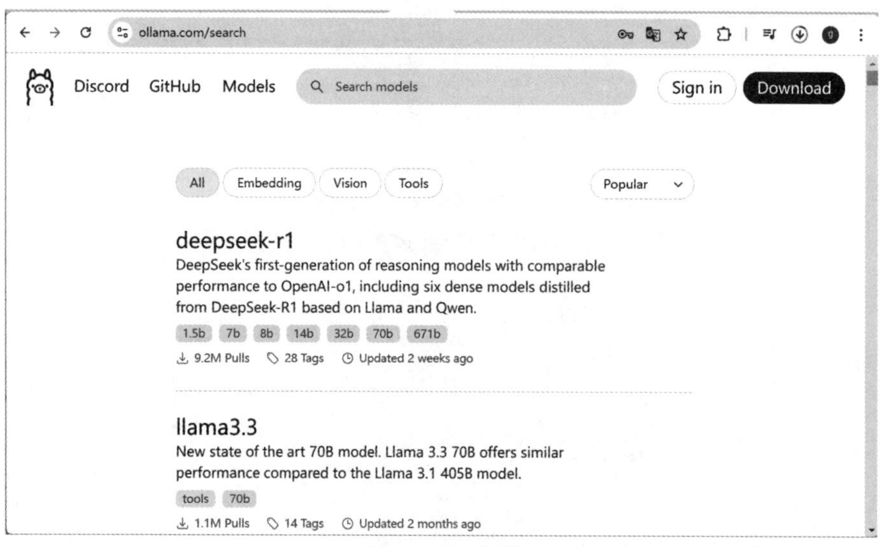

图 6-5　模型界面

② 单击“deepseek-r1”链接进入 DeepSeek 的模型界面，在下拉列表中列出了多个不同大小的模型版本，如 1.5b、7b、8b、14b、32b、70b 或 671b。模型大小不同，可适配的电脑显存、显卡及内存配置也不同，如图 6-6 所示。

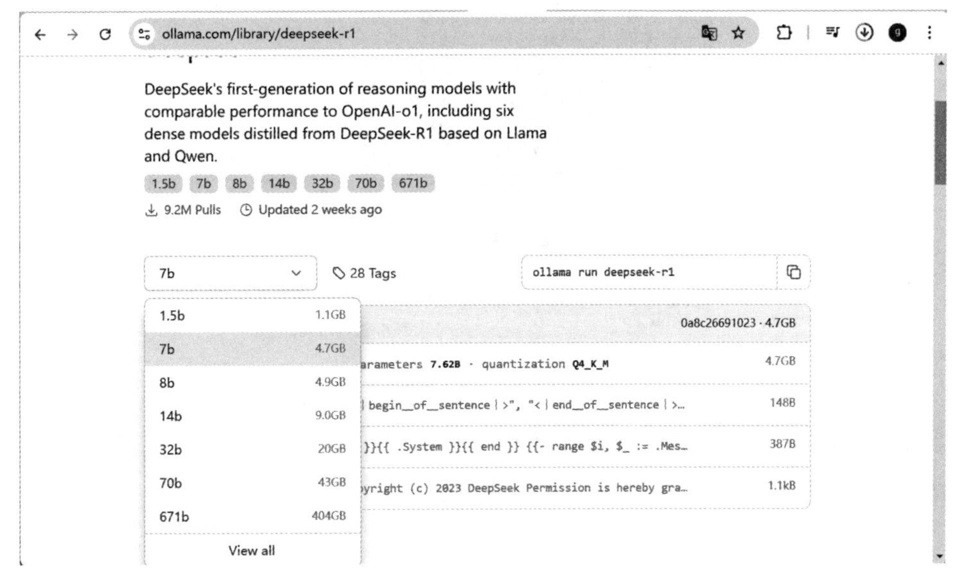

图 6-6　下拉列表中的 DeepSeek 模型

③ 大家可以根据自己电脑的硬件配置选择合适的模型版本，假设要安装 70b 版本，在下拉列表中选择 70b，然后复制对应的命令“ollama run deepseek-r1:70b”，如图 6-7 所示。

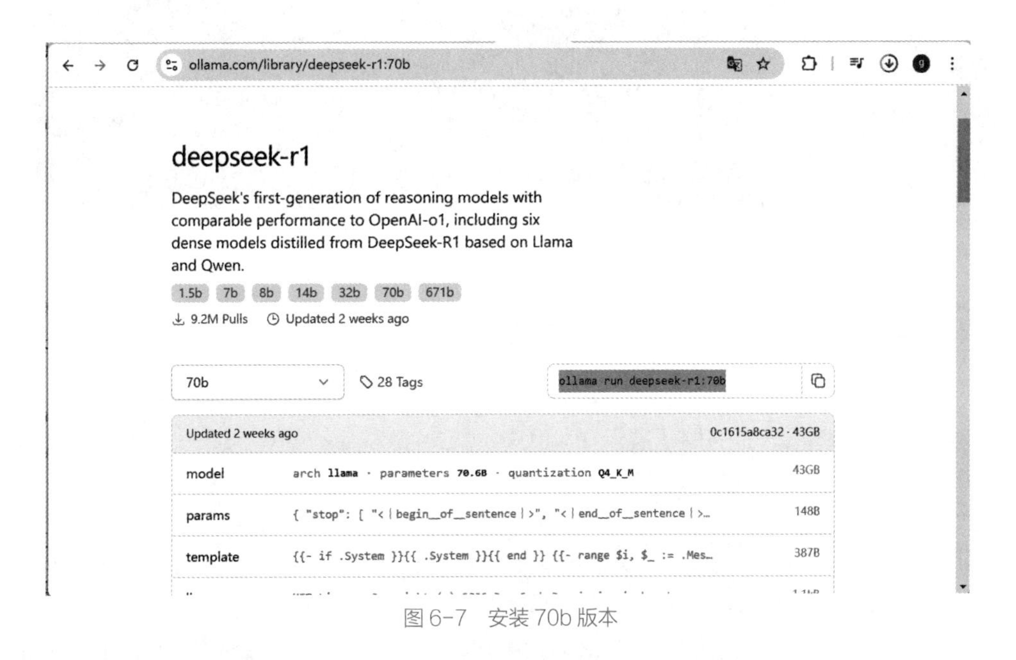

图 6-7　安装 70b 版本

④ 在命令行界面输入如下命令，按下回车键后开始安装 70b 版本的 DeepSeek 模型。安装时间可能会有点长，需要耐心等待（模型越大等待时间越长），安装成功的效果如图 6-8 所示。

```
ollama run deepseek-r1:70b
```

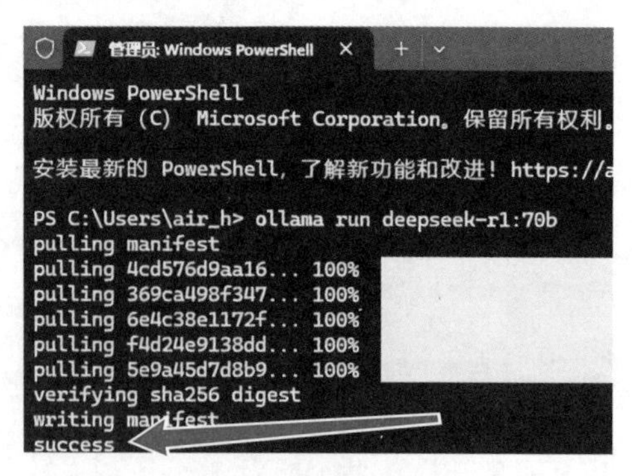

图 6-8　安装成功界面

⑤ 安装成功后，在终端界面输入如下命令即可启动 DeepSeek 进行聊天，输入 /bye 命令可退出模型。与 DeepSeek 进行对话的界面效果如图 6-9 所示。

```
ollama run deepseek-r1:70b
```

```
管理员: C:\Windows\System32\cmd.exe - ollama run deepseek-r1:1.5b
(c) Microsoft Corporation。保留所有权利。

E:\DevelopmentEnvironment\ollama>ollama run deepseek-r1:1.5b
pulling manifest
pulling manifest
pulling aabd4debf0c8... 100%    1.1 GB
pulling 369ca498f347... 100%    387 B
pulling 6e4c38e1172f... 100%    1.1 KB
pulling f4d24e9138dd... 100%    148 B
pulling a85fe2a2e58e... 100%    487 B
verifying sha256 digest
writing manifest
success
>>> 您好，你是谁？
<think>

</think>

您好！我是由中国的深度求索（DeepSeek）公司开发的智能助手DeepSeek-R1。如您有任何任何问题，我会尽我所能为您提供帮助。

>>> Send a message (/? for help)
```

图 6-9　跟 DeepSeek 进行对话的界面效果

6.2.3　基于本地 DeepSeek 模型的对话程序

在完成本地部署 DeepSeek 模型的工作后，可以通过 Python 程序调用本地模型实现对话功能。下面的例子展示了调用本地 DeepSeek 模型实现一个对话程序的过程。

（1）硬件准备

- GPU支持：DeepSeek模型通常需要高性能的GPU来加速推理。建议使用NVIDIA GPU（如A100、RTX 4090、H100等），具体要求取决于模型大小。
- 内存和存储：确保有足够的内存（至少64GB）和快速的存储设备（如NVMe SSD），以支持模型加载和运行。

（2）软件环境

- 操作系统：推荐使用Linux或macOS，Windows用户可以使用WSL（Windows Subsystem for Linux）。

- Python环境：安装Python 3.10或更高版本。
- 依赖库：安装必要的Python库，如transformers、torch、accelerate等。可以通过以下命令安装：

```
pip install transformers torch accelerate
```

（3）下载模型权重

① 选择模型版本：根据硬件配置选择合适的 DeepSeek 模型版本（如 1.5B、8B、14B、32B、70B）。

② 通过 Hugging Face 下载：

```
git clone https://github.com/deepseek-ai/DeepSeek-R1.git
cd DeepSeek-R1
python fp8_cast_bf16.py --input-fp6-hf-path /path/to/
DeepSeek-R1 --output-bf16-hf-path /path/to/deepseek-R1-bf16
```

③ 使用 Ollama 自动下载，具体方法参考 6.2.2 节的内容。

（4）配置环境变量

- 设置模型路径：确保模型权重文件的路径正确配置到程序中。
- 配置CUDA环境：确保CUDA和cuDNN已正确安装，并设置环境变量：

```
export CUDA_HOME=/usr/local/cuda
export LD_LIBRARY_PATH=$CUDA_HOME/lib64:$LD_LIBRARY_PATH
```

下面通过实例介绍使用 subprocess 模块与 Ollama 进行交互，调用本地运行的 DeepSeek 模型实现对话程序。

实例 6-1：基于 Ollama 本地 DeepSeek 模型的对话程序（源码路径：codes\6\Deep01.py）

实例文件 Deep01.py 的具体实现代码如下所示。

```
import subprocess

def deepseek_query(prompt):
    # 使用subprocess运行Ollama命令，并传递用户输入
    result = subprocess.run(
        ['ollama', 'run', 'deepseek-r1:1.5b'],
        input=prompt.encode('utf-8'),
        capture_output=True
    )
    # 返回模型的响应
    return result.stdout.decode('utf-8')

if __name__ == "__main__":
    while True:
        user_input = input("你: ")
        if user_input.lower() in ['退出', 'exit', 'quit']:
            break
        response = deepseek_query(user_input)
        print("DeepSeek:", response)
```

执行后显示对话信息，展示和 DeepSeek 模型的交互，例如：

```
你：你好！
DeepSeek：你好！有什么我可以帮助你的吗?

你：介绍一下Python编程
DeepSeek：Python是一种广泛使用的高级编程语言，支持多种编程范式，包括面向对象、函数式编程等。它语法简洁、易于学习，适合数据科学、人工智能、Web开发等领域。

你：退出
```

根据 Hugging Face 官方提供的参考代码，以下是一个基于 Hugging Face 实现的 DeepSeek-R1 模型本地调用示例。

实例 6-2：基于 Hugging Face 本地 DeepSeek 模型的对话程序（源码路径：codes\6\Deep02.py）

实例文件 Deep02.py 的具体实现代码如下所示。

```
from transformers import pipeline

def main():
    # 加载模型（信任远程代码）
    pipe = pipeline("text-generation", model="deepseek-ai/
    DeepSeek-R1", trust_remote_code=True)

    print("DeepSeek对话系统已启动，输入 '退出' 结束对话。")
    while True:
        user_input = input("你: ")
        if user_input.lower() in ["退出", "exit", "quit"]:
            break

        # 包装输入为DeepSeek模型的格式
        messages = [{"role": "user", "content": user_input}]

        # 生成模型响应
        response = pipe(messages)

        # 解析输出内容
        bot_response = response[0]["generated_text"] if response
        else "无法获取响应"
        print("DeepSeek:", bot_response)

if __name__ == "__main__":
    main()
```

在上述代码中，使用 pipeline() 加载 DeepSeek-R1 模型，设置 trust_remote_code=True 来信任模型远程代码。执行后输出的内容将根据 DeepSeek-R1 模型的生成结果而有所不同，例如下面是一个可能的示例运行交互：

```
DeepSeek对话系统已启动，输入 '退出' 结束对话。
你：Python有哪些优点?
DeepSeek：Python是一种简单易学的编程语言，它支持多种编程范式，包括面向对象、函数式编程等。同时，它有丰富的第三方库支持，适合数据分析、人工智能和Web开发等领域。

你：退出
```

6.3　LM Studio 本地可视化部署

LM Studio 是一款专注于本地大语言模型交互的桌面工具，它提供了直观的用户界面，支持模型发现、下载和运行，并内置了聊天界面。LM Studio 提供了图形界面，无需命令行操作，专注桌面端用户体验，支持 GGUF 格式模型的下载、管理和运行，支持 Windows 和 macOS。

6.3.1　LM Studio 的特点与安装

LM Studio 是一款专注于本地大语言模型交互的桌面工具，其主要特点如下所示。

- 直观的用户界面：提供图形界面，无需命令行操作，用户可以轻松进行模型发现、下载和运行。
- 离线运行：允许用户在本地设备上运行大语言模型，完全脱离云端，无须依赖外部服务器，保障数据隐私和安全。
- 广泛兼容性：支持GGUF格式模型的下载、管理和运行，兼容Hugging Face等平台的多种模型。
- 内置GPU加速：支持Windows和macOS系统，内置GPU加速，提高模型运行效率。
- 多功能集成：除了文本生成，还支持本地文档聊天、模型微调和文档交互等功能。

安装 LM Studio 的步骤如下所示：

① 登录 LM Studio 官网主页，然后根据自己电脑的操作系统下载对应的版本，例如笔者用的是 Windws 11 系统，点击“Download LM Studio for Windows”按钮下载安装文件，如图 6-10 所示。

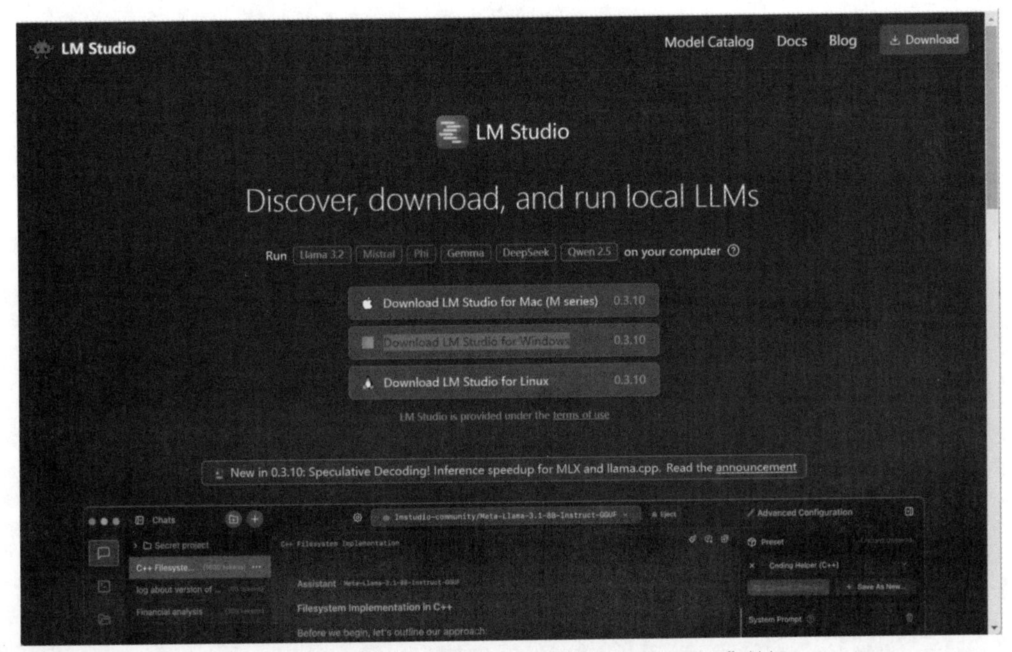

图 6-10　点击“Download LM Studio for Windows”按钮

②下载完成后得到.exe格式的安装文件，鼠标左键双击这个下载文件后开始安装LM Studio，首先弹出“安装选项”界面，勾选“为使用这台电脑的任何人安装”，如图6-11所示。

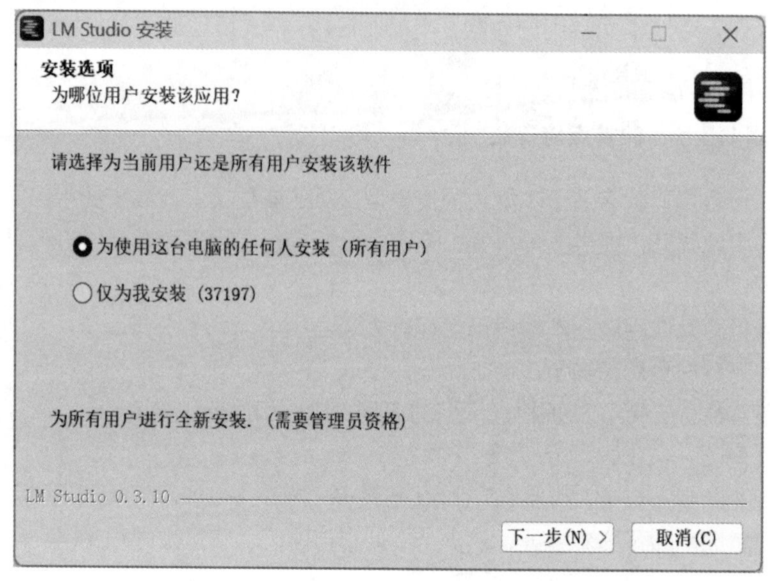

图6-11 “安装选项”界面

③单击“下一步”按钮来到“选定安装位置”界面，设置LM Studio的安装路径，如图6-12所示。

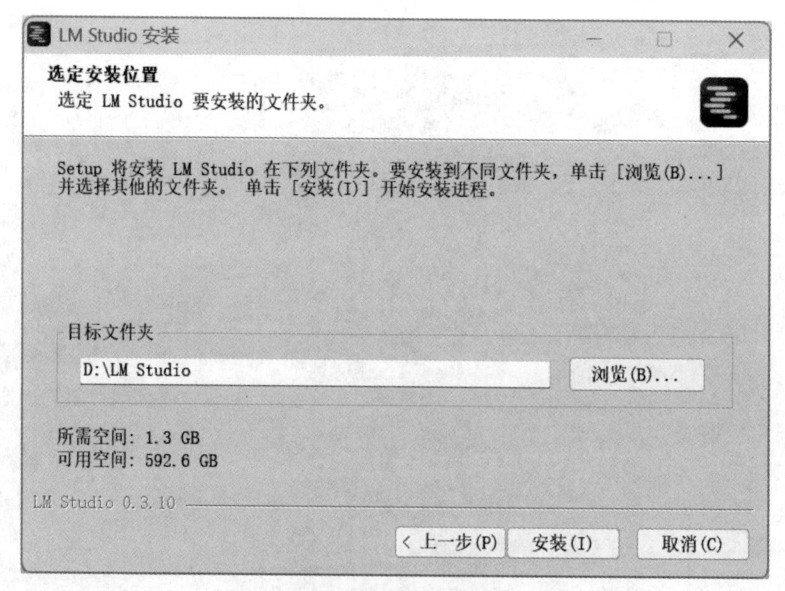

图6-12 “选定安装位置”界面

④单击“安装”按钮后开始安装，显示“正在安装”界面，如图6-13所示。

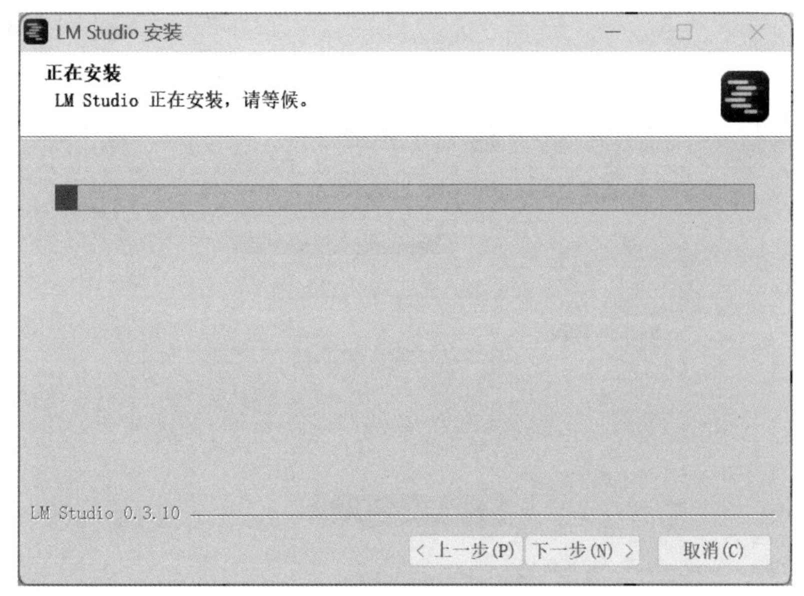

图 6-13　“正在安装”界面

⑤ 等待安装进度条完毕后显示“正在完成 LM Studio 安装向导”界面，点击“完成”按钮后完成所有安装工作，如图 6-14 所示。

图 6-14　“正在完成 LM Studio 安装向导”界面

6.3.2　安装并配置 DeepSeek 模型

① 鼠标左键双击 LM Studio 的快捷图标打开 LM Studio，初始界面如图 6-15 所示，此处点击右上角的“Skip onboarding”按钮跳过这个界面。

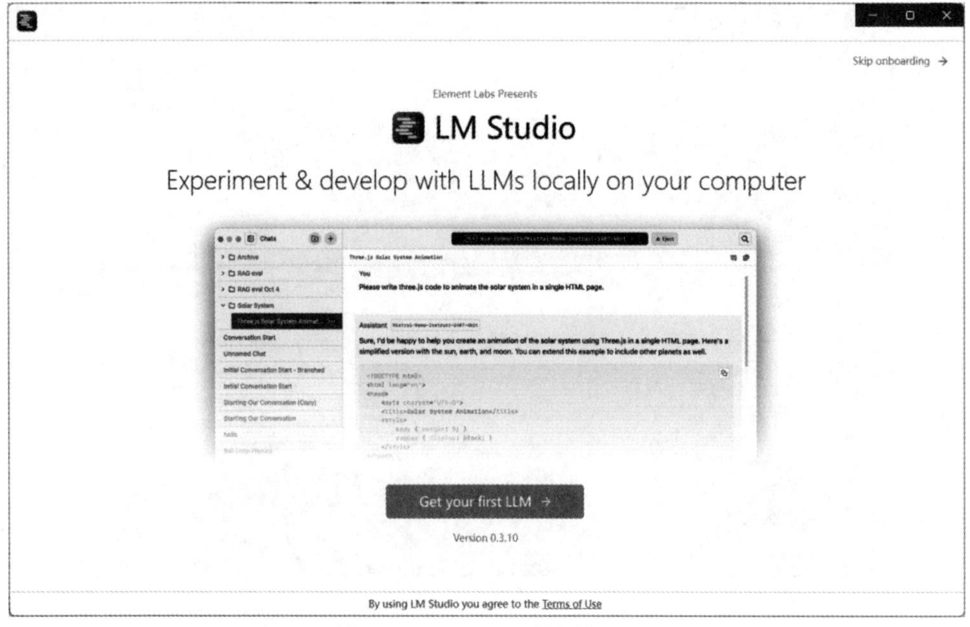

图 6-15　LM Studio 的初始界面

② 弹出和模型的聊天（Chats）界面，如图 6-16 所示。在界面需要选择一个大模型实现聊天功能，因为是第一次安装，所以大模型为空。

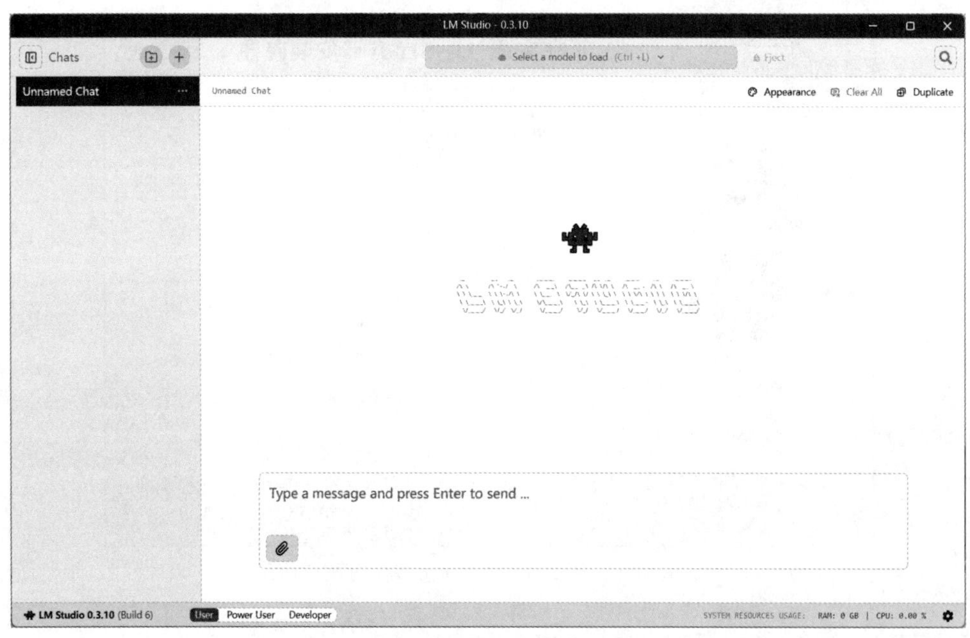

图 6-16　聊天（Chats）界面

③ 单击顶部的模型搜索表单，在里面输入搜索关键字“DeepSeek”，然后单击下面的“Search more...”按钮，如图 6-17 所示。

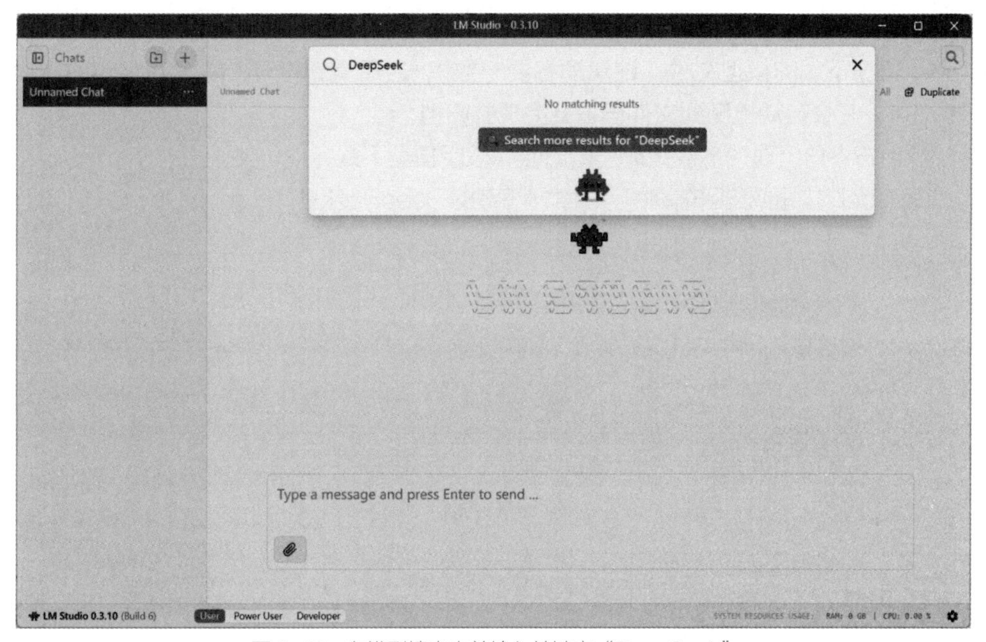

图 6-17　在模型搜索表单输入关键字“DeepSeek”

④ 弹出和“DeepSeek”关键字对应的大模型检索界面，如图 6-18 所示。选中一个模型，例如 DeepSeek-R1-Distill-Qwen-7B，然后点击右下角的“Download”按钮开始下载。下载速度取决于网速，需要耐心等待。

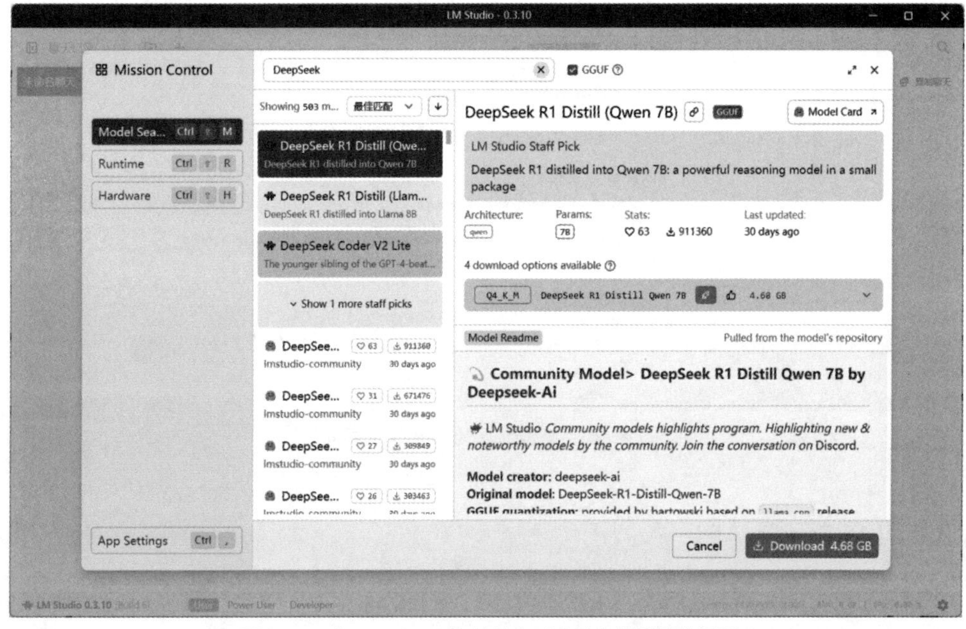

图 6-18　“DeepSeek”关键字对应的大模型检索界面

注意：如果不想等 LM Studio 的单线程下载，也可以选择自行下载相关模型文件，只需要在 LM Studio 中暂停下载后退出软件，然后使用已下载好的模型文件替换 LM Studio 正在下载的模型文件（注意命名要一致），之后重新打开 LM Studio 点击继续下载即可，它会自动检测到文件已下载完成并归档。

⑤ 当右下角出现“下载完成”的时候，表示模型下载完成，如图 6-19 所示。点击“Load Model”按钮或按回车键即可加载刚下载的 DeepSeek-R1-Distill-Qwen-7B 模型。

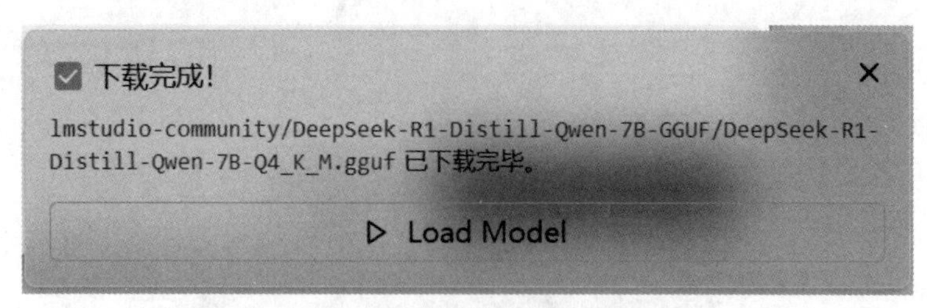

图 6-19 “下载完成”界面

⑥ 至此，Deepseek 模型的安装配置工作全部完成，可以在此界面内与 LLM 进行深入交流，如图 6-20 所示。

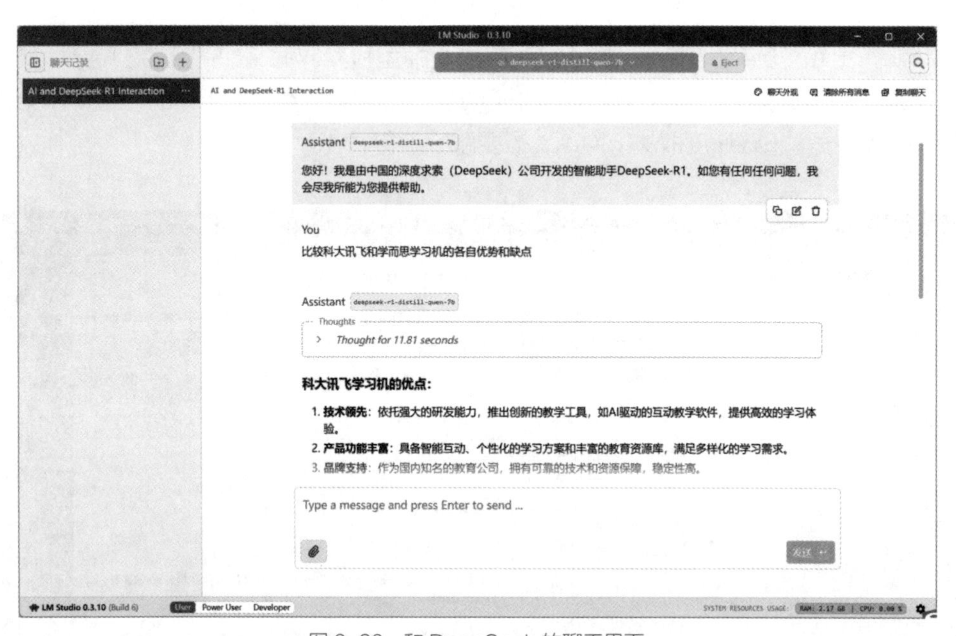

图 6-20 和 DeepSeek 的聊天界面

6.3.3 LM Studio API

LM Studio 的 API 提供了与 OpenAI 兼容的接口，这使开发者可以无缝地将现有的 OpenAI 应用迁移到本地部署的 LLM 上。通过这种兼容模式，开发者可以继续使用熟悉的 OpenAI API 调用方式，而无需对代码进行大量修改。

① 点击 LM Studio 底部的“Developer”按钮，然后点击左侧导航中的绿色终端

图标进入“开发者”界面，如图 6-21 所示，此界面展示了 LM Studio API 服务器配置页面。

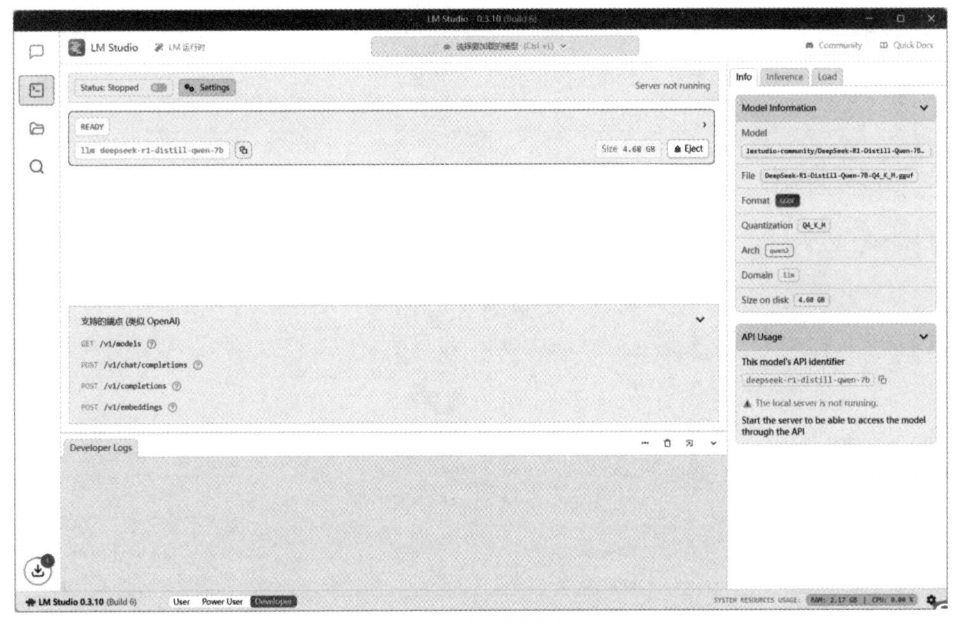

图 6-21 “开发者”界面

② 在打开的页面中点击“Settings”按钮，在弹出界面中打开“在局域网内提供服务”选项。如图 6-22 所示。

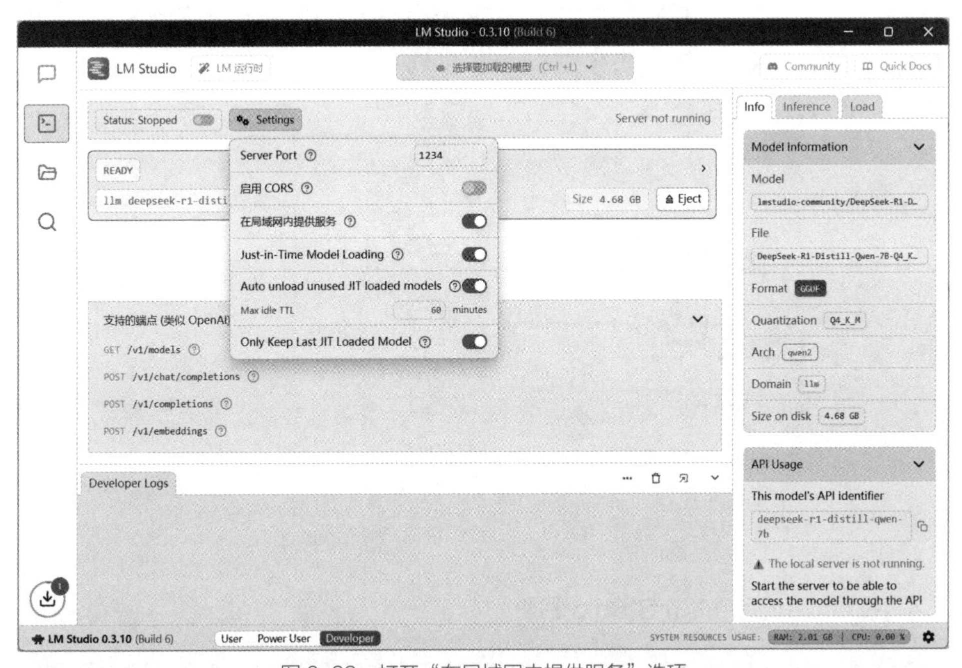

图 6-22 打开“在局域网内提供服务”选项

③ 点击“Settings”按钮左侧的“Status:Running”开关打开 API 服务器，打开后的界面效果如图 6-23 所示。

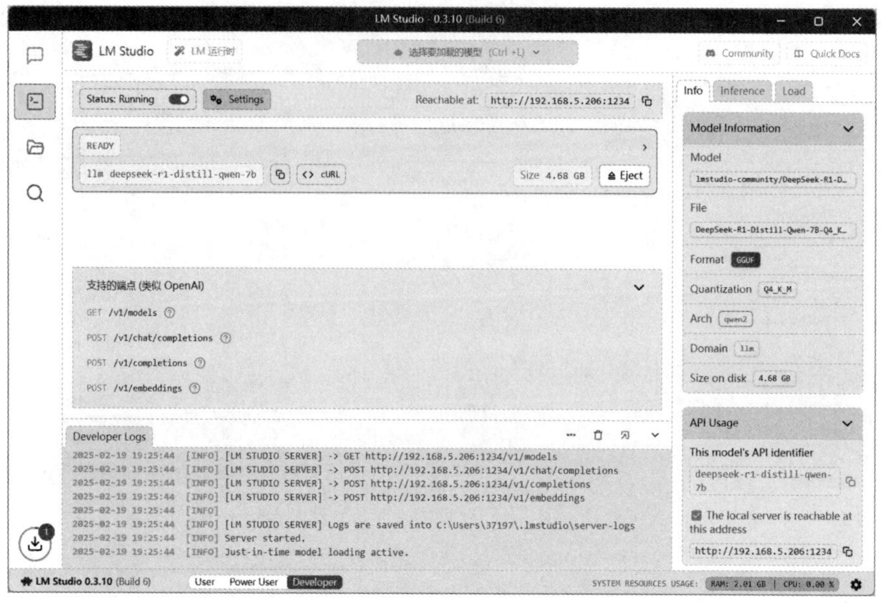

图 6-23　打开“Status:Running”开关

④ 打开电脑浏览器，输入 http://< 运行 LM Studio 设备的局域网 IP>:1234/v1/models，如果出现图 6-24 所示的界面，则代表 API 服务器已成功运行。

127.0.0.1:1234/v1/models

LAN Routing Center

优质打印


```
{
  "data": [
    {
      "id": "deepseek-r1-distill-qwen-7b",
      "object": "model",
      "owned_by": "organization_owner"
    },
    {
      "id": "text-embedding-nomic-embed-text-v1.5",
      "object": "model",
      "owned_by": "organization_owner"
    }
  ],
  "object": "list"
}
```


图 6-24　API 服务器成功运行的界面

6.3.4　使用 Dify 调用 LM Studio 模型

Dify 是一个 LLM 开发平台，支持对接各种平台的不同模型，并通过流水线与自动化实现 LLM 协作，同时又能够将流水线直接包装成 Web App 以供随时使用。在 Dify 中对接并使用 LM Studio 模型的步骤如下。

① 打开 Dify，点击右上角头像“设置”，在设置面板中选择左侧“模型供应商”，在模型供应商面板中选择“OpenAI-API-compatible”，如图 6-25 所示。

图 6-25　选择“OpenAI-API-compatible”

② 在弹出的模型配置参数页面中设置模型配置参数，如图 6-26 所示。

图 6-26　模型配置参数页面

在模型配置参数页面填入以下参数：

- 模型类型：LLM
- 模型名称：deepseek-r1-distill-qwen-7b
- API Key：<留空不填>
- API endpoint URL：http://<运行LM Studio设备的局域网IP>:1234/v1
- Completion mode：对话
- 模型上下文长度：4096（如果你在LM Studio侧自定义了模型上下文长度则此处需同步）
- 最大token上限：4096
- Function calling：不支持
- Stream function calling：不支持
- Vision支持：不支持
- 流模式返回结果的分隔符：\n\n

③ 补全参数后点击“保存”按钮后即可完成模型新建，之后可以创建一个 Bot 进行测试，如图 6-27 所示。

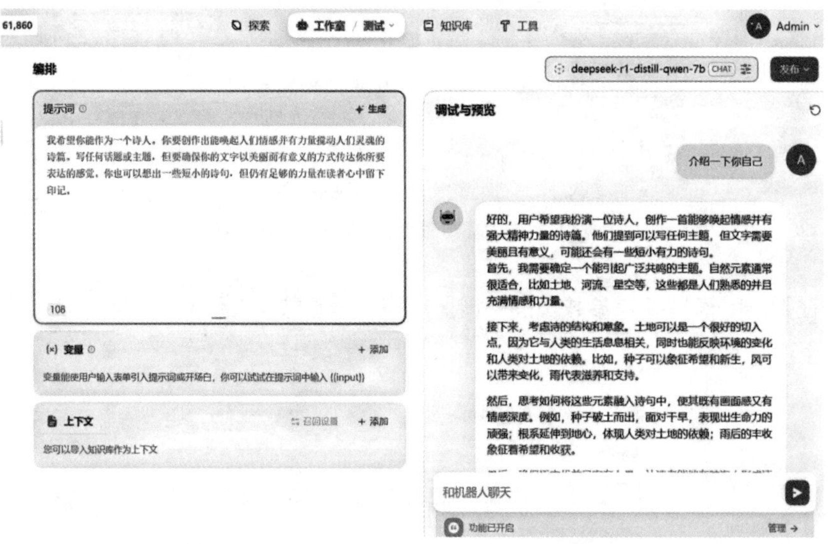

图 6-27　Dify 调用 LM Studio 模型的聊天界面

6.4　Chatbox 本地部署

Chatbox 是一款开源免费的 AI 客户端工具，专为本地部署的 AI 模型（如 DeepSeek）设计，提供简洁美观的界面，让用户能够轻松与 AI 模型进行交互。

6.4.1　Chatbox 简介

Chatbox 是一个开源的、用户友好的聊天机器人开发工具，旨在简化聊天机器人的创建、测试和部署过程。它支持 Windows、MacOS 和 Linux 三大主流桌面平台，以及 Web 和移动端，让用户能够在不同设备上轻松使用。Chatbox 的功能丰富多样，包括对话管理、多平台集成、插件系统、用户界面、数据分析等。另外，Chatbox 还具备强大的自然语言处理能力，能够理解用户复杂的语言表达，并给出准确、自然的回复。

在 DeepSeek 本地部署中，Chatbox 主要起到以下作用：

- 提供用户界面：Chatbox为DeepSeek模型提供了一个直观、友好的用户界面，使用户可以方便地与模型进行交互。用户可以通过Chatbox的可视化编辑器设计和调整对话流程，并在部署前进行实时测试。
- 简化部署流程：Chatbox支持一键部署功能，使用户可以轻松地将DeepSeek模型部署到本地环境。它还支持自动更新功能，确保机器人始终运行最新版本。
- 增强模型功能：通过Chatbox的插件系统，用户可以扩展DeepSeek模型的功能，如添加新的自然语言处理模型、数据分析工具等。开发者还可以编写自定义插件以满足特定需求。
- 保障数据隐私：Chatbox支持本地存储聊天记录，增强了数据的隐私性和安全性。用户可以放心地与DeepSeek模型进行交流，不用担心数据泄露给第三方。
- 支持多平台使用：Chatbox的多平台支持特性使用户可以在不同设备上使用DeepSeek模型，提高了使用的便利性和灵活性。

总之，通过 Chatbox，用户可以更方便地在本地部署和使用 DeepSeek 模型，享受其强大的自然语言处理能力，同时保障数据的隐私和安全。

6.4.2　Chatbox+ Ollama 的本地部署

在按照 6.2 节的方法使用 Ollama 下载 DeepSeek 模型后，使用 Chatbox 可视化部署 DeepSeek 的步骤如下：

① 登录 Chatbox 官网下载安装包，例如单击“Download 免费下载 (for Windows)”按钮下载 Windows 版本的安装包，如图 6-28 所示。

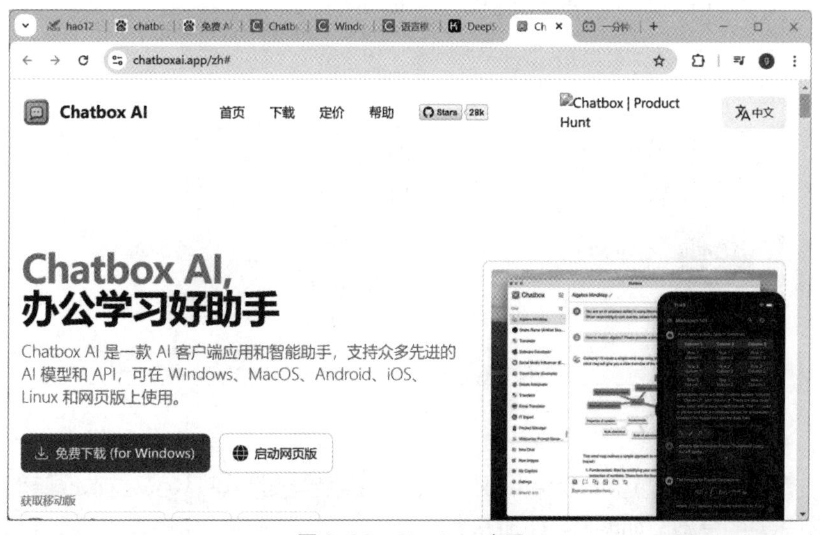

图 6-28　Chatbox 官网

② 下载完成后得到一个 .exe 格式的可安装文件，鼠标左键双击开始安装。在弹出的“安装选项”界面中勾选“仅为我安装”，然后单击“下一步”按钮，如图 6-29 所示。

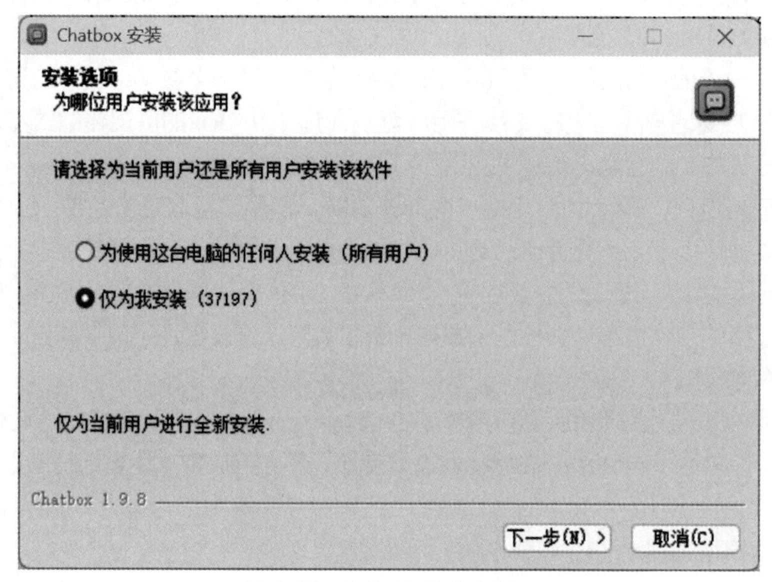

图 6-29　勾选“仅为我安装”

③ 在弹出的“选定安装位置”界面中设置安装位置，然后单击“安装”按钮，如图 6-30 所示。

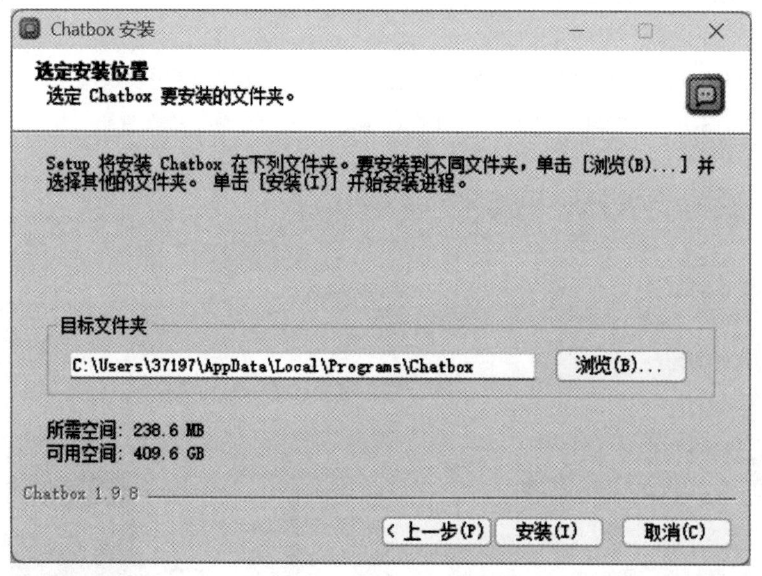

图 6-30　“选定安装位置”界面

④ 安装好之后自动运行 Chatbox，点击“使用自己的 API Key 或本地模型”按钮，配置刚刚部署的模型，如图 6-31 所示。

图 6-31　启动界面

⑤ 在弹出的“配置 AI 模型提供方”界面中选择 Ollama API，如图 6-32 所示。

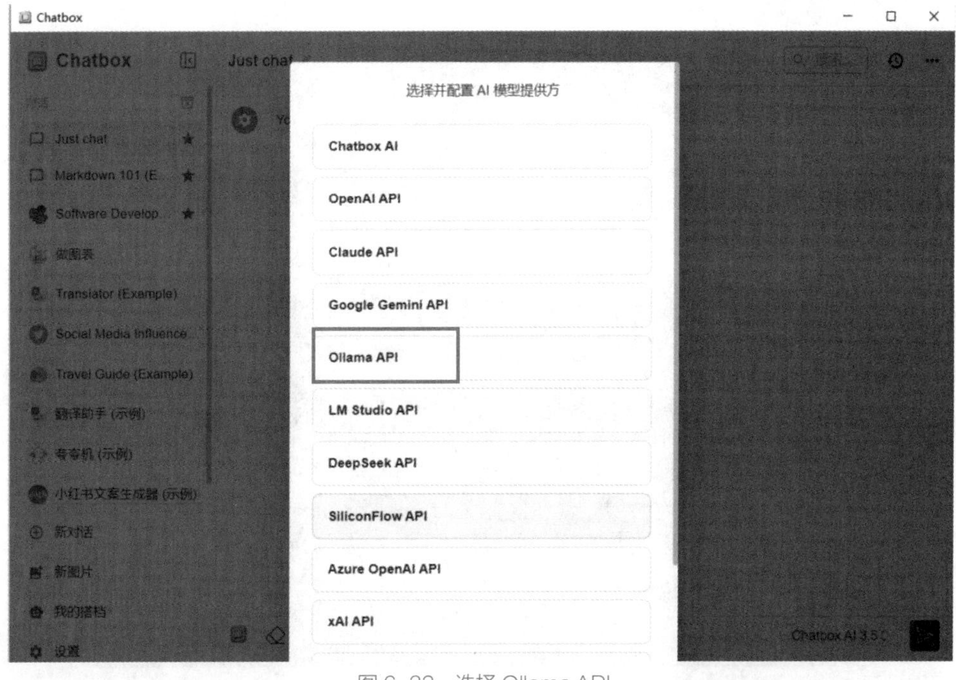

图 6-32　选择 Ollama API

⑥ 选择在本地已经部署好的模型，例如前面部署的 70b 版本的 DeepSeek 模型，当然也可以选择其他已经部署好的模型，例如笔者还部署了 14b 版本的 DeepSeek 模型，如图 6-33 所示。

图 6-33　选择部署好的 DeepSeek 模型

这样就把 DeepSeek 模型部署到本地，并且可视化使用 DeepSeek 进行对话，如图 6-34 所示。

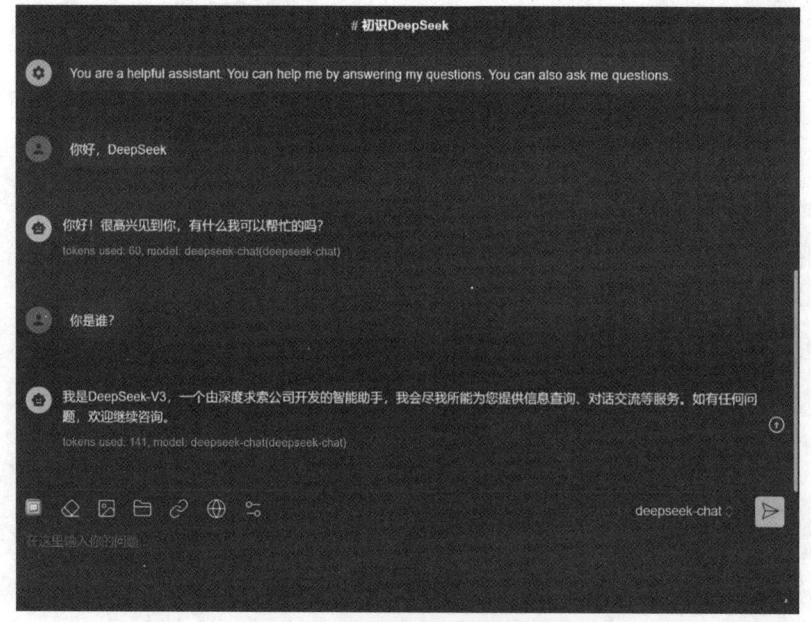

图 6-34　可视化使用 DeepSeek

6.5 基于 Ollama+Docker+Open WebUI 的本地部署

本节将详细讲解本地化部署 DeepSeek-R1 大语言模型，旨在帮助用户实现 AI 大模型的私有化部署工作。

6.5.1 Open WebUI 简介

Open WebUI 是一个开源的、用于生成式人工智能模型交互的用户界面（UI）框架，旨在帮助开发者、研究者和企业快速部署和访问各种 AI 应用，特别是与生成式 AI（如 GPT、图像生成模型等）相关的应用。

（1）主要特点和功能

- 开源与社区驱动：Open WebUI是开源项目，开发者可以自由地修改、定制和贡献代码，得到了社区的大力支持，提供了大量的文档和教程，方便开发者快速上手。
- 多模型支持：支持多种生成式AI模型，可以与各类流行的预训练模型（如OpenAI GPT、Stable Diffusion、Llama等）进行集成，开发者可以选择适合自己应用场景的模型，并在界面中轻松切换和测试。
- 易于定制的用户界面：提供了灵活的前端框架，开发者可以根据需求定制界面布局和设计风格，支持插件扩展功能，可以添加新的组件和交互方式，满足不同业务的需求。
- 简化部署与集成：该框架使AI模型的部署变得更加简单，用户只需通过几行代码即可将模型嵌入到Web应用中，此外，Open WebUI支持与其他系统的集成，方便与现有的业务流程和数据流进行对接。
- 互动性强的功能：提供丰富的互动功能，用户可以通过网页界面与模型进行实时对话和测试，例如，文本生成、图像生成、语音识别等功能都可以通过简单的Web界面进行交互。
- 支持本地与云部署：可以在本地环境或云服务器上运行，用户可以根据需求选择合适的部署方式，这种灵活性使该框架非常适合从小型个人项目到大型企业级应用的不同需求。
- 安全与隐私控制：提供了详细的权限管理和数据安全配置，确保用户和组织可以对敏感数据进行保护，支持对用户身份验证、访问权限进行控制，以适应不同的使用场景。
- 高效的性能：在前端和后端的架构上进行了优化，确保可以高效处理大规模并发请求，满足不同场景下的性能要求，无论是小规模实验，还是大规模的生产部署，Open WebUI都表现稳定。
- 灵活的API和集成能力：提供API接口，开发者可以通过这些接口访问生成模型和其他服务，便于与现有的系统进行集成，这对于企业级应用来说，是一个重要特性，可以帮助开发者把AI能力无缝地嵌入到自己的业务系统中。

（2）应用场景

- 聊天机器人与客服自动化：可以轻松集成到企业的客户支持系统中，实现智能应答与自动化服务。

- 内容生成与编辑：例如自动化文章生成、图像创作、代码生成等。
- 数据可视化与分析：结合AI模型对数据进行深度分析，并通过Web界面展示结果。
- 教育与个性化学习：可以为学生提供智能化的学习资源和个性化推荐。

总之，Open WebUI 的开放性和灵活性，使其成为开发者和企业用户搭建 AI 应用和产品的有力工具。

6.5.2 Docker 简介

Docker 是一个开源的容器化平台，旨在自动化地部署、扩展和管理应用程序。Docker 基于 Linux 内核的 cgroups 和 namespace 技术，为应用程序提供了一种轻量级、可移植的容器环境。

（1）核心概念

Docker 的核心是容器、镜像和仓库。容器是独立运行的应用程序单元，镜像是容器的静态模板，仓库是存储和分发镜像的地方。通过 Docker，开发者可以将应用程序及其依赖打包成一个镜像，然后在不同的环境中快速部署，确保应用程序在任何地方都能一致运行。

（2）工作原理

Docker 使用容器将应用程序与其依赖项隔离，从而在独立环境中运行。容器基于镜像创建，并在其中运行应用程序。Docker 引擎在宿主机上运行，管理容器的生命周期。它为容器提供了虚拟的文件系统、网络接口和进程空间，使容器内的应用程序与宿主机环境隔离。

（3）优势

- 环境一致性：Docker确保在开发、测试和生产环境中应用程序的行为一致。无论是开发人员的本地机器还是云服务器，Docker都能提供相同的应用程序运行环境。
- 资源利用率：容器比虚拟机更轻量，可以更高效地共享宿主机的资源。多个容器可以运行在同一个宿主机上，从而提高资源利用率。
- 快速部署：Docker的镜像可以快速创建和分发，使应用程序的部署变得更加简单和高效。开发人员可以专注于编写代码，而无需担心部署环境的复杂性。

（4）Docker 在 DeepSeek 模型部署中的作用

Docker 在 DeepSeek 模型部署中发挥着至关重要的作用，以下是一些具体的作用：

- 环境一致性：DeepSeek模型的部署通常需要复杂的环境和依赖项。Docker提供了一种简单的方法来打包和分发这些依赖项，确保模型在不同的环境中都能一致运行。例如，在部署DeepSeek模型时，可以将模型及其依赖项打包成一个Docker镜像，并在不同的服务器上运行相同的镜像，从而保证模型的运行环境一致。
- 资源隔离：Docker容器提供了资源隔离的功能，可以确保DeepSeek模型在运行时不会与其他应用程序相互干扰。每个容器都有自己独立的文件系统、网络接口和进程空间，可以更好地控制模型的资源使用，避免资源竞争和冲突。
- 可移植性：Docker镜像可以在不同的环境中轻松移植，包括本地开发环境、测试环境和生产环境。这使DeepSeek模型的部署变得更加灵活和便捷，可以快速地在不同的服务器或云平台上部署和运行。

- 简化部署：Docker提供了简单易用的命令行工具和API，使DeepSeek模型的部署变得更加简单和高效。开发人员可以使用Docker命令轻松地创建、启动和停止容器，而无需手动配置复杂的运行环境。
- 动态管理：Docker允许开发人员动态地管理容器资源，可以轻松地扩展或缩减模型的运行实例。例如，高负载时，可以启动更多的DeepSeek模型容器来处理大量的请求；低负载时，可以停止一些容器以节省资源。

6.5.3　使用 Docker 部署 OpenWebUI 容器

对于希望在本地进行 Open WebUI 开发的人员，可以按照以下步骤进行：

① 安装 Docker：在本地计算机上安装 Docker。

② 拉取 Open WebUI 源代码：使用如下 Git 命令将 Open WebUI 的源代码从 Git 仓库拉取到本地：

```
git clone https://github.com/open-webui/open-webui.git
cd open-webui
```

③ 安装 Node.js 和依赖：如果尚未安装 Node.js，需要先进行安装。建议使用 Node Version Manager（nvm）管理 Node.js 版本，并安装所需的 Node.js 版本。

④ 配置 docker-compose.yml 文件：对文件 docker-compose.yml 进行一些调整，以支持本地代码挂载和开发模式。主要包括添加 volumes、修改服务的 command 以及端口配置等。

⑤ 启动开发环境：在配置好 docker-compose.yml 文件后，可以启动 Docker 容器并进入开发模式。使用命令构建镜像并启动容器，通过访问 http://localhost:3000 来访问本地开发环境，如图 6-35 所示。

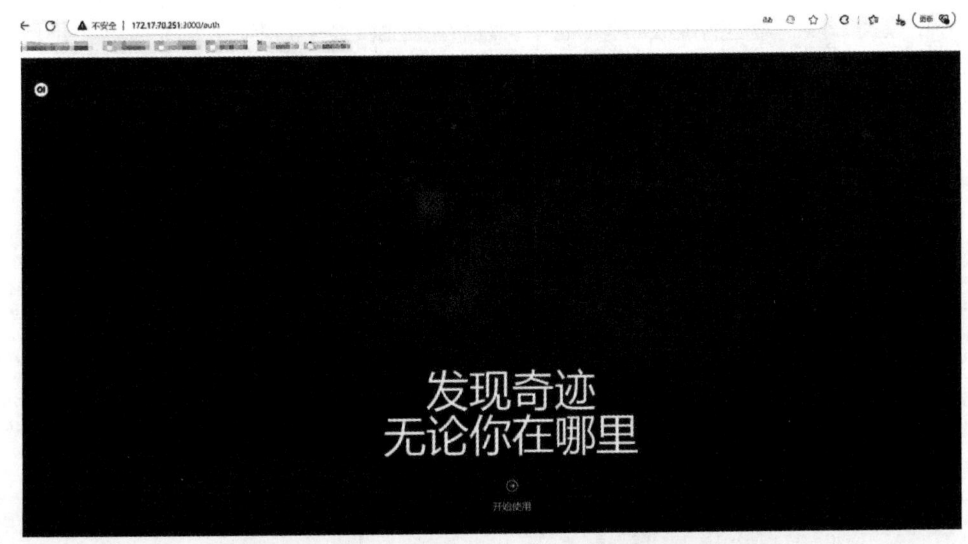

图 6-35　启动 OpenWebUI 后的主界面

⑥ 初次使用时需要创建管理员账号，设置用户名、邮箱及密码，如图 6-36 所示。

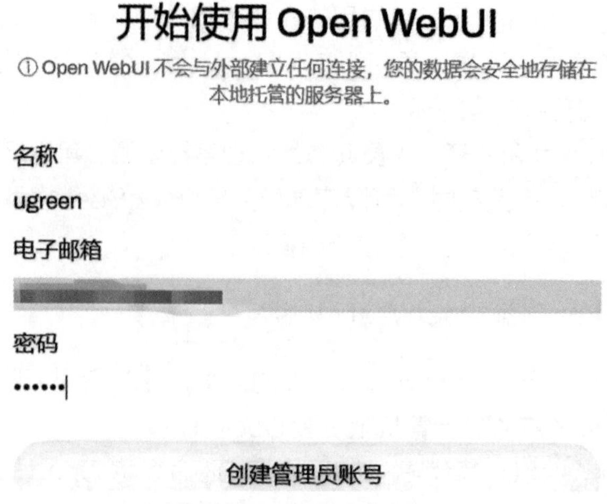

图 6-36　创建管理员账号

⑦ 首次加载 OpenWebUI 界面成功后，可以在【管理员面板 > 外部连接 > 设置】里将 OpenAI 的 API 选项关掉，再重新打开页面即可，如图 6-37 所示。

图 6-37　关闭 OpenAI 的 API 选项

⑧ 按照 6.2 节中的方法，通过 Ollama 下载 DeepSeek 模型，例如可以使用 1.5B 版本的模型，复制旁边的拉取命令 ollama run deepseek-r1:1.5b，如图 6-38 所示。

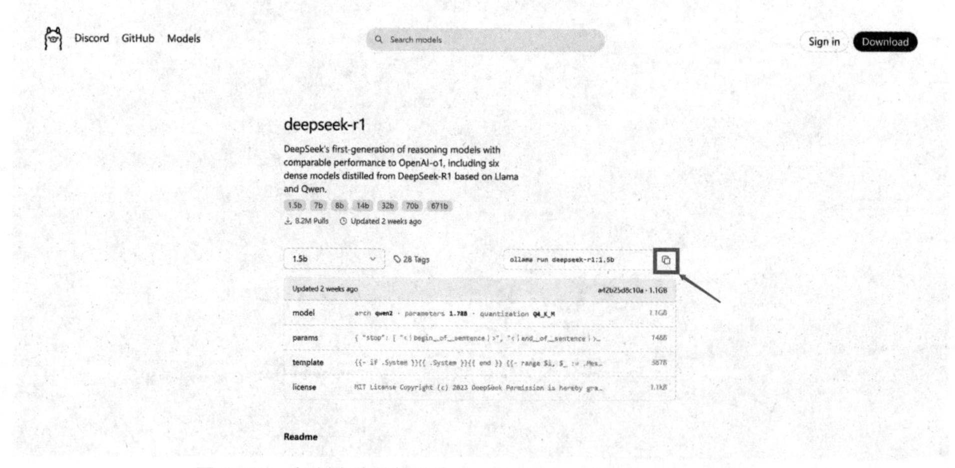

图 6-38　复制旁边的拉取命令 ollama run deepseek-r1:1.5b

⑨ 登录 Open WebUI 的 Web 界面，点击左上角搜索输入模型名称（例如：ollama run deepseek-r1:1.5b）直接下载使用，如图 6-39 所示。

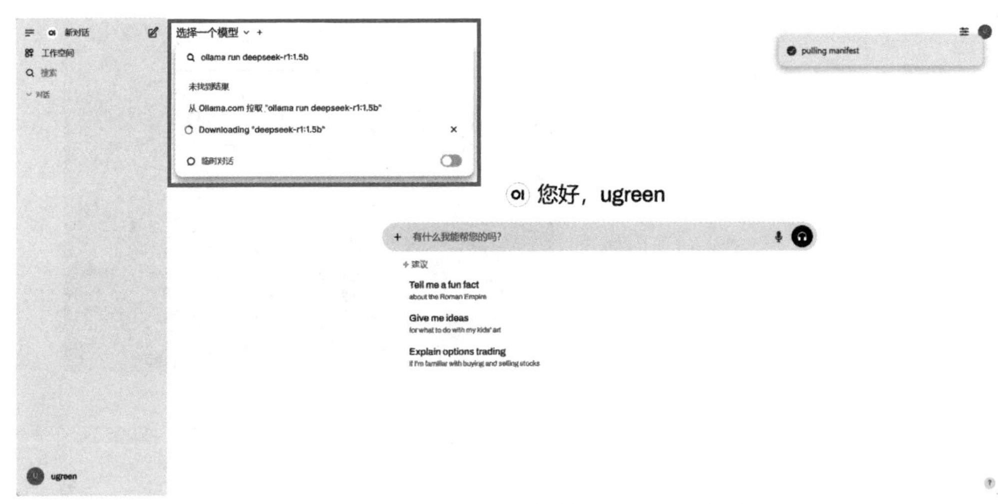

图 6-39　在 Open WebUI 中选择 DeepSeek 模型

⑩（可选步骤）返回 Docker 应用，进入“容器”，选中 Open WebUI，点击“终端”，新增 Bash 连接，如图 6-40 所示。

图 6-40　新增 Bash 连接

⑪（可选步骤）在 Bash 终端中粘贴拉取命令，等待模型下载完成，如图 6-41 所示。

⑫（可选步骤）显示“success”说明模型下载完成，重启容器，然后登录 Open WebUI，确认模型是否已加载，如图 6-42 所示。

⑬ 在 Open WebUI 界面选中使用的 DeepSeek 模型，现在就可以在对话中使用模型了，如图 6-43 所示。

图 6-41 等待模型下载完成

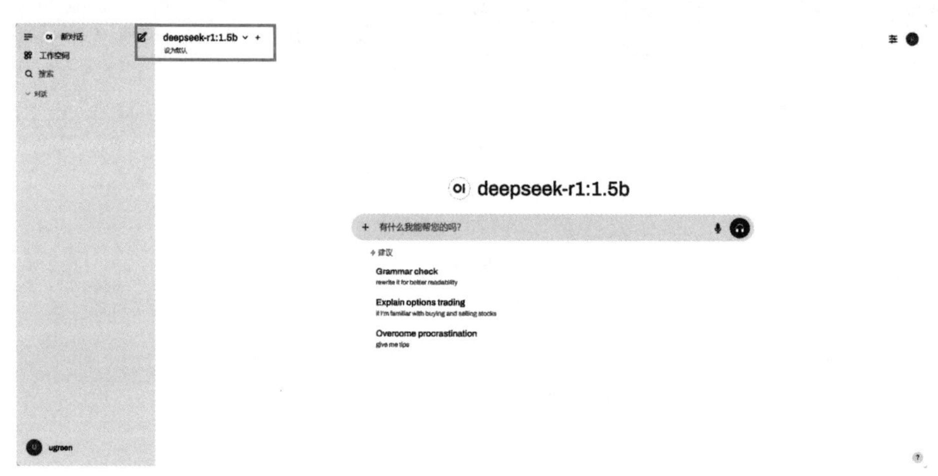

图 6-42 确认模型是否已加载

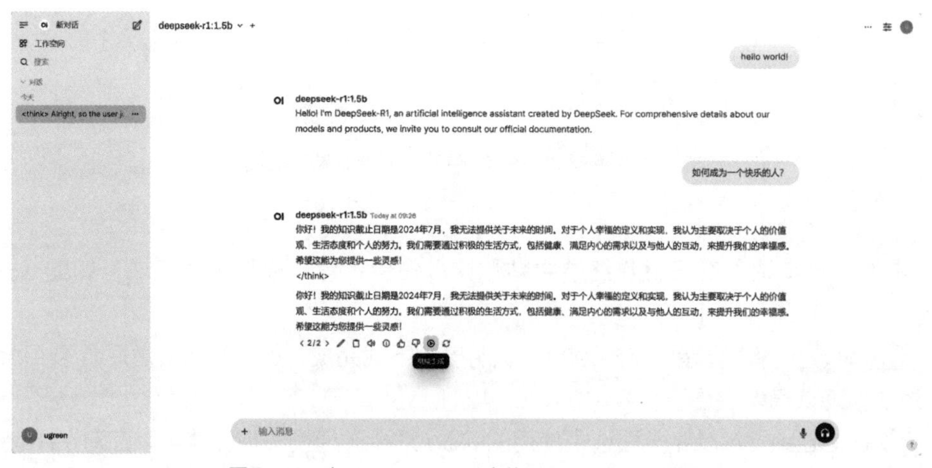

图 6-43 在 Open WebUI 中使用 DeepSeek 模型

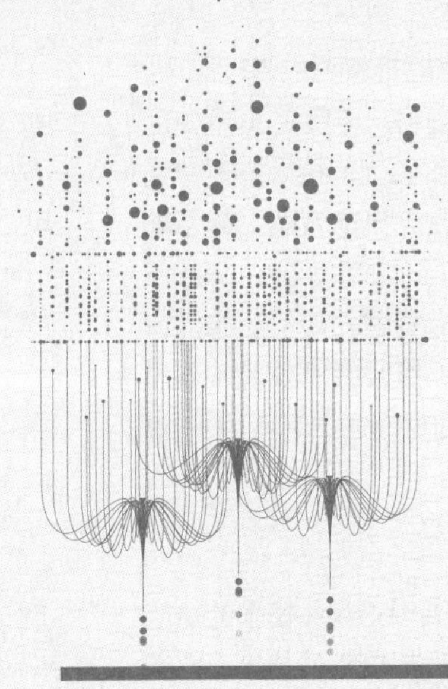

第7章

DeepSeek 接入实战

扫码看本章视频

本章将深入探讨 DeepSeek 的接入与应用，帮助读者快速掌握其 API 的基础知识，并通过实际案例理解如何将 DeepSeek 融入各类应用场景。我们将从 API 的基本使用入手，构建对话程序，并在此基础上，探索 DeepSeek 在不同平台上的接入方式，包括 Chatbox、NextChat 等。此外，本章还涵盖了社交媒体工具的集成方案，展示如何结合 DeepSeek 构建智能聊天机器人。针对办公环境，将介绍如何将 DeepSeek 嵌入 Office 工具，如 Word 和 Excel，以提升办公自动化能力。同时，我们还将探讨 DeepSeek 在 VS Code 中的应用，实现代码智能生成与补全，提升开发效率。通过这些实践，读者可以全面了解 DeepSeek 的接入方式，并结合自身需求灵活应用。

7.1 DeepSeek API 基础知识

DeepSeek 官网为开发者提供了 API 接口，允许开发者将 DeepSeek 模型的功能集成到他们的应用程序中。通过 DeepSeek API，开发者可以访问先进的 AI 模型，以实现高精度的搜索、智能数据检索和 NLP 功能，从而提升应用程序的性能和用户体验。

7.1.1 DeepSeek API 简介

DeepSeek API 是一种强大的 AI 驱动的搜索和自然语言处理（NLP）工具，主要功能如下所示。

① 自然语言处理（NLP）

- 文本生成和补全：DeepSeek API支持高质量的文本生成和补全功能，能够根据输入的提示文本生成连贯、自然的回复。
- 代码生成和分析：除了文本生成，DeepSeek API还支持代码生成和分析，帮助开发者快速生成代码片段或进行代码审查。
- 数据分析和洞察：通过DeepSeek API，开发者可以进行数据分析，获取有价值的洞察和信息。

② 多模态处理　支持文本 / 代码生成、图片解析、技术文档翻译（如设置 temperature=0.3 提升准确性）。

③ 智能推荐与搜索　通过 AI 算法优化结果相关性，支持参数自定义（如 limit 限制结果数量、sort 排序）。

④ 跨语言分析　实时翻译与多语言文本处理，支持中文、英文等主流语言。

⑤ 本地与云端部署　可通过 Ollama 实现本地模型运行（如 deepseek-r1:7b），或通过阿里云 / 硅基流动等平台获取高性能计算资源，实现模型的快速部署与弹性扩展，同时兼顾数据安全和低延迟服务。

总之，通过 DeepSeek API，开发者可以轻松地将先进的 AI 功能集成到他们的应用程序中，提升应用的智能化水平和用户体验。

7.1.2 DeepSeek API 基本教程

DeepSeek 官网为开发者提供了完整的学习教程，大家可以按照以下步骤获取。

① 登录 DeepSeek 官网主页，如图 7-1 所示。单击右上角的“API 开放平台”链接即可来到 DeepSeek API 主页面。

图 7-1　DeepSeek 官网主页

② DeepSeek API 主页默认显示“用量信息”页面，展示了调用 DeepSeek 模型的价格信息，如图 7-2 所示。

图 7-2　“用量信息”页面

③ 在使用 DeepSeek API 之前需要先获得 API key（应用程序接口密钥），API key 是一种用于身份验证和授权的唯一标识符，通常由一串字符组成。单击开发平台

主页左侧导航栏中的“API keys”链接来到“API keys”页面，单击“创建 API key”按钮弹出创建表单页面，如图 7-3 所示。

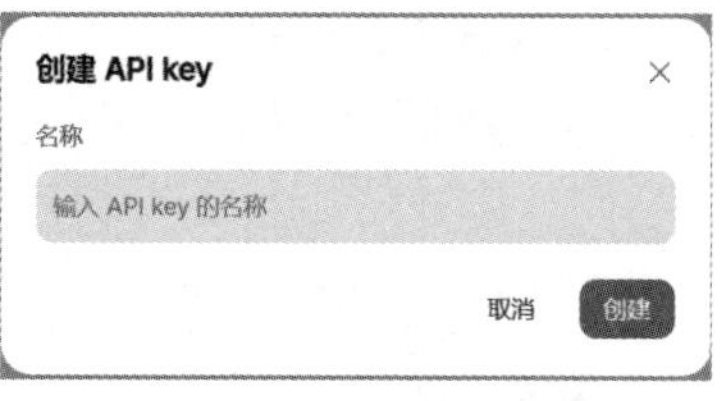

图 7-3　创建 API key 的表单页面

④ 在表单输入 API key 的名称，然后单击“创建”按钮后完成创建工作。此时在“API keys”页面会显示刚刚创建的 API key，如图 7-4 所示。切记，一定不要泄露自己的 API key，避免被别人盗用。

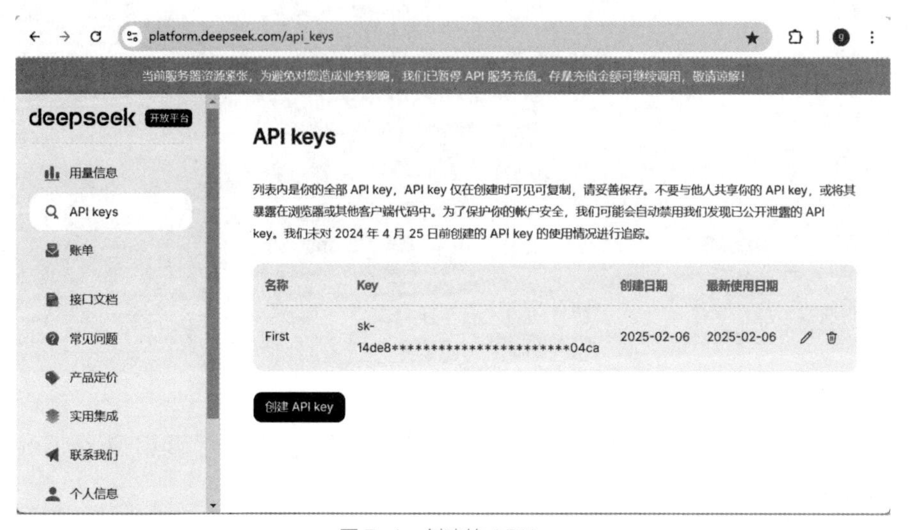

图 7-4　创建的 API key

⑤ 单击开发平台主页左侧导航栏中的“接口文档”链接来到“DeepSeek API 文档”页面，官方为开发者列出了使用 DeepSeek API 的详细教程，如图 7-5 所示。

图 7-5　“DeepSeek API 文档”页面

7.1.3　基于 DeepSeek API 的对话程序

DeepSeek API 的官方教程中提供了实现对话程序的方法，并且分别给出了 curl、python 和 nodejs 版本的示例代码，如图 7-6 所示。

图 7-6　调用对话 API 的教程

下面的代码演示了使用 DeepSeek API 调用 DeepSeek 模型实现对话的方法。

实例 7-1：基于 DeepSeek API 的对话程序（源码路径：codes\7\Deep01.py）

实例文件 Deep01.py 的具体实现代码如下所示。

```
from openai import OpenAI
import time

def deepseek_chat(api_key, message):
    client = OpenAI(api_key=api_key, base_url="https://api.
    deepseek.com")
    response = client.chat.completions.create(
        model="deepseek-chat",
        messages=[
            {"role": "system", "content": "你是一个全能助手，能够准确解
            答用户的问题"},
            {"role": "user", "content": message},
        ],
        stream=False
    )
    print(response.choices[0].message.content)


if __name__ == "__main__":
    api_key = "sk-XXX"
```

```
        message = "请介绍一下DeepSeek大模型，谢谢"
        strat = time.time()
        deepseek_chat(api_key, message)
        end = time.time()

        print(f"deepseek_chat此次调用花费时间为：{(end - strat):.4f}秒")
```

上述代码的实现流程如下：

① 初始化 API 客户端：首先通过 OpenAI 类初始化了一个客户端实例，用于与 DeepSeek 的在线 API 进行交互。在初始化时，需要提供 API 密钥（api_key）和 API 的基础地址（base_url）。这一步是与 DeepSeek 服务建立连接的关键。

② 构造对话请求：构造一个对话请求，包括系统角色（system）和用户角色（user）的消息。系统角色的消息用于定义模型的行为和角色定位，而用户角色的消息则是用户输入的具体问题或指令。

③ 发送请求并获取响应：通过调用 chat.completions.create() 方法，将构造好的对话请求发送给 DeepSeek 模型。模型会根据输入的消息生成回答，并将回答返回给客户端。返回的响应对象中包含了模型生成的回复内容。

④ 输出模型的回复：从响应对象中提取模型生成的回复内容，并将其打印出来。这样，用户就可以看到模型的回答。

⑤ 记录调用时间：为了评估 API 调用的性能，在调用前后分别记录了时间戳，并计算了调用所花费的时间。最后，将调用时间打印出来，以便用户了解 API 的响应速度。

⑥ 主程序入口：通过 if __name__ == "__main__"：定义了主程序入口。在主程序中，设置了 API 密钥和用户输入的消息，然后调用了 deepseek_chat 函数来执行上述流程。执行后会输出 DeepSeek 模型的回复内容：

```
    深度求索人工智能基础技术研究有限公司(简称"深度求索"或"DeepSeek")，成立于2023
年，是一家专注于实现AGI的中国公司。
    deepseek_chat此次调用花费时间为：6.3697秒
```

7.2 DeepSeek 的基本接入实战

DeepSeek 接入是指将 DeepSeek 提供的应用程序接口（API）集成到开发者自己的应用程序、系统或服务中的过程。通过接入 DeepSeek API，开发者可以利用 DeepSeek 模型的强大自然语言处理（NLP）能力，为自己的应用添加诸如智能对话、文本生成、代码生成等功能。

7.2.1 接入 Chatbox

按照本书前面介绍的方法下载并安装 Chatbox 后，按照如下步骤通过 DeepSeek API 接入对话服务。

① 打开 Chatbox，然后点击“使用自己的 API Key 或本地模型”按钮，如图 7-7 所示。

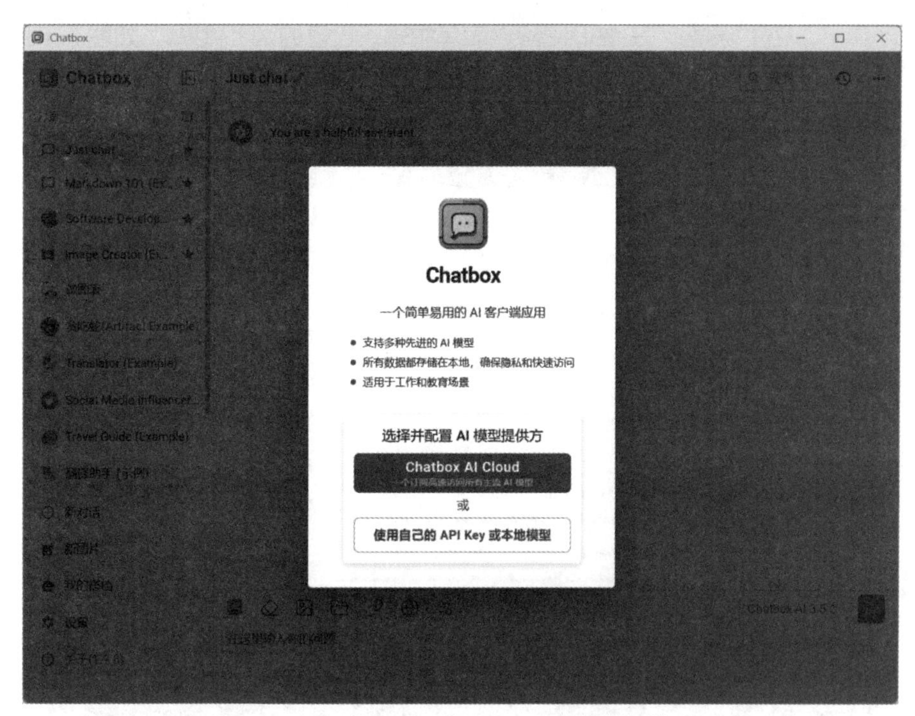

图 7-7　单击“使用自己的 API Key 或本地模型”按钮

② 在弹出的“选择并配置 AI 模型提供方”界面中选择“DeepSeek API”选项，如图 7-8 所示。

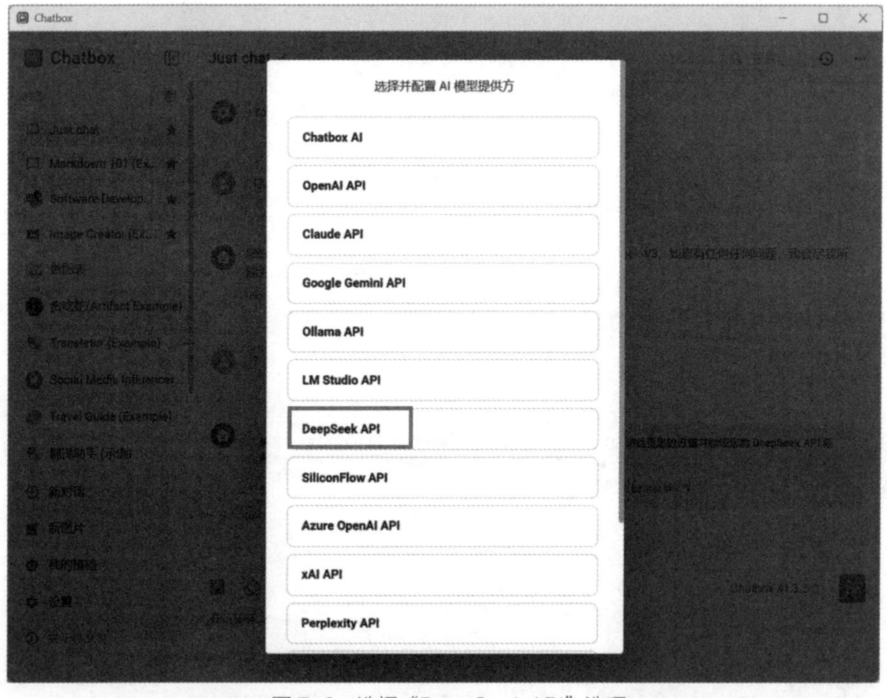

图 7-8　选择“DeepSeek API”选项

③弹出“设置”界面，在“API密钥”表单中输入自己的API keys，如图7-9所示。

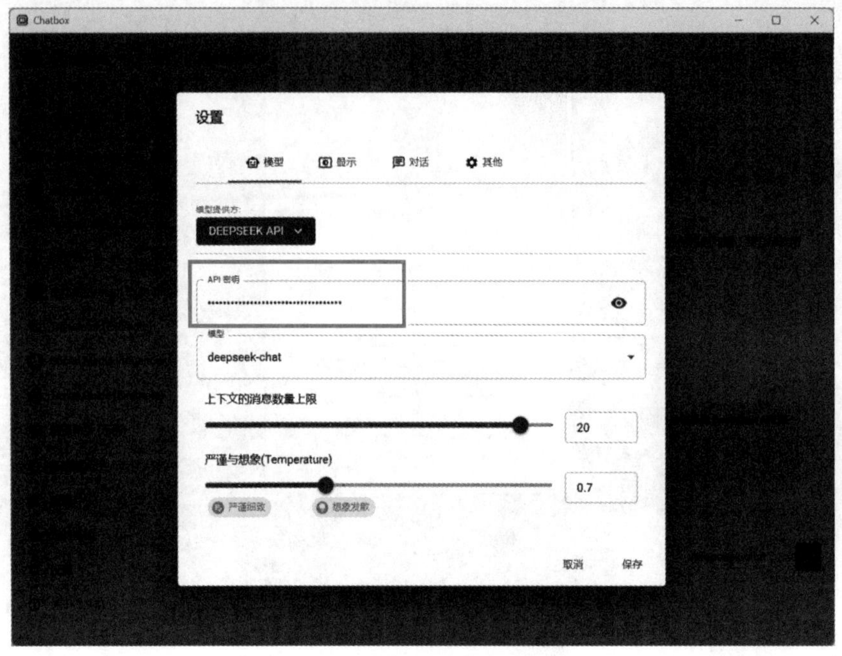

图7-9 输入自己的API keys

④单击“保存”按钮完成设置工作，此时可以使用Chatbox调用DeepSeek实现聊天功能，如图7-10所示。

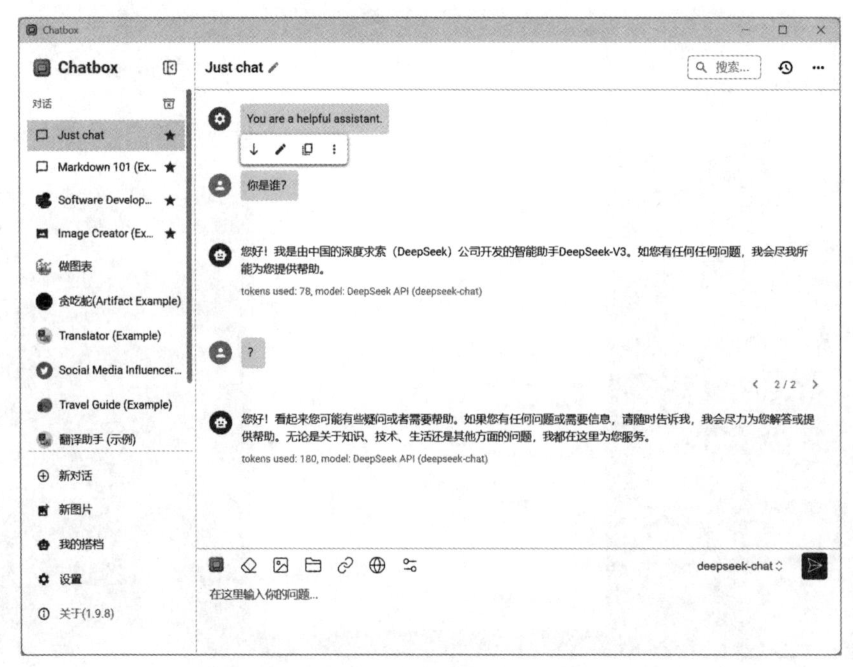

图7-10 Chatbox调用DeepSeek聊天界面

7.2.2　NextChat 接入实战

NextChat（原名 ChatGPT Next Web）是一个开源项目，旨在帮助用户轻松将 ChatGPT 等大型 AI 模型集成到网页应用中。NextChat 的主要功能如下。

- AI集成：NextChat的核心亮点在于通过OpenAI密钥集成ChatGPT AI模型。它内置了多种场景提示，能够作为创意写手、文案助手，甚至进行图像搜索等操作。
- 跨平台支持：NextChat支持多种平台部署，包括Web、PWA、Linux、Windows和MacOS，其跨平台客户端体积仅约5MB，轻巧便捷，随时随地都能使用。
- 一键部署：借助Vercel等平台，NextChat实现了快速部署，极大地简化了用户的设置流程。只需几分钟，你就能拥有一个功能强大的智能机器人网站。
- 多模型接入：NextChat支持多种AI模型接入，包括GPT-3、GPT-4和Gemini Pro等。用户可以根据自己的需求选择最适合的模型。
- 个性化智能体：NextChat允许用户选择或创建不同的AI智能体，以满足特定对话需求。你可以根据自己的喜好和需求，定制个性化的智能体。
- Markdown支持：NextChat提供完整的Markdown编辑功能，支持LaTex公式、Mermaid流程图和代码高亮等特性。
- 隐私安全：所有数据保存在用户浏览器本地，确保隐私安全。
- 预制角色功能：NextChat提供预制角色功能（面具），方便用户创建、分享和调试个性化对话。
- 内置prompt列表：NextChat内置了大量来自中文和英文的prompt列表，方便用户使用。
- 自动压缩上下文聊天记录：NextChat自动压缩上下文聊天记录，在节省Token的同时支持超长对话。
- 多国语言支持：NextChat支持多种语言，包括英文、简体中文、繁体中文、日文等。

在实际应用中，有如下两种使用 NextChat 的方法。

（1）运行本地源码

① 前往 NextChat 的 GitHub 项目页面，根据说明克隆或下载源代码到本地。

② 确保计算机上安装了必要的开发环境，例如 Node.js 和 npm（Node 包管理器）。

③ 在 NextChat 源代码根目录打开命令行或终端，并运行以下命令来安装项目所需的依赖：

```
npm install
# 或
yarn install
```

④ 获取所需 DeepSeek 模型的 API 密钥，并在 NextChat 的配置文件中填写密钥和模型信息。

⑤ 在命令行或终端中运行以下命令启动 NextChat 的本地开发服务器：

```
npm run dev
```

访问指定的本地地址（通常为 http://localhost:3000）以查看 NextChat 界面。

（2）本地安装 NextChat

① 前往 NextChat 的 GitHub 项目页面，根据自己电脑系统下载对应的安装文件，如图 7-11 所示。

latest.json	2.43 KB
next-chat_2.15.8_amd64.AppImage	87.2 MB
next-chat_2.15.8_amd64.AppImage.tar.gz	86.3 MB
next-chat_2.15.8_amd64.AppImage.tar.gz.sig	432 Bytes
next-chat_2.15.8_amd64.deb	7.9 MB
NextChat_2.15.8_universal.dmg	13.5 MB
NextChat_2.15.8_x64-setup.exe	6.1 MB
NextChat_2.15.8_x64-setup.nsis.zip	6.1 MB
NextChat_2.15.8_x64-setup.nsis.zip.sig	428 Bytes
NextChat_2.15.8_x64_en-US.msi	6.57 MB
Source code (zip)	
Source code (tar.gz)	

图 7-11　NextChat 的安装文件

② 笔者下载的是 Windows 系统的安装文件，鼠标左键双击“.exe”文件后开始安装，首先弹出“Welcome...”界面，如图 7-12 所示。

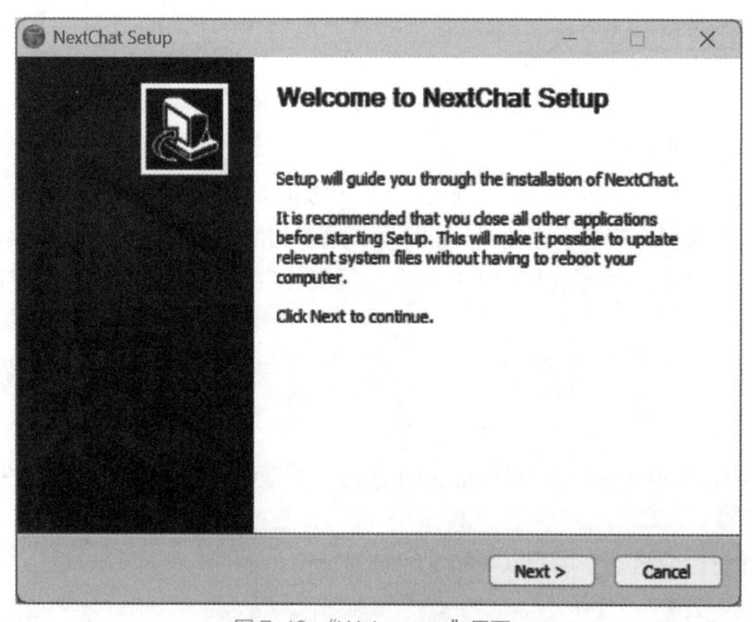

图 7-12　“Welcome...”界面

③单击“Next”按钮后弹出“Choose Install...”界面，如图 7-13 所示。

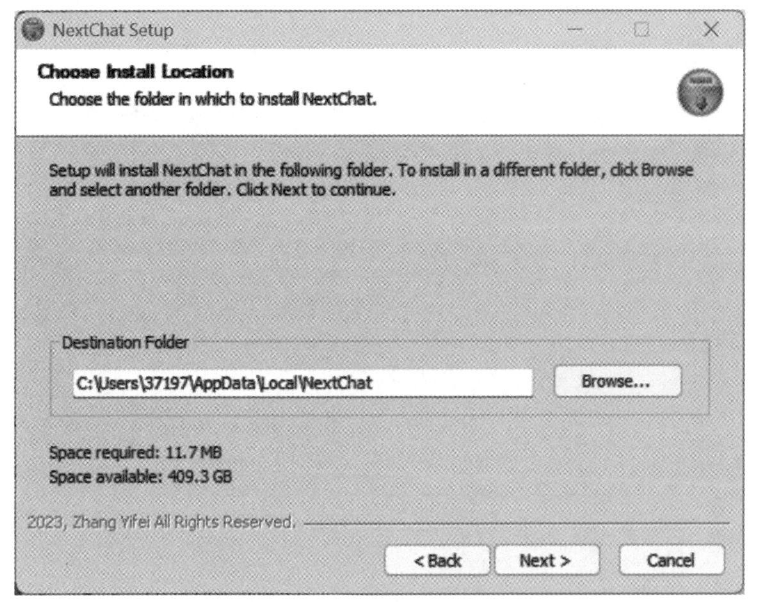

图 7-13　“Choose Install...”界面

④单击“Next”按钮后弹出“Choose Start...”界面，如图 7-14 所示。

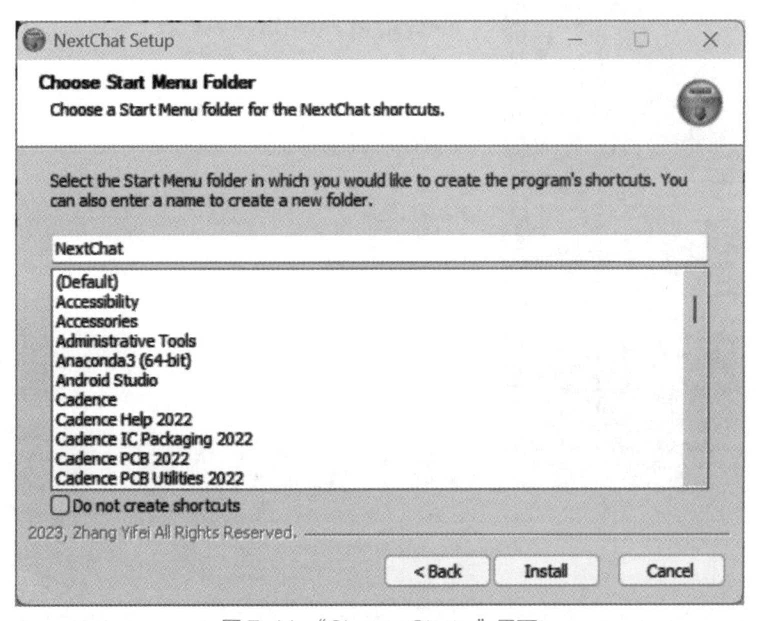

图 7-14　“Choose Start...”界面

⑤单击“Install”按钮后弹出“Installation...”界面，进度条展示安装进度，如图 7-15 所示。

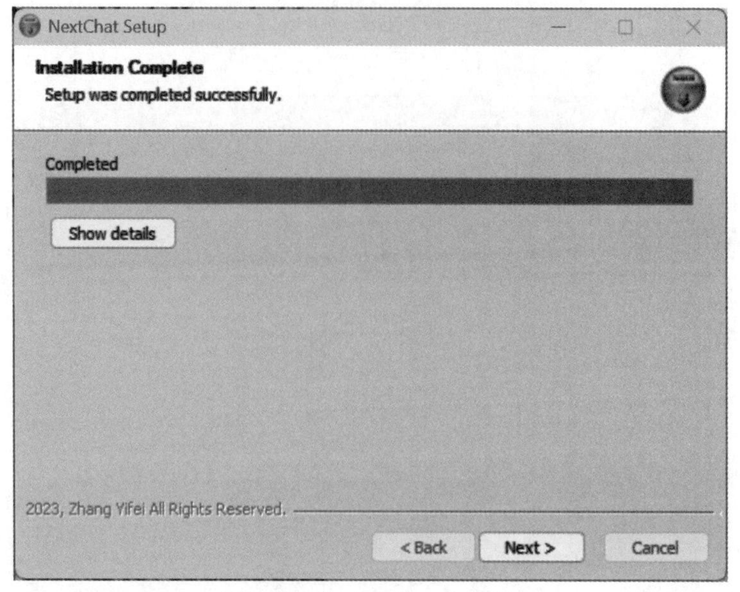

图 7-15 “Installation...”界面

⑥ 完成安装后单击“Next”按钮，显示“Completing...”界面，单击“Finish”按钮完成整个安装工作，如图 7-16 所示。

图 7-16 “Completing...”界面

⑦ 启动 NextChat，初始界面是一个聊天界面，单击左下角的图标按钮⚙，如图 7-17 所示。

⑧ 在弹出的“设置”界面中设置“模型服务商”“接口地址”“API Key”“自定义模型名”和“模型”，例如使用 deepseek-coder 模型进行对话，如图 7-18 所示。

图 7-17　单击左下角的图标按钮

图 7-18　“设置”界面

⑨ 设置完后即可成功调用 DeepSeek 进行对话，如图 7-19 所示。

图 7-19　调用 DeepSeek 进行对话

7.3　社交媒体工具接入实战

在当今数字化时代，社交媒体平台已成为人们日常生活中不可或缺的一部分。为了更好地利用这些平台进行沟通和信息传播，许多开发者和企业开始尝试将各种工具和功能接入社交媒体，以提升用户体验和运营效率。本节将介绍如何将基于 DeepSeek 的智能聊天机器人功能接入微信和 QQ 这两个主流社交媒体平台，实现更智能、更高效的社交互动。

7.3.1　基于茴香豆 +DeepSeek 打造微信聊天机器人

茴香豆（HuixiangDou）是一个基于大型语言模型（LLM）的专业知识助手，旨在帮助用户在群聊场景中提供技术支持。茴香豆通过设计三阶段处理流程（预处理、拒绝和响应），在群聊场景中回答用户问题，避免消息泛滥。

（1）主要特点

- 无需训练：茴香豆无需训练，支持CPU-only配置，提供多种配置选项（2G、10G、20G和80G）。
- 多平台支持：提供完整的Web、Android和管道源代码，支持工业级和商业级应用。
- 多种集成方式：支持微信（Android/wkteam）、飞书、OpenXLab Web、Gradio Demo、HTTP服务器和Read the Docs等多种集成方式。

（2）核心功能

- 群聊场景支持：茴香豆的chat_in_group功能专门针对群聊场景设计，能够在不泛滥消息的情况下回答用户问题。

- 实时流式聊天：chat_with_repo功能支持实时流式聊天。
- 知识库管理：用户可以创建知识库，更新正负例，开启网络搜索，测试聊天，并集成到飞书/微信群中。
- 多模态支持：支持图像和文本检索，去除langchain依赖，提高性能。

（3）使用茴香豆接入 DeepSeek

① 确保 Android 设备已安装微信，然后安装茴香豆的 Android 工具。

② 登录克隆茴香豆的 GitHub 网站获取源码，也可以通过下面的命令克隆茴香豆的 GitHub 仓库，如图 7-20 所示。

```
git clone https://github.com/InternLM/HuixiangDou.git
cd HuixiangDou
```

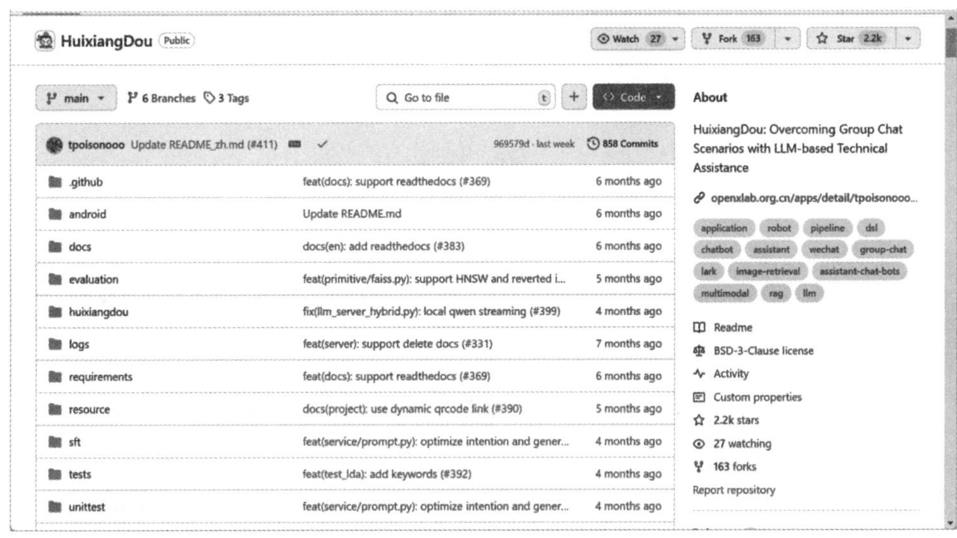

图 7-20　茴香豆的 GitHub 网站

③ 打开配置文件 config.ini，分别设置用到的模型参数 remote_type（模型名称）和 API Key，例如将“remote_type”参数设置为“deepseek”，在“remote_type”填写自己的 DeepSeek API Key。

```
# config.ini
[llm]
enable_local = 0
enable_remote = 1
..
[llm.server]
..
remote_type = "deepseek"
remote_api_key = "YOUR-API-KEY"
remote_llm_max_text_length = 16000
remote_llm_model = "deepseek-chat"
```

④ 运行下面的命令启动服务：

```
python3 -m huixiangdou.main --standalone
```

（4）微信集成

① 打开 OpenXLab 中茴香豆的 Web 客户端创建自己的知识库，首先显示登录界面，如图 7-21 所示。

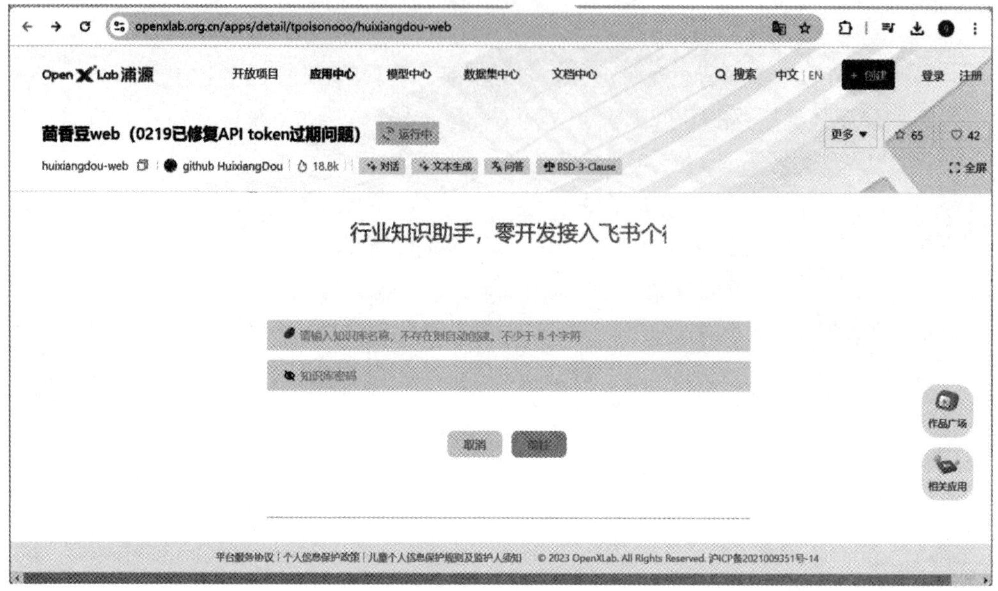

图 7-21　茴香豆的 Web 客户端

② 分别输入用户名和密码登录系统，登录成功后的界面效果如图 7-22 所示。

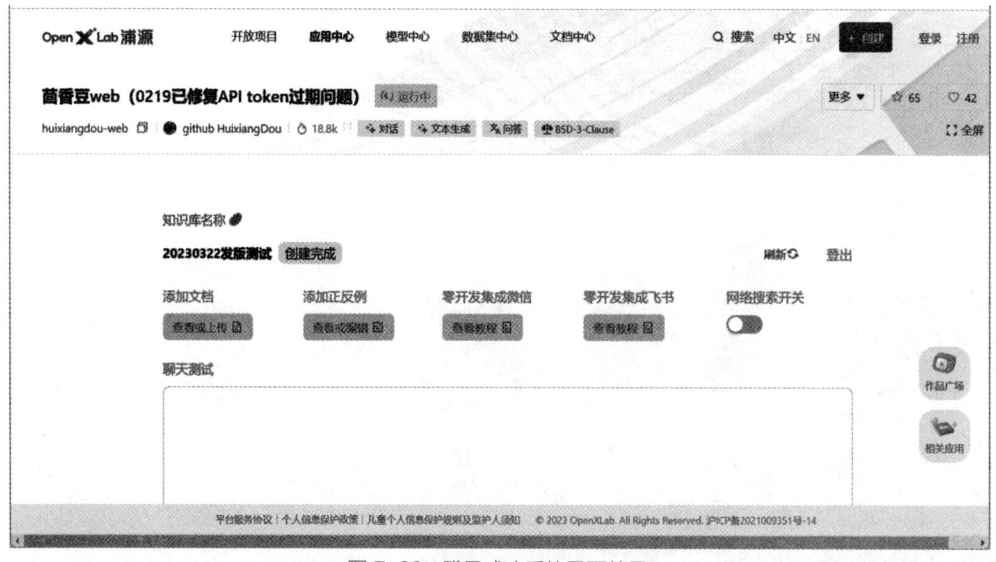

图 7-22　登录成功后的界面效果

③ 单击“零开发集成微信”下面的“查看教程”按钮后弹出“集成微信”对话框，

然后复制里面的微信回调地址，如图 7-23 所示。

图 7-23　“集成微信”对话框

④ 从 Github Release 下载编译好的 apk 安装包文件，并在手机中安装，如图 7-24 所示。

图 7-24　apk 安装包

⑤ 安装成功后，在手机中打开茴香豆 Android 助手 App，在文本框中填入前面刚刚复制的微信回调地址，如图 7-25 所示。

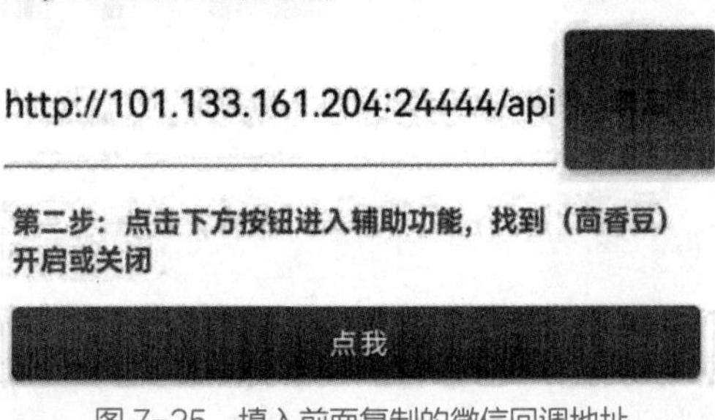

图 7-25　填入前面复制的微信回调地址

⑥ 进入微信群聊天界面，请对方发送消息即可体验调用 DeepSeek 实现聊天机器人功能，如图 7-26 所示。

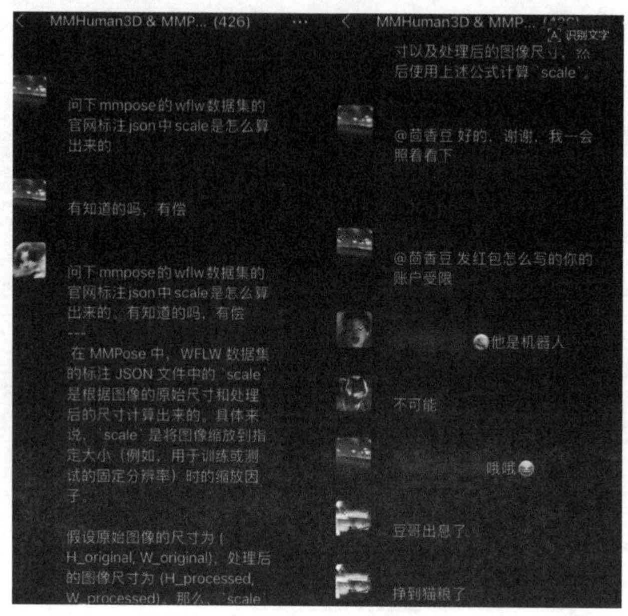

图 7-26 调用 DeepSeek 聊天机器人

7.3.2 基于 LangBot +DeepSeek 打造 QQ 机器人

LangBot 是一个开源的即时聊天机器人平台，支持多平台（如 QQ、微信、飞书、Discord 等）和多种大语言模型（如 ChatGPT、DeepSeek、Gemini 等）。它具备多模态交互能力，支持文本、语音、图片等多种输入输出形式，能够进行多轮对话和工具调用。

（1）主要功能

- 多平台支持：无缝集成到多种主流即时通信平台，如QQ、微信（包括企业微信和个人微信）、飞书、Discord等。
- 多模态交互：支持文本、语音、图片等多种输入输出形式，处理复杂的交互任务，如图片识别和语音识别，为用户提供更丰富的互动体验。
- 多模型适配：支持接入多种主流的大语言模型（LLM），如ChatGPT、DeepSeek、Claude、Gemini、Ollama等，用户可以根据需求选择合适的模型进行对话任务。
- 高稳定性：内置访问控制、限速和敏感词过滤等机制，确保机器人稳定运行，避免滥用和不当内容传播。
- 插件扩展：支持强大的插件系统，用户可以根据业务需求定制功能模块，拓展机器人的能力。
- Web管理面板：提供直观的Web管理面板，方便用户配置和管理机器人实例，无需频繁编辑配置文件，即可快速调试和优化机器人。

（2）安装 NapCat

① 事先准备一个 QQ 账号作为聊天机器人，建议使用小号作为机器人，用大号调试机器人对话。

② 登录 NapCat 的 Release 界面，下载 Windows 版本的 NapCat，单击“Win64 无头”链接下载免安装版，如图 7-27 所示。

图 7-27　单击“Win64 无头”链接

③ 下载完成后得到压缩文件 NapCat.Shell.zip，解压缩后的内容如图 7-28 所示。

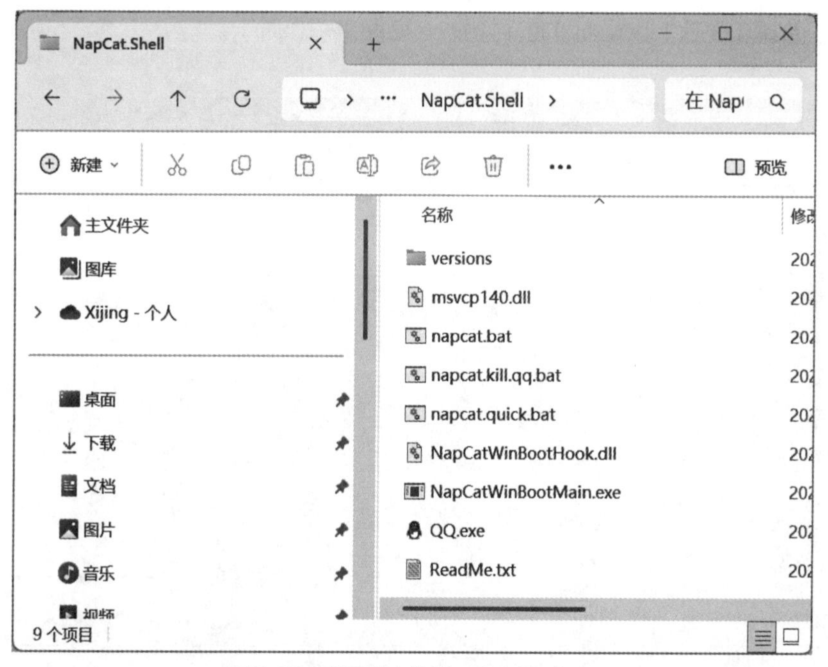

图 7-28　解压缩文件 NapCat.Shell.zip

④ 用记事本打开文件 napcat.quick.bat，然后把 .\NapCatWinBootMain.exe 后面的数字改成作为聊天机器人的 QQ 号。

⑤ 运行文件 napcat.quick.bat，如果之前在电脑上登录过这个 QQ 号，那么运行后会自动登录；如果快速登录失败，则需要用手机 QQ 扫描二维码登录，如图 7-29 所示。

图 7-29　扫码登录 QQ

⑥ 复制图中的链接到浏览器，打开 WebUI 页面，这是一个基于网页的用户管理界面，用于管理和配置 NapCat 的各种功能，如图 7-30 所示。

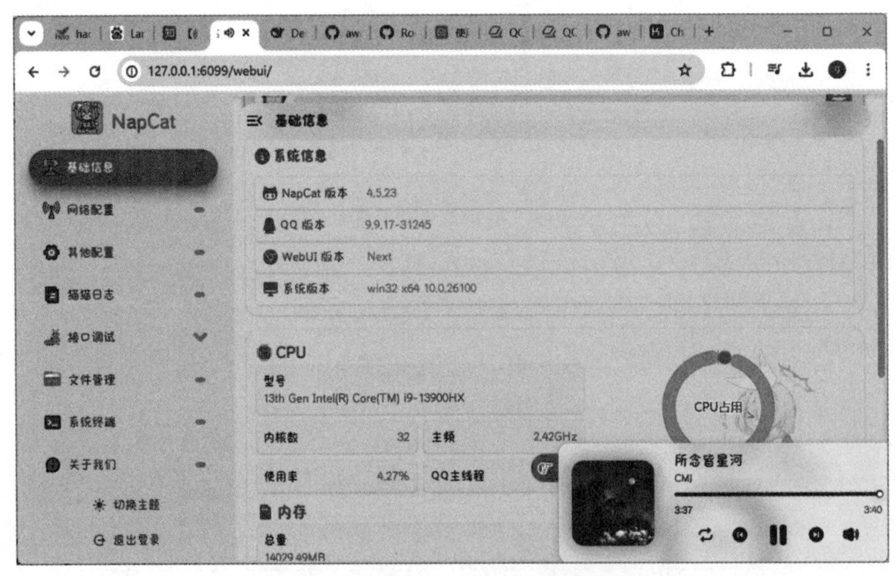

图 7-30　WebUI 用户管理界面

（3）安装 Langbot

Langbot 有多种部署方式，例如 Docker、安装文件和下载源码，建议前往 Release 页面下载最新版本的压缩包。

① 在 Langbot 的 Release 页面下载安装文件，文件名类似于 langbot-xxx-all.zip（请勿下载 Source Code，因为其中不包含 WebUI），如图 7-31 所示。

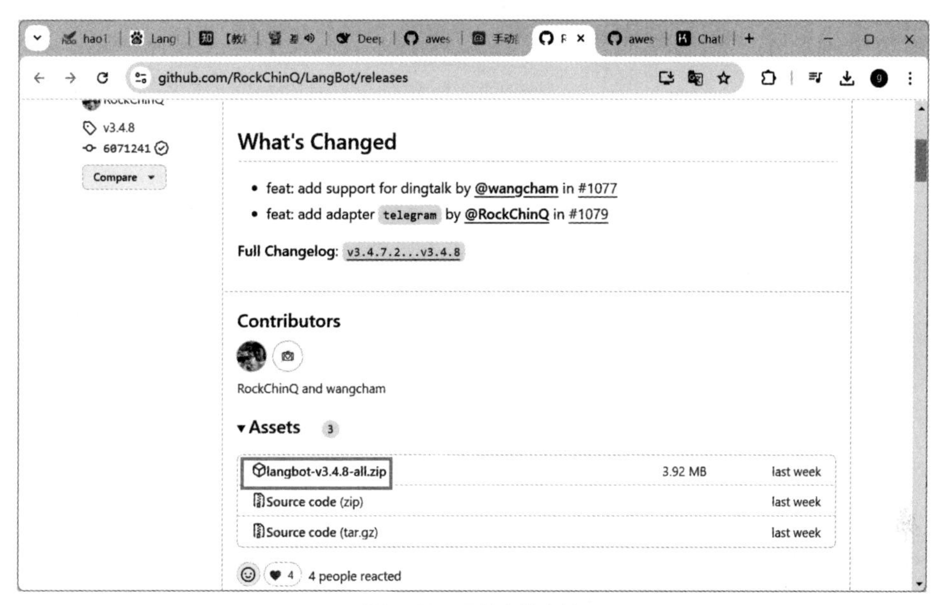

图 7-31　下载安装文件

② 解压文件得到整个 Langbot 的程序文件，如图 7-32 所示。

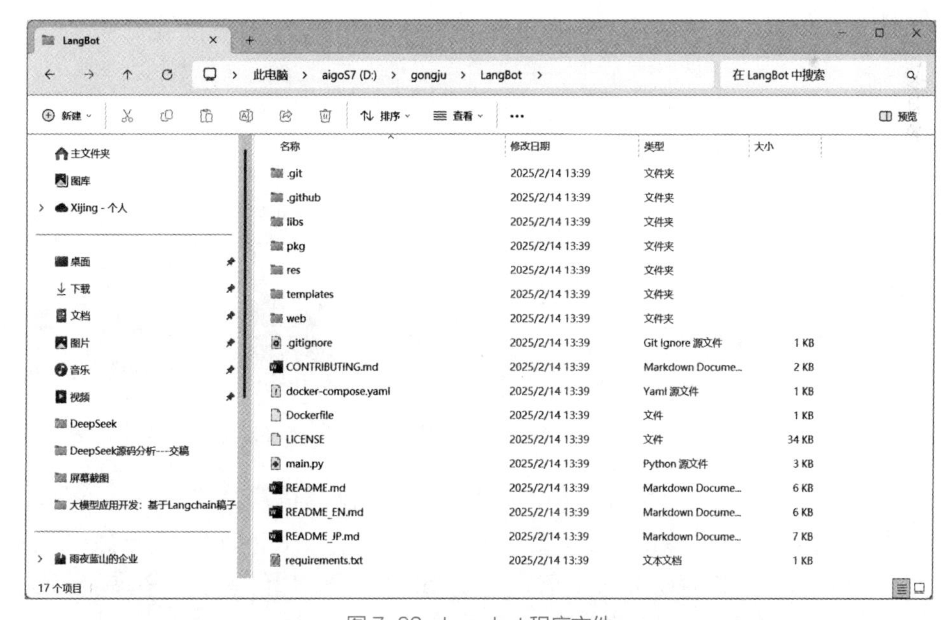

图 7-32　Langbot 程序文件

③使用cd命令来到Langbot程序的根目录，通过如下命令安装依赖库：

```
pip install -r requirements.txt
```

④打开文件provider.json，在keys属性下找到“deepseek”，然后填入你的DeepSeek API key；在“model”属性下把名称改为“deepseek-chat”。

⑤打开文件platform.json，在platform-adapters属性下找到"adapter": "aiocqhttp"的部分，然后把enable设置为true，记住host和端口号，并设置access-token。

⑥打开文件system.json，在admin-sessions增加“person_你的qq号”，从而设置机器人的管理员。

⑦打开pipeline.json文件夹，推荐把access-control-mode设置为whitelist(白名单模式)，然后在whitelist处增加想要让机器人对话的群聊和个人账号。群聊的格式为：group_qq群号。个人账号的格式：person_qq号。

⑧通过如下命令运行Langbot：

```
python main.py
```

（4）配置QQ机器人

①返回NapCat的WebUI页面，依次选择“网络配置”>“新建”>“Websocket客户端”，如图7-33所示。

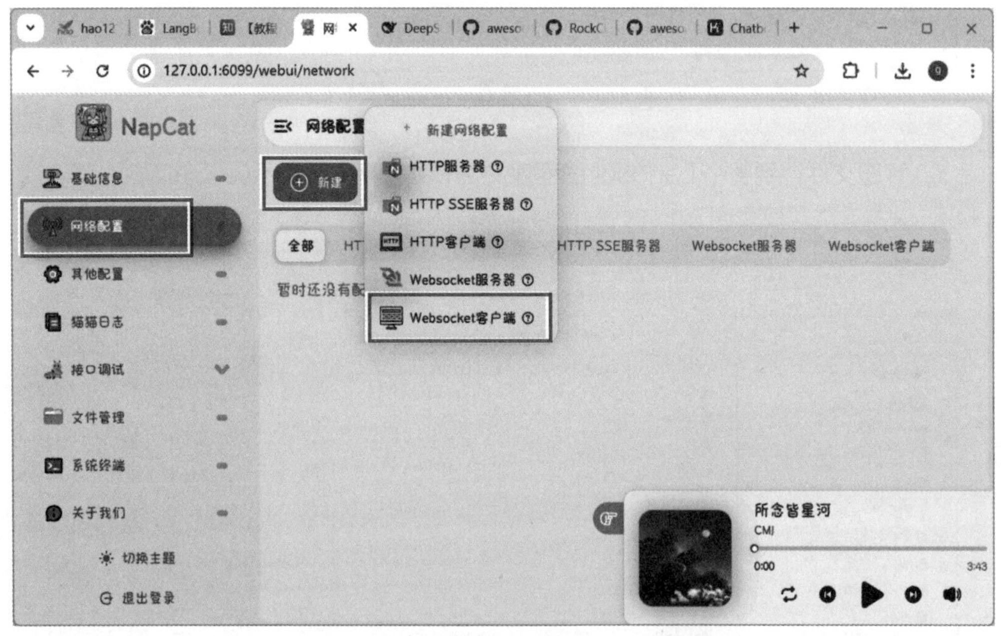

图7-33 “网络配置”页面

②在弹出的“Websocket Client”页面中设置配置信息，名称随意，URL和token要与Langbot设置的Host端口号以及access-token保持一致。例如，Host为127.0.0.1（或0.0.0.0），端口号为6099，那么填写的URL就应该为：ws://127.0.0.1:6099/ws，如图7-34所示。

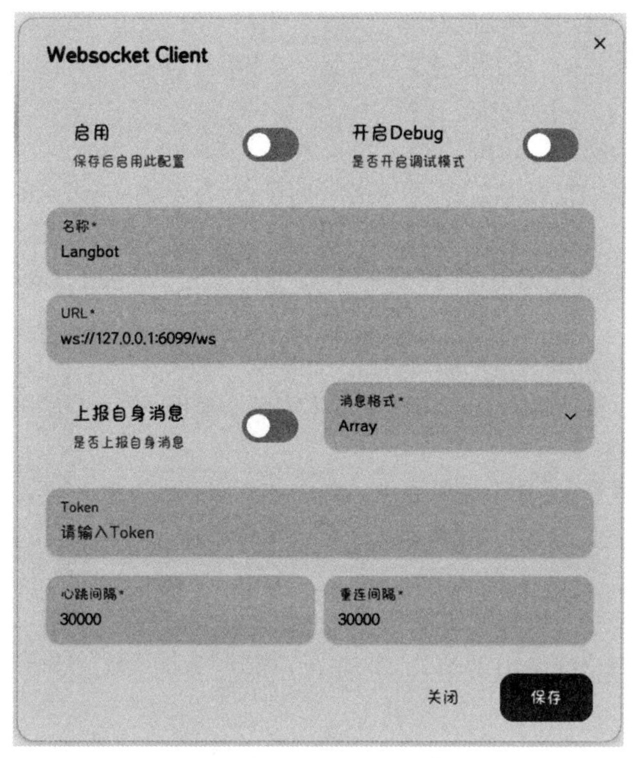

图 7-34　“Websocket Client”页面

③ 单击“保存”按钮创建成功，启动客户端后就可以使用 QQ 机器人了，并且这个机器人具备了使用 DeepSeek 大模型进行聊天的功能。

7.4　将 DeepSeek 接入到 Office

在当今信息爆炸的时代，将 DeepSeek 接入 Office 具有重要意义。Office 用户面临着海量数据处理和高效办公的双重挑战。DeepSeek 强大的语言理解和生成能力，能为 Office 应用如 Word 文档撰写、Excel 数据分析解读等方面提供有力支持。DeepSeek 可以帮助用户快速生成高质量的文本内容、精准解读复杂数据背后的含义，还能激发更具创新性的演示方案，极大地提升办公效率和工作质量，满足用户在数字化办公场景下对智能化辅助工具的迫切需求，使 Office 软件的功能得到进一步拓展和优化，适应不断变化的办公环境与任务要求。

7.4.1　OfficeAI 简介

OfficeAI 是一款免费的智能 AI 办公工具软件，专为 Microsoft Office 和 WPS 用户设计，旨在通过 AI 技术提升办公效率。

（1）功能介绍

① 文档编辑与创作

- WordAI插件：在Word或WPS中以插件形式使用，具备整理周报、撰写会议纪要、总结内容、文案润色等功能。

- AI创作与文案生成：支持多种文案类型，如市场营销文案、内部沟通内容以及技术文档等。

② 数据分析与处理

- ExcelAI插件：在Excel或WPS表格中使用，可以自动完成复杂的公式计算、函数选择等。
- ExcelAI功能：支持从身份证中提取信息、数字转换为人民币大写等实用功能。

③ 智能助手

- AI插画：在Word中生成所需的插画，无需额外搜索。
- 多语言支持：支持简体中文、繁体中文和英文，满足不同用户的语言需求。

④ AI 大模型引擎

- 内置免费AI大模型引擎：包括豆包、文心一言、ChatGLM、通义千问等。
- 支持API Key的模型：包括ChatGPT、文心一言、阿里千问、Llama、Kimi、DeepSeek等。

（2）下载并安装 OfficeAI 助手

① 访问 OfficeAI 官网，如图 7-35 所示，单击“立即下载”按钮下载安装包。

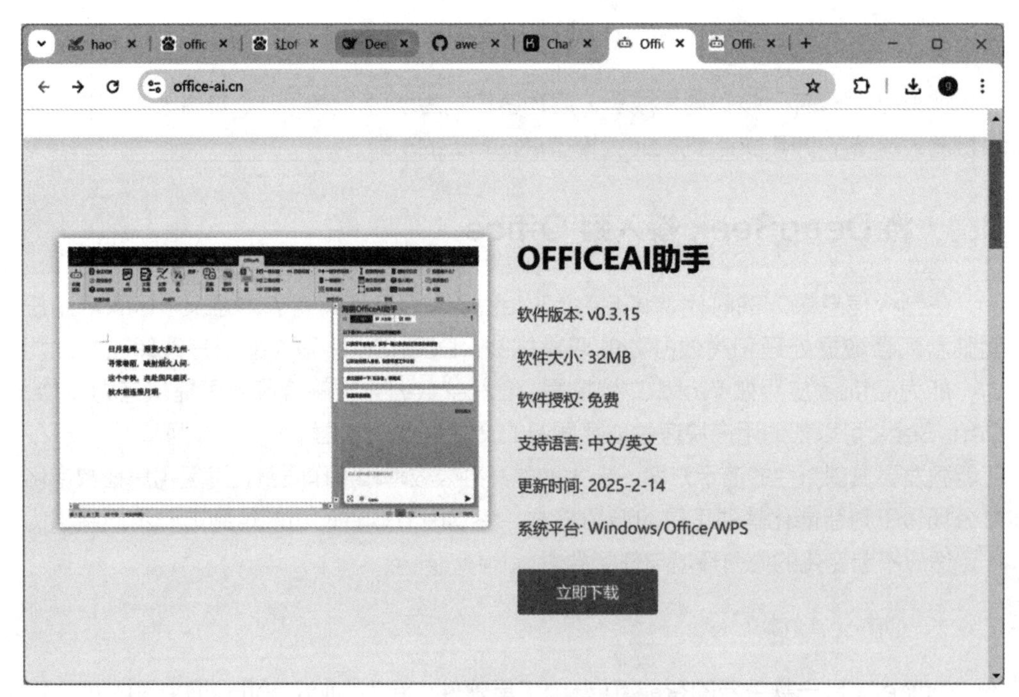

图 7-35　OfficeAI 官网

② 关闭电脑中打开的 Office 程序，按照安装向导完成安装，安装完成的界面效果如图 7-36 所示。

图 7-36　完成安装

7.4.2　将 DeepSeek 接入 Word

① 在成功安装 OfficeAI 后打开 Word，然后点击顶部菜单中的“Office AI”后会发现在 OfficeAI 面板中提供了很多功能，例如“会议总结”“一键排版”“万能翻译”“图片转文字”“AI 校对”“文案生成”等，如图 7-37 所示。

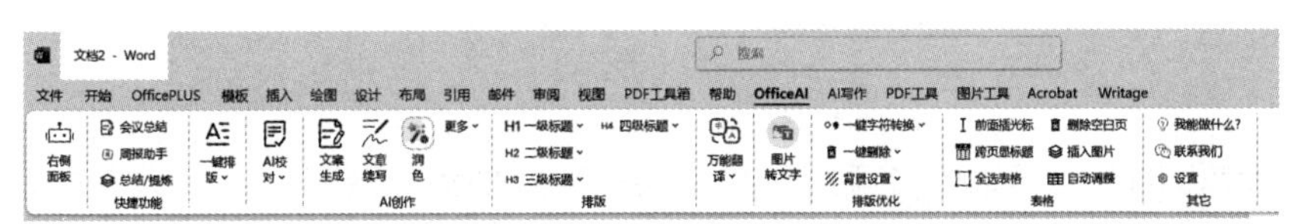

图 7-37　Word 中的“OfficeAI”面板

② 单击“OfficeAI”面板最左侧的“右侧面板”后弹出“海鸥 OfficeAI 助手”对话框，这便是在 Word 中和 AI 大模型进行聊天的界面，如图 7-38 所示。然后单击右下角的⚙按钮打开大模型的“设置”对话框。

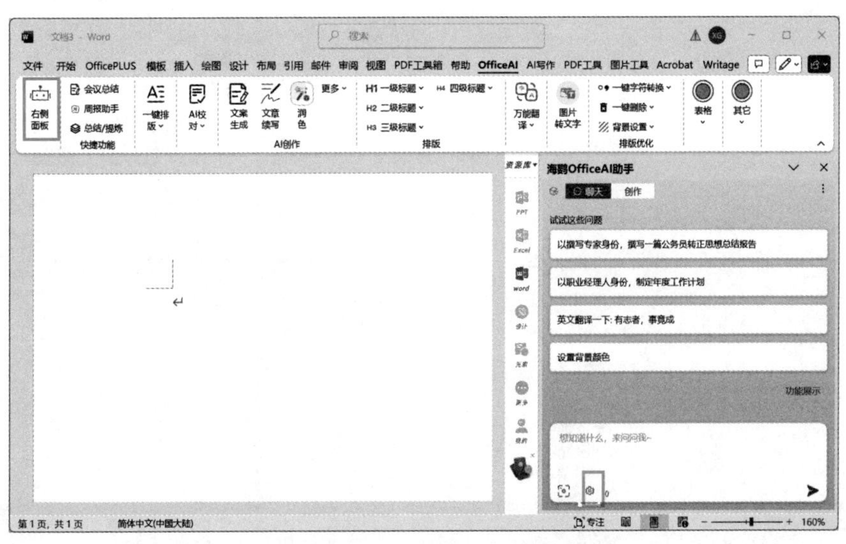

图 7-38　AI 大模型聊天的界面

③ 在大模型的“设置”对话框中选择顶部的“ApiKey”选项卡，然后依次设置需要的 DeepSeek 信息，并输入你的 DeepSeek API Key，如图 7-39 所示。

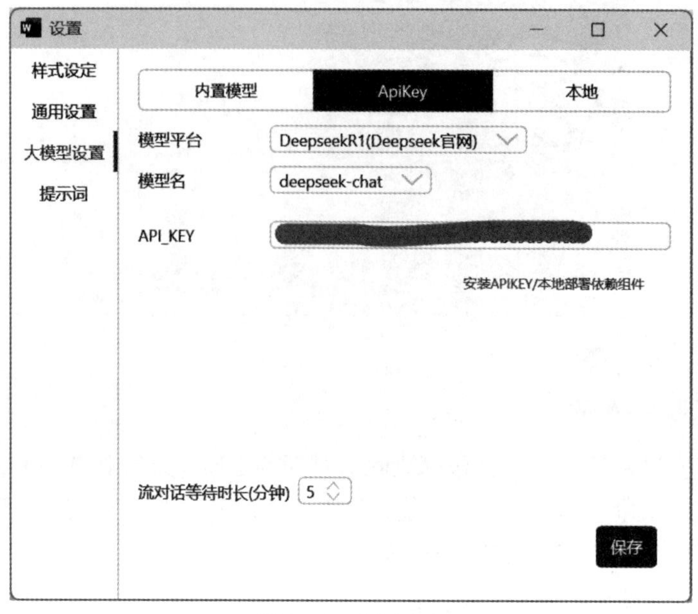

图 7-39　设置界面

④ 设置完成后，可以在右侧的对话框中跟 DeepSeek 进行对话、创作，如图 7-40 所示。

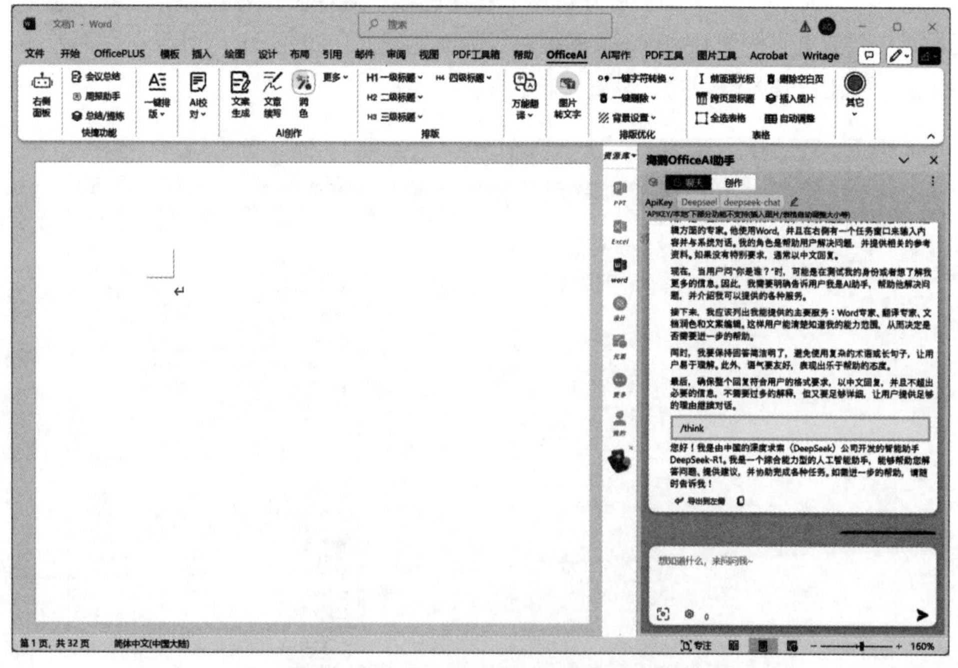

图 7-40　在 Word 中跟 DeepSeek 对话

⑤ 单击对话框下面的“导出到左侧”按钮后，可以将对话内容快速复制到 Word 中，如图 7-41 所示。

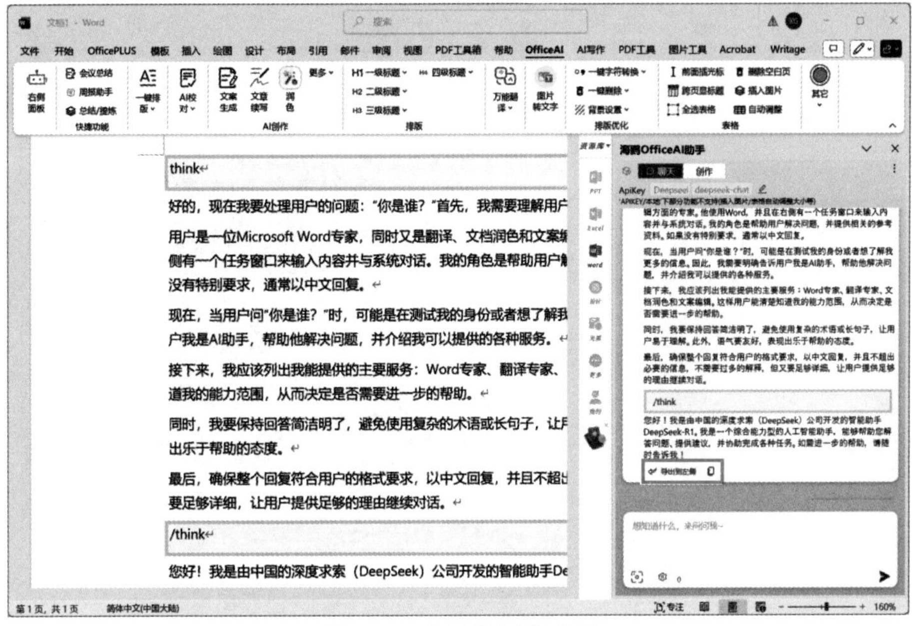

图 7-41　“导出到左侧”按钮

⑥ 在 OfficeAI 中也可以调用本地部署的 DeepSeek 模型，例如使用在 LM Studio 中配置的 deepseek-r1-distill-qwen-7b 模型，具体方法是在“设置”页面点击“本地”选项卡，然后依次设置“框架”为“lmstudio”，设置“模型名”为“deepseek-r1-distill-qwen-7b”，如图 7-42 所示。

图 7-42　使用本地模型

⑦ 单击“保存”按钮完成设置工作，此时 OfficeAI 助手是调用的本地模型，如图 7-43 所示。

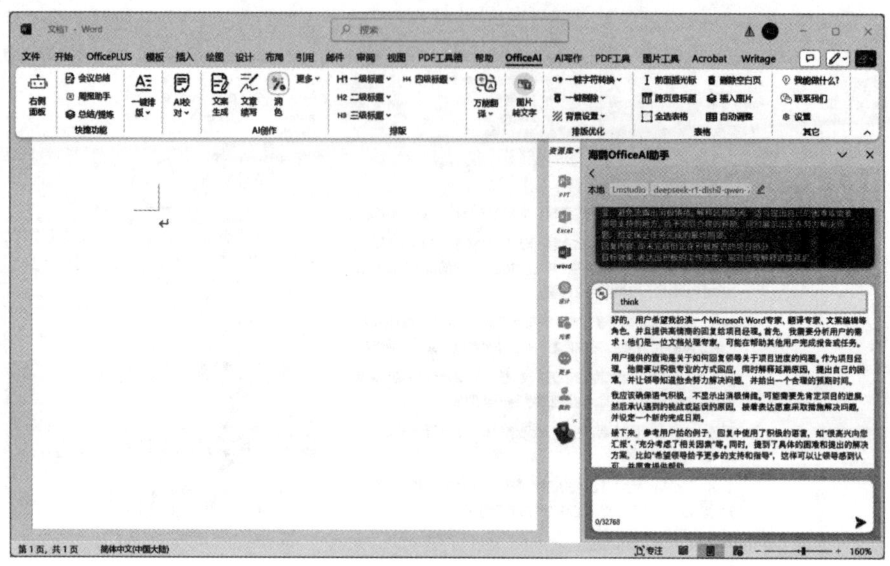

图 7-43　使用基于本地部署的 DeepSeek 模型

⑧ 另外，在 Word 顶部导航栏中的 OfficeAI 面板中提供了很多功能，例如在 Word 文件里已经写入了文字“我在游览大明湖，”用鼠标左键选中文字，然后单击“OfficeAI”中的“文章续写”按钮，此时会调用 DeepSeek 帮我们续写“我在游览大明湖，”的内容，如图 7-44 所示。

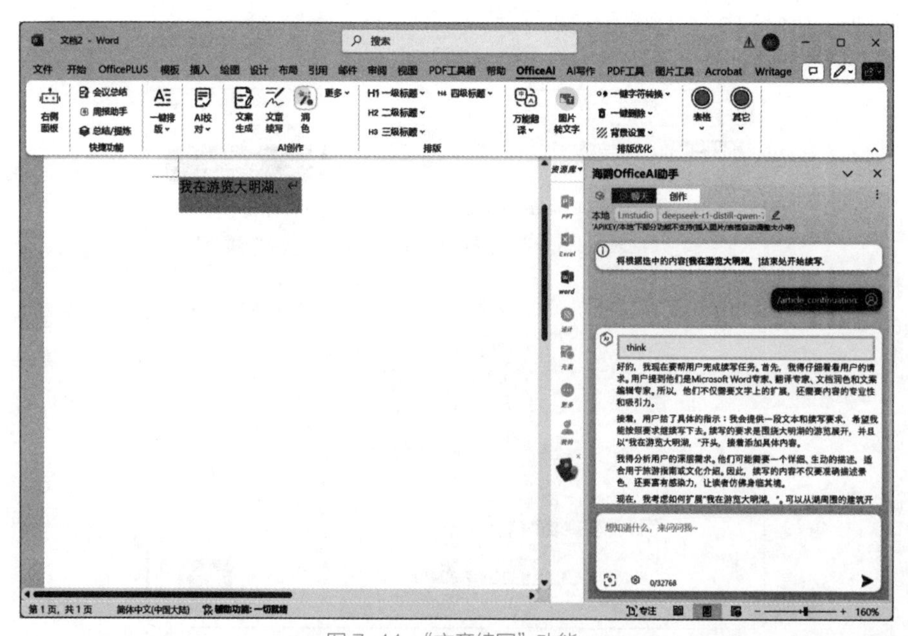

图 7-44　“文章续写”功能

⑨ OfficeAI 在 Word 中的功能十分强大，包括 AI 对话、AI 写作、智能校对、AI 排版、AI 绘画、智能替换、AI 翻译、表格、特殊符号、图片提取文字，具体使用方法可以参考其官网教程，如图 7-45 所示。为节省篇幅，本书将不再一一介绍。

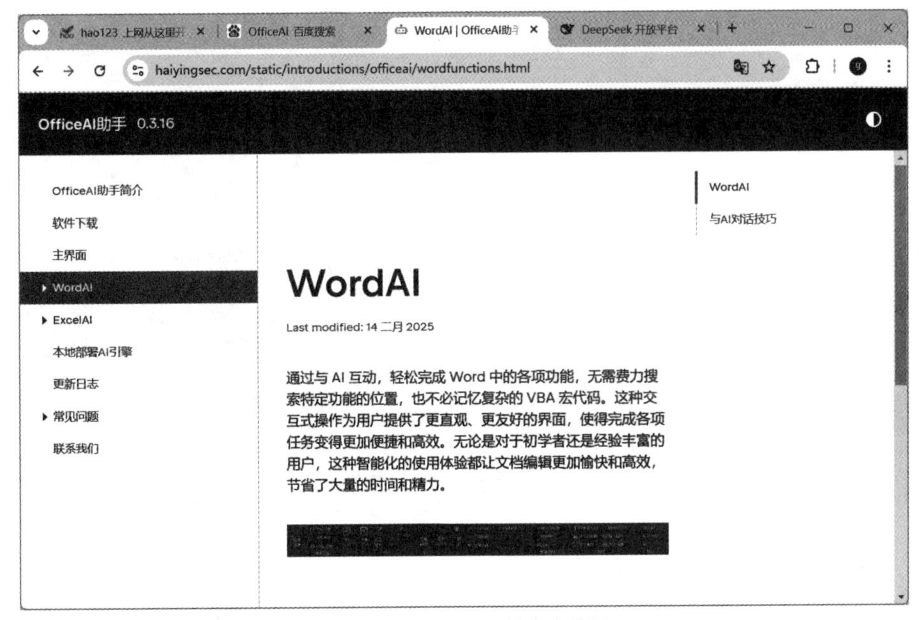

图 7-45　OfficeAI 的官方教程

7.4.3　将 DeepSeek 接入 Excel

除了通过 OfficeAI 将 DeepSeek 接入 Word 外，还可以通过 OfficeAI 将 DeepSeek 接入 Excel，具体方法和前面介绍的 DeepSeek 接入 Word 类似，具体步骤如下所示。

① 打开 Excel，然后点击顶部菜单中的“Office AI”，会发现在 OfficeAI 面板中提供了很多功能，例如“快速录入”“格式化”“文本提取拆分”“数值处理”“信息录入”“杂项”等，如图 7-46 所示。

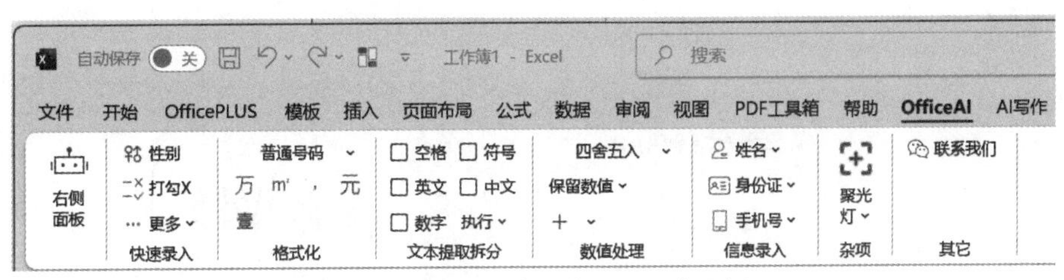

图 7-46　Excel 中的“OfficeAI”面板

② 单击“OfficeAI”面板最左侧的“右侧面板”后弹出“OfficeAI 助手”对话框，这便是在 Excel 中和 AI 大模型进行聊天的界面，如图 7-47 所示。然后单击右下角的

⚙按钮打开大模型的“设置”对话框。

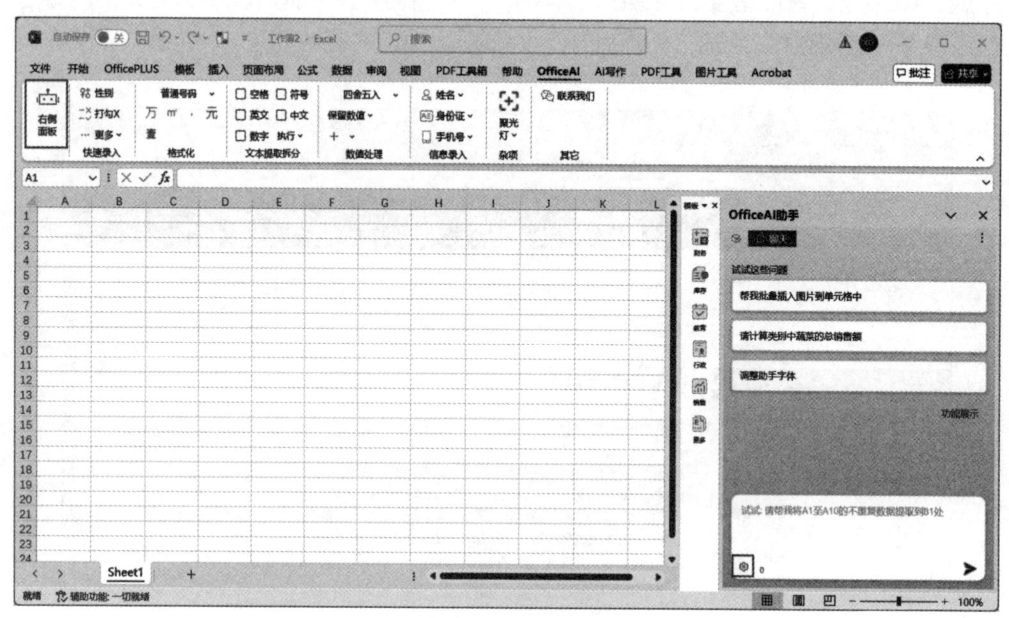

图 7-47　AI 大模型聊天的界面

③ 在弹出的大模型的“设置”对话框中选择顶部的“ApiKey”选项卡，然后依次设置需要的 DeepSeek 信息，并输入你的 DeepSeek API Key，如图 7-48 所示。

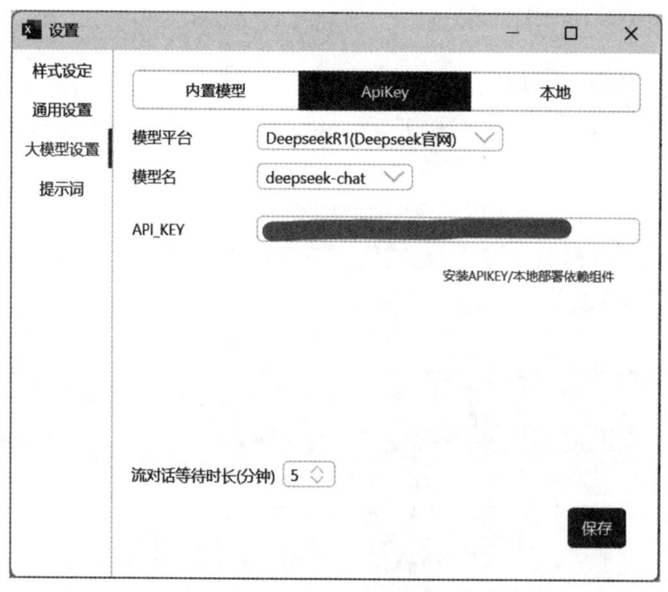

图 7-48　大模型的“设置”对话框

④ 设置完成后，可以在 Excel 右侧的对话框中跟 DeepSeek 进行对话、创作，如图 7-49 所示。

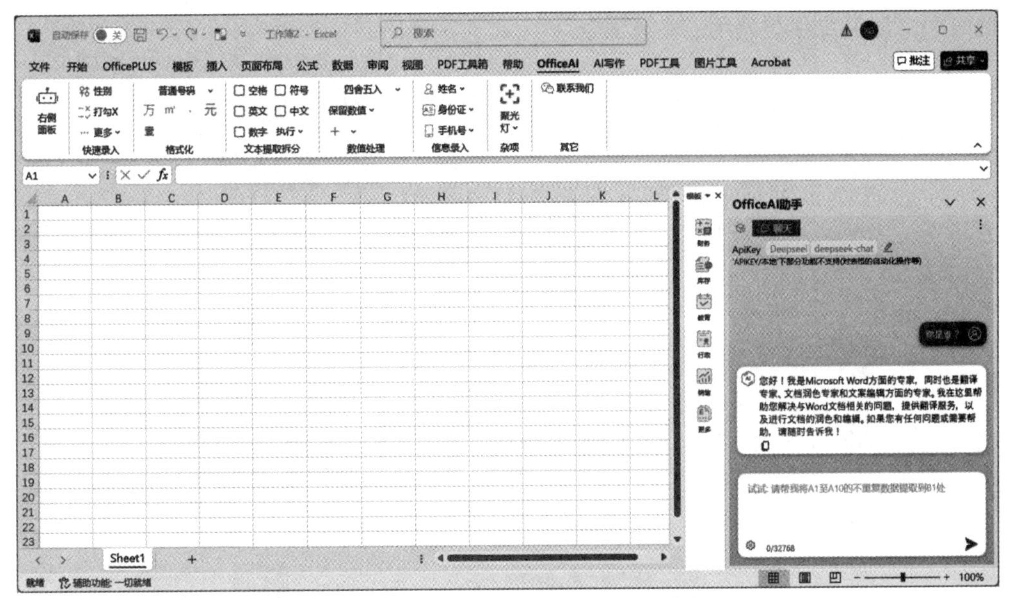

图 7-49　在 Excel 中跟 DeepSeek 对话

⑤ 单击对话框下面的 按钮可以复制对话内容，这样可以快速将 DeepSeek 回复的内容复制到 Excel 中，如图 7-50 所示。

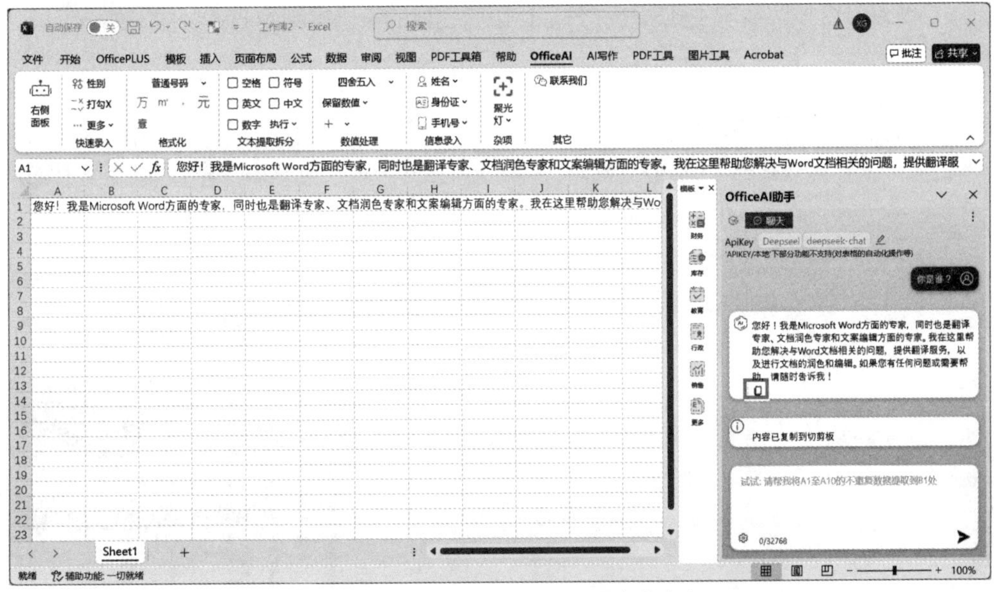

图 7-50　快速复制 DeepSeek 回复的内容

⑥ 在 OfficeAI 中也可以调用本地部署的 DeepSeek 模型，例如使用在 LM Studio 中配置的 deepseek-r1-distill-qwen-7b 模型，具体方法是在“设置”页面点击“本地”选项卡，然后依次设置“框架”为“lmstudio”，设置“模型名”为“deepseek-r1-distill-qwen-7b”，如图 7-51 所示。单击“保存”按钮完成设置工作，

此时 OfficeAI 助手是调用的本地模型。

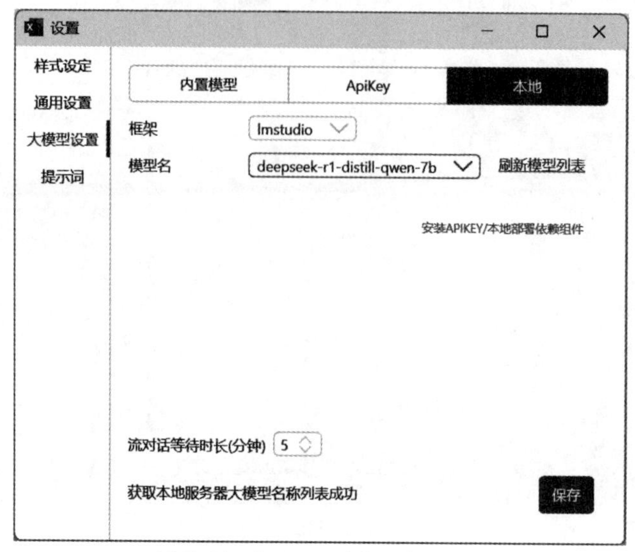

图 7-51　在 Excel 中使用本地模型

⑦ 利用 OfficeAI 可以提高办公效率，例如在对话框中输入要生成的表格要求：

```
请帮我生成一张包含'类别'、'食物'和'销售额'的表，表有5行数据
```

OfficeAI 会按照要求生成表格，然后可以将生成的表格复制到 Excel 中，如图 7-52 所示。

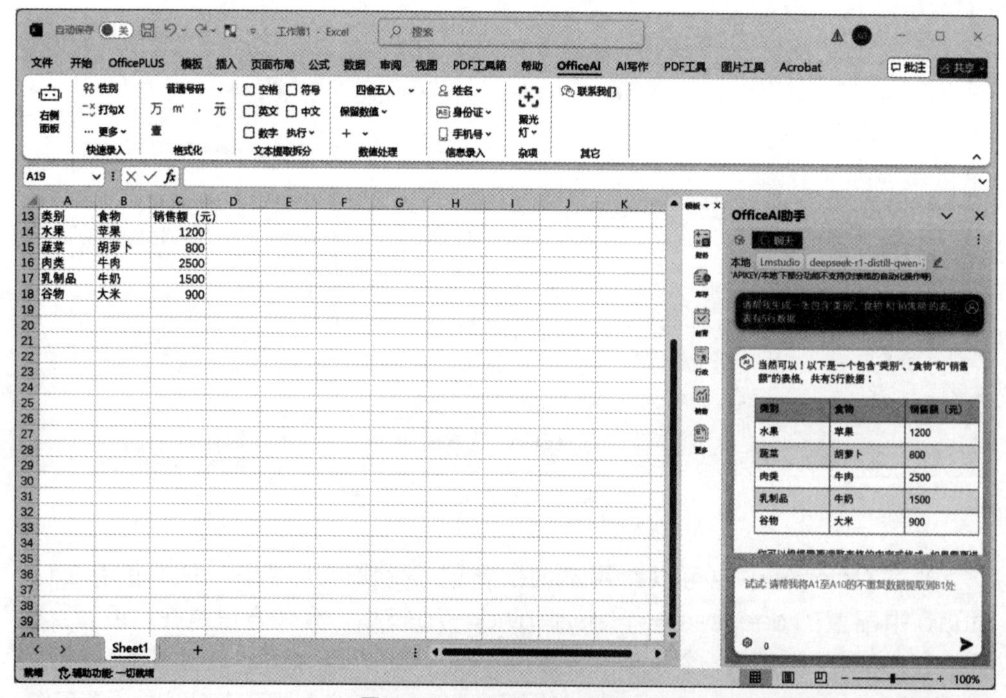

图 7-52　OfficeAI 生成的表格

⑧ OfficeAI 在 Excel 中的功能十分强大，包括 AI 对话、数据分析、单元格格式、智能替换、聚光灯、公式通等，具体使用方法可以参考其官网教程，如图 7-53 所示。为节省篇幅，本书将不再一一介绍。

图 7-53　OfficeAI 的官方教程

7.5　将 DeepSeek 接入 VS Code

Continue 是一款开源的 AI 代码助手插件，适用于 VS Code 和 JetBrains 系列编辑器。Continue 通过连接各种 AI 模型，为开发者提供代码补全、代码生成、代码优化、错误修复以及代码解释等功能，旨在提升开发效率和编程体验。

7.5.1　Continue 基础

Continue 通过其强大的 AI 辅助功能，极大地提升了开发者的编程效率和代码质量，是 VS Code 中一款非常实用的插件。

（1）核心功能

- 聊天功能（Chat）：在VS Code的侧边栏中与AI互动，帮助理解和迭代代码。
- 代码编辑（Edit）：无需切换文件即可直接修改代码。
- 快捷操作（Actions）：为常见用例提供快捷操作，如格式化代码、生成注释或执行测试。
- 代码补全：在编写代码时，Continue会自动根据上下文提供代码补全建议，按下Tab键接受建议。
- 生成代码块：在代码文件中输入注释描述你想要的代码功能，Continue会自动生成相应的代码。

（2）安装 Continue

① 打开 VS Code，点击左侧导航栏中的图标进入扩展市场（Extensions），然后在顶部的搜索表单中输入“Continue”关键字，在下方列表中会显示搜索结果，如图 7-54 所示。

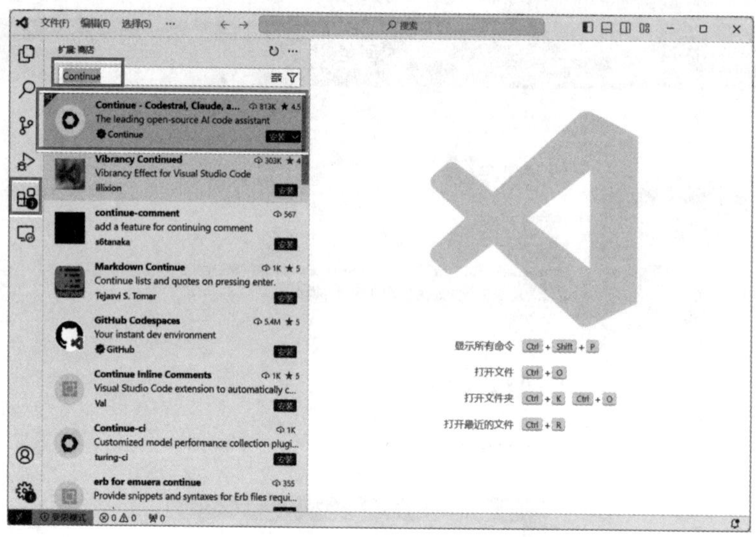

图 7-54　扩展列表

② 单击搜索列表中的“Continue - Codestral...”，在弹出界面中显示 Continue 插件的详细信息，如图 7-55 所示。单击安装按钮安装这个插件。

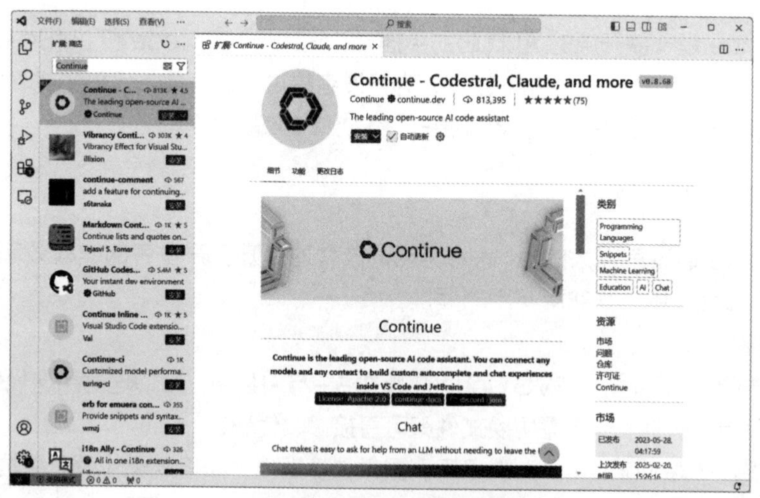

图 7-55　Continue 插件界面

③ 安装成功后，在 Continue 插件界面显示禁用、卸载、切换到预发布版本、自动更新等信息，如图 7-56 所示。

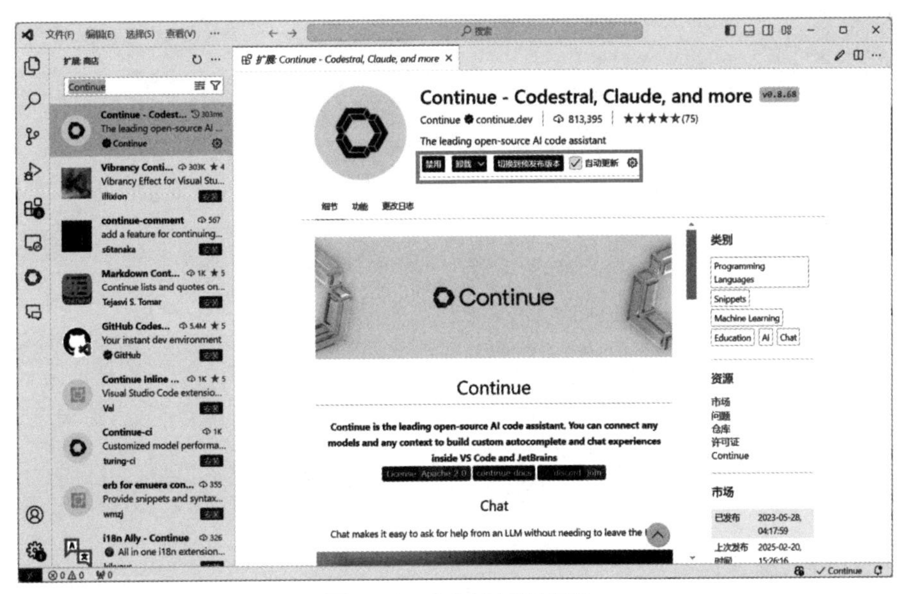

图 7-56　成功安装后的界面

7.5.2　接入 DeepSeek

① 在 VS Code 中成功安装 Continue 插件后，单击 VS Code 左侧导航栏中的来到 Continue 界面，然后单击导航栏顶部的按钮来到 Continue 配置界面，如图 7-57 所示。

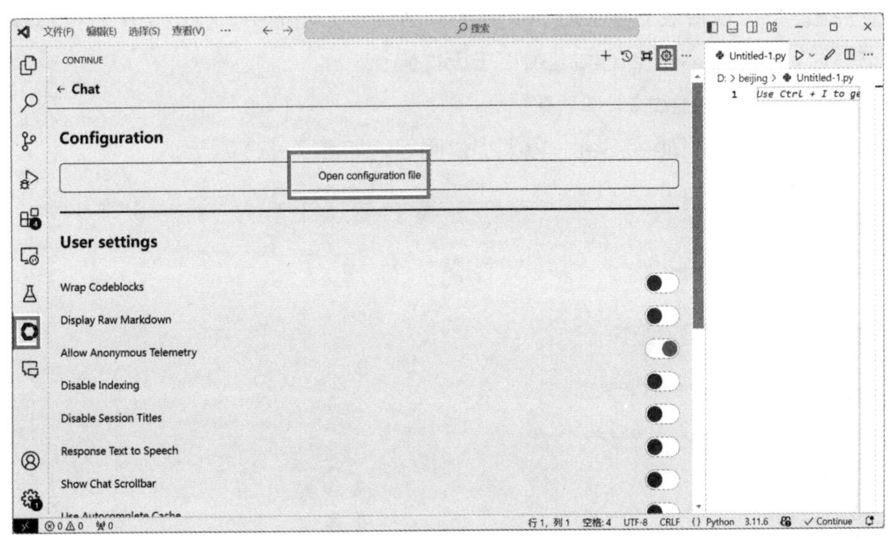

图 7-57　Continue 配置界面

② 单击“Open configuration file”按钮打开配置文件 config.json，在这个文件里面设置接入 DeepSeek API 的配置信息，包括 DeepSeek 的模型名和 API Key，需要用到下面的代码：

```
{
  "completionOptions": {
    "BaseCompletionOptions": {
        "temperature": 0.0,
        "maxTokens": 256
    }
  },
  "models": [
    {
      "title": "DeepSeek",
      "model": "deepseek-chat",
      "contextLength": 128000,
      "apiKey": "REDACTED",
      "provider": "deepseek",
      "apiBase": "https://api.deepseek.com/beta"
    }
  ],
  "tabAutocompleteModel": {
    "title": "DeepSeek Coder",
    "model": "deepseek-coder",
    "apiKey": "REDACTED",
    "provider": "deepseek",
    "apiBase": "https://api.deepseek.com/beta"
  },
...
```

7.5.3 调用 DeepSeek 生成代码

① 点击 VS Code 侧边栏 Continue 图标后展开的面板中，可以直接进行最基础的 AI 对话问答，例如输入下面的问题帮忙生成代码：

```
我需要一个Python函数来计算阶乘
```

Continue 会调用 DeepSeek 模型提供回复，如图 7-58 所示。

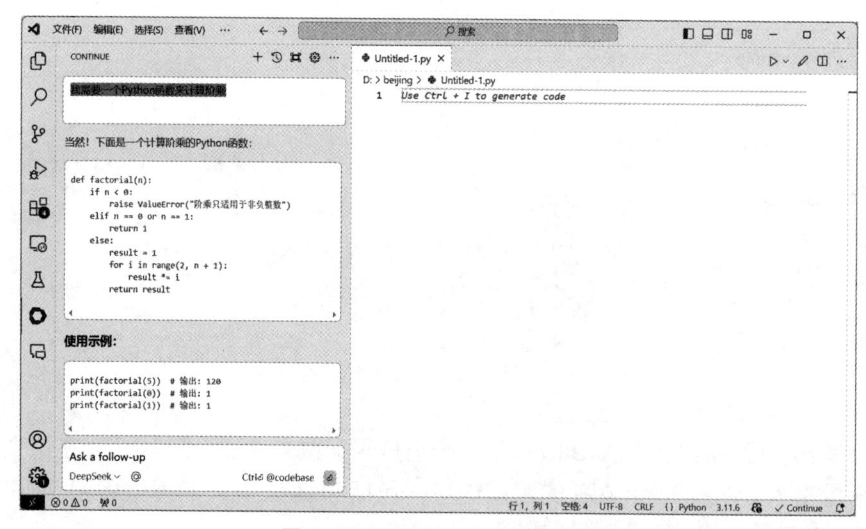

图 7-58　DeepSeek 生成的代码

② 点击生成代码右上角的 或 图标后会快速地将代码添加到 VS Code 的源文件中，如图 7-59 所示。

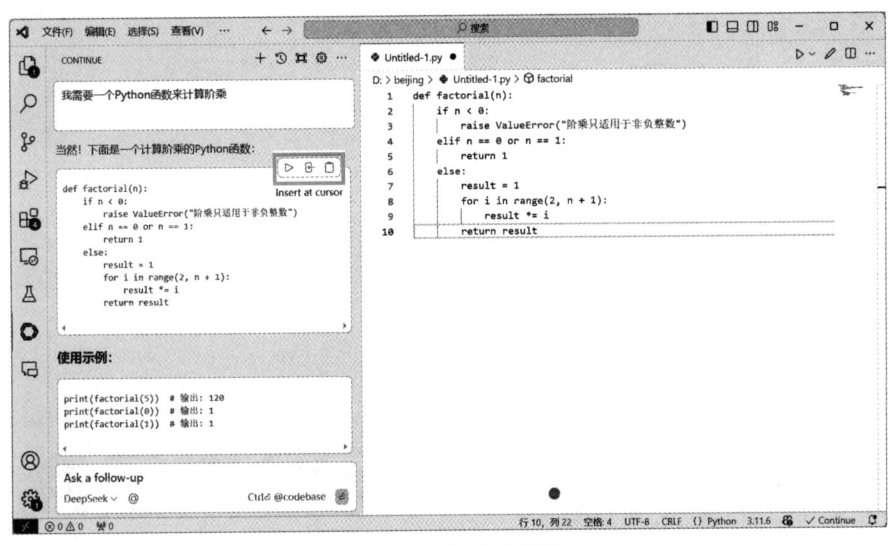

图 7-59　快速插入代码

7.5.4　DeepSeek 代码智能生成和补全

准备好一个 Python 程序文件，在空的文件中按下快捷键 Ctrl+I，可以根据需求描述直接生成完整代码，也可以补全代码。例如在对话框中输入：

```
#我需要一个Python函数来计算阶乘
```

在空的文件中按下快捷键 Ctrl+I 后会自动生成代码，如图 7-60 所示。

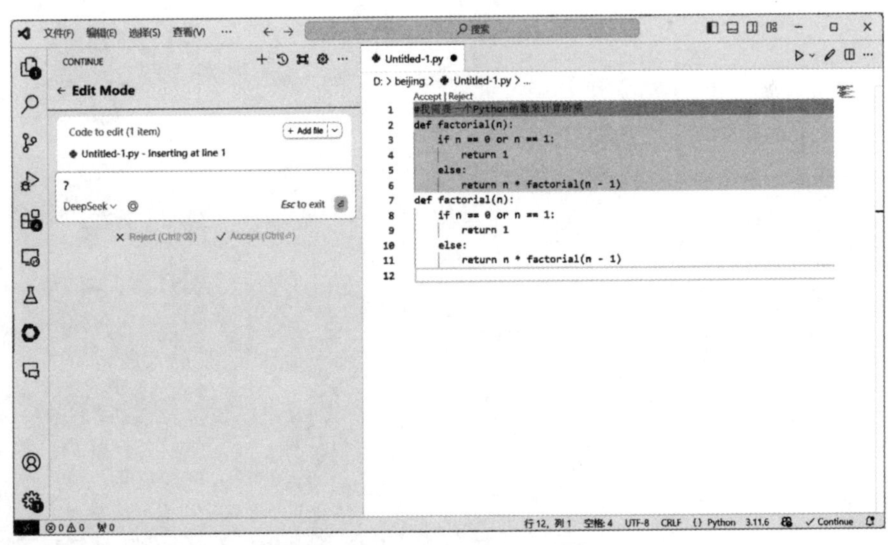

图 7-60　代码智能生成和补全

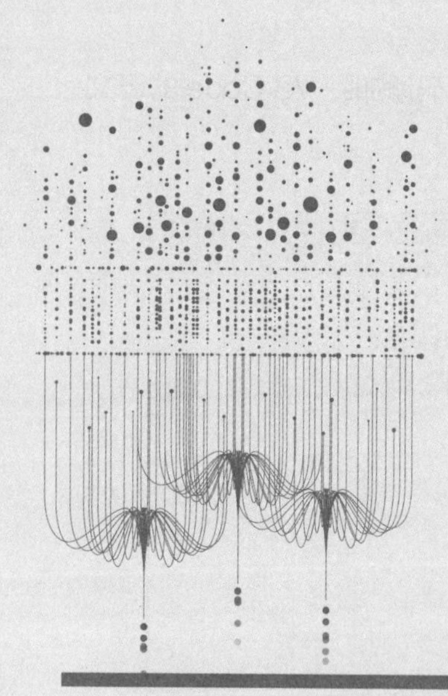

第 8 章

DeepSeek 远程和云端部署

扫码看本章视频

DeepSeek 的远程和云端部署为用户提供了灵活且高效的解决方案，以满足不同场景下的使用需求。通过云端部署，用户可以利用云平台的弹性算力和资源优化能力，快速实现 DeepSeek 模型的部署和应用。这些部署方式不仅降低了部署门槛，还支持模型的快速迭代和优化，加速了企业创新和应用开发的进程。

8.1　使用腾讯云部署 DeepSeek

腾讯云 HAI（高性能应用服务）是腾讯云推出的一款面向 AI 和科学计算的 GPU 应用服务产品，旨在为用户提供即插即用的高性能算力和便捷的开发环境。HAI 基于腾讯云海量的 GPU 算力，支持多种主流 AI 模型和框架（如 PyTorch、TensorFlow 等），能够快速部署语言模型、AI 绘图、数据科学等应用。在 2025 年 2 月 2 日，腾讯云宣布 DeepSeek-R1 模型支持一键部署到 HAI 平台，目前的 HAI 自带了 1.5B 和 7B 两种蒸馏模型，想要体验其他的蒸馏模型需要自行下载。

8.1.1　创建 DeepSeek-R1 应用

① 登录腾讯云 HAI，输入账号信息登录，如图 8-1 所示。

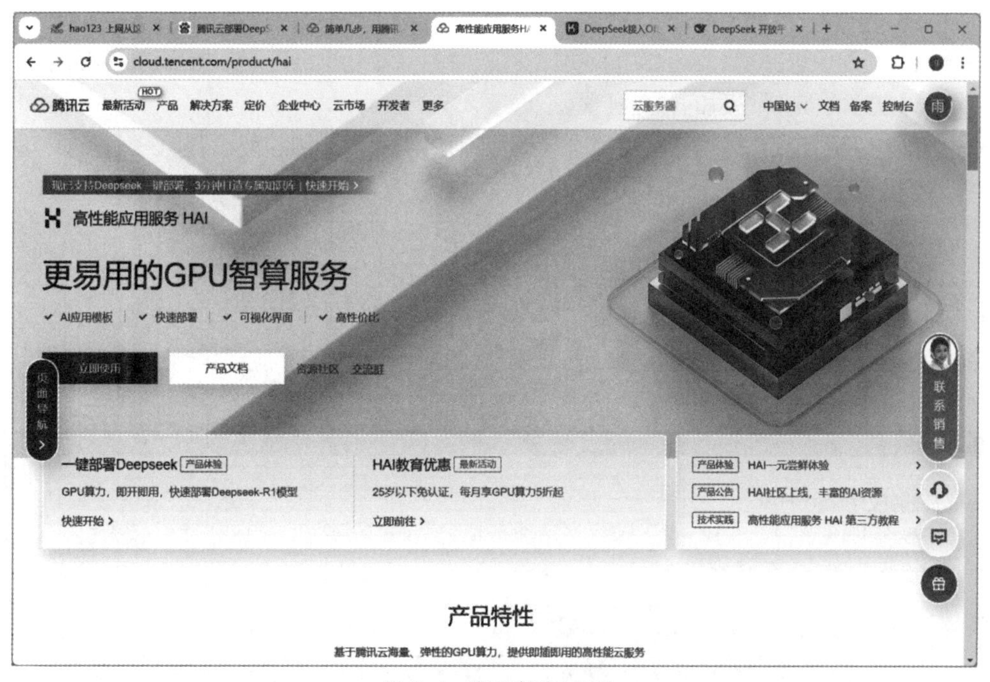

图 8-1　登录腾讯云 HAI

② 进入 HAI 的算力管理页面，如图 8-2 所示。

③ 单击“新建”按钮来到高性能应用服务 HAI 页面，如图 8-3 所示，在此完成下面的工作：

- 选择应用：选择“社区应用”，应用选择DeepSeek-R1。

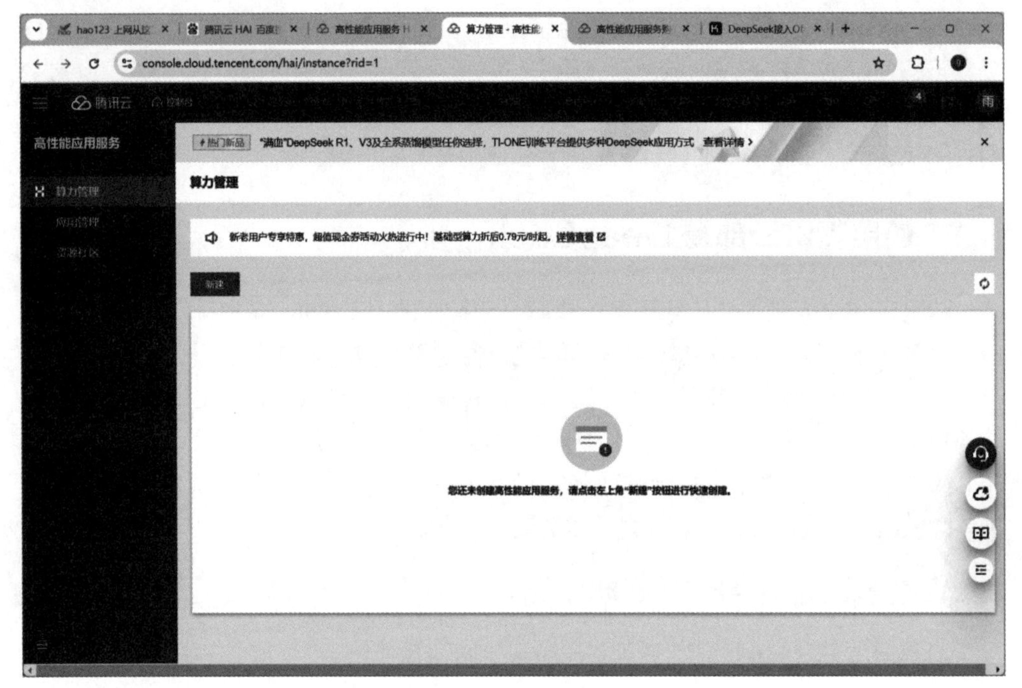

图 8-2　算力管理页面

- 地域：建议选择靠近自己实际地理位置的地域，降低网络延迟、提高访问速度。
- 算力方案：选择合适的算力套餐。
- 实例名称：自定义“实例名称”，若不填则默认使用实例ID替代。
- 数量：默认1台。

④ 核对配置信息后，单击“立即购买”按钮，并根据页面提示完成支付。

⑤ 此时返回控制台界面会看到刚刚购买的服务，如图 8-4 所示。单击实例任意位置并进入该实例的详情页面，我们将在站内信中收到登录密码，可以在此页面查看DeepSeek-R1 的详细配置信息。到此为止，DeepSeek-R1 应用实例购买成功。

图 8-3 高性能应用服务 HAI 页面

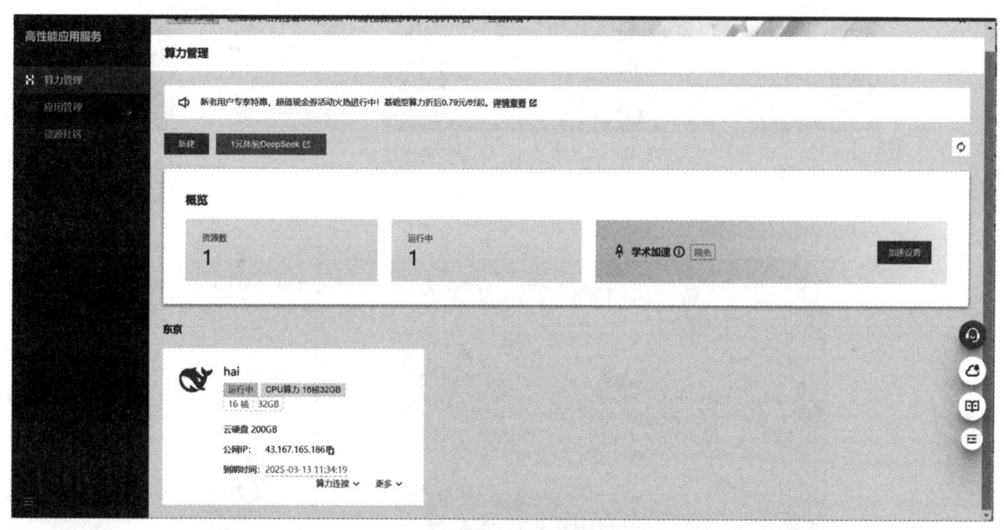

图 8-4 实例信息页面

⑥ 此时，可通过可视化界面 (GUI) 或命令行 (Terminal) 使用 DeepSeek 模型。

8.1.2 通过 OpenWebUI 使用 DeepSeek 模型

① 登录高性能应用服务 HAI 控制台，依次选择“算力连接”>“OpenWebUI”，如图 8-5 所示。

② 在弹出的页面中单击“开始使用”，如图 8-6 所示。

③ 在弹出的“开始使用 Open WebUI”页面创建管理员账号，分别设置 OpenWebUI 的名称、电子邮箱、密码，如图 8-7 所示。

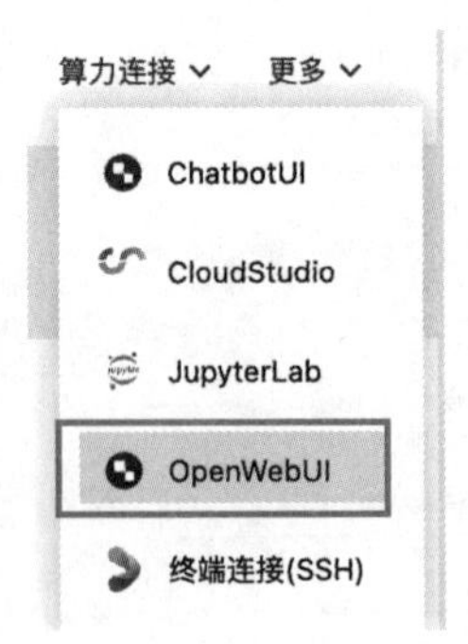

图 8-5 选择“OpenWebUI”

图 8-6 单击“开始使用”

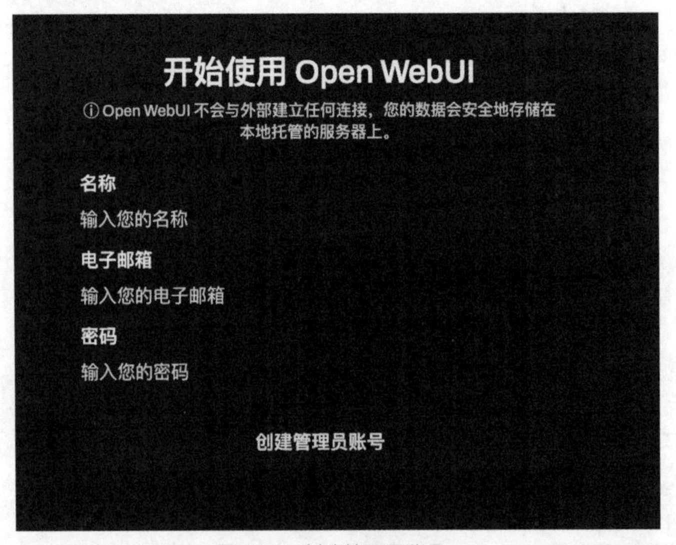

图 8-7 创建管理员账号

④ 设置成功后进入 OpenWebUI 主页面，此时基于 DeepSeek 模型的聊天界面已显示，我们可以和 DeepSeek 进行聊天了，如图 8-8 所示。

图 8-8　使用 DeepSeek 模型的聊天界面

8.1.3　通过 ChatbotUI 使用 DeepSeek 模型

① 登录高性能应用服务 HAI 控制台，然后依次选择“算力连接” > “ChatbotUI”，如图 8-9 所示。

② 在弹出的新页面中，根据页面指引完成与模型的交互。设置成功后进入 ChatbotUI 主页面，此时基于 DeepSeek 模型的聊天界面已显示，我们可以和 DeepSeek 进行聊天了，如图 8-10 所示。

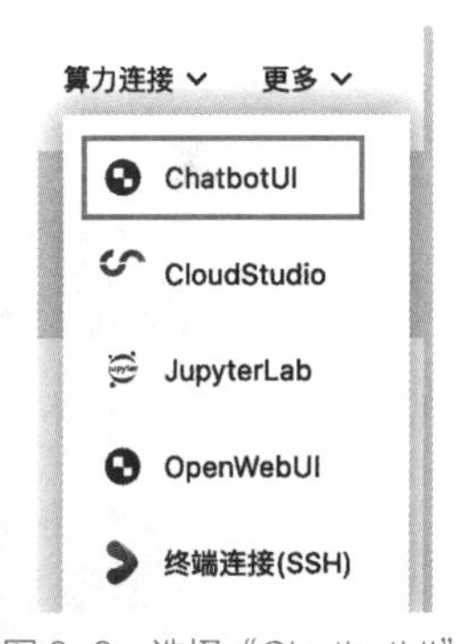

图 8-9　选择“ChatbotUI”

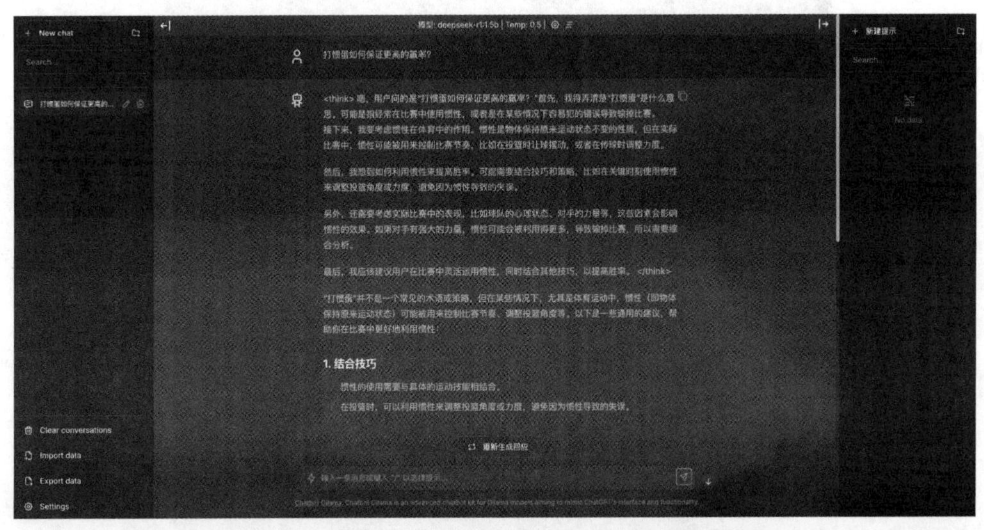

图 8-10　使用 ChatbotUI 调用 DeepSeek 模型的聊天界面

8.1.4 通过终端连接命令行使用 DeepSeek 模型

① 登录高性能应用服务 HAI 控制台，然后依次选择“算力连接”>“终端连接(SSH)”，如图 8-11 所示。

图 8-11 选择“终端连接 (SSH)”

② 在弹出的“登录”页面中输入站内登录密码，然后单击“登录”按钮，如图 8-12 所示。

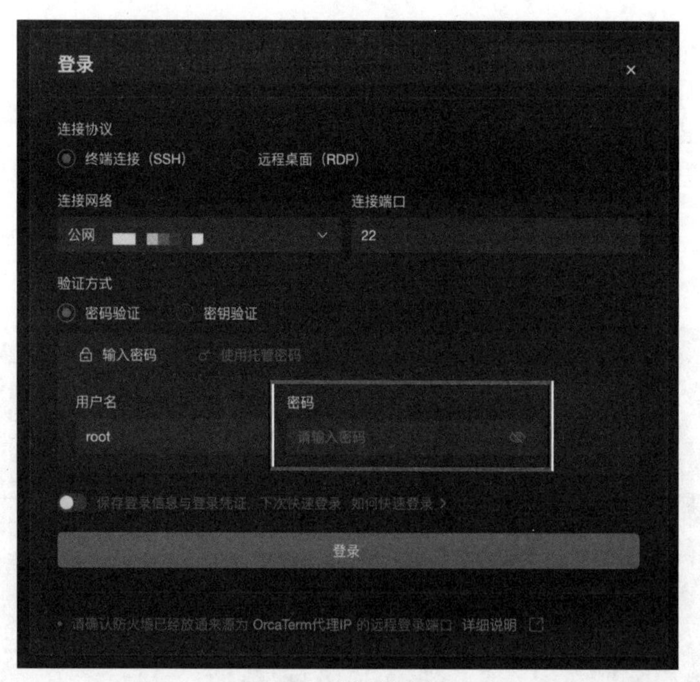

图 8-12 “登录”页面

③ 登录成功后，输入以下命令加载默认的 DeepSeek 模型：

```
ollama run deepseek-r1
```

运行后在命令行界面中会显示和 DeepSeek 模型的交互界面，如图 8-13 所示。

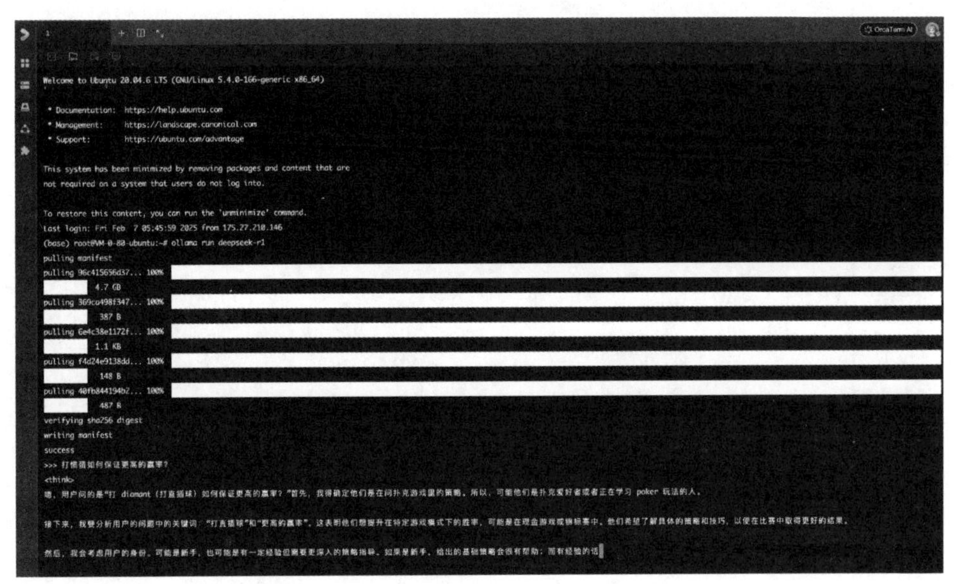

图 8-13　和 DeepSeek 模型的交互界面

8.1.5　基于腾讯云和 DeepSeek 的个人知识库

本知识库系统基于 Cherry Studio 和腾讯云并通过调用 DeepSeek 实现，Cherry Studio 是一款支持多个大语言模型（LLM）服务商的桌面客户端。

① 登录 Cherry Studio 主页，单击“下载客户端”按钮下载 Cherry Studio，如图 8-14 所示。

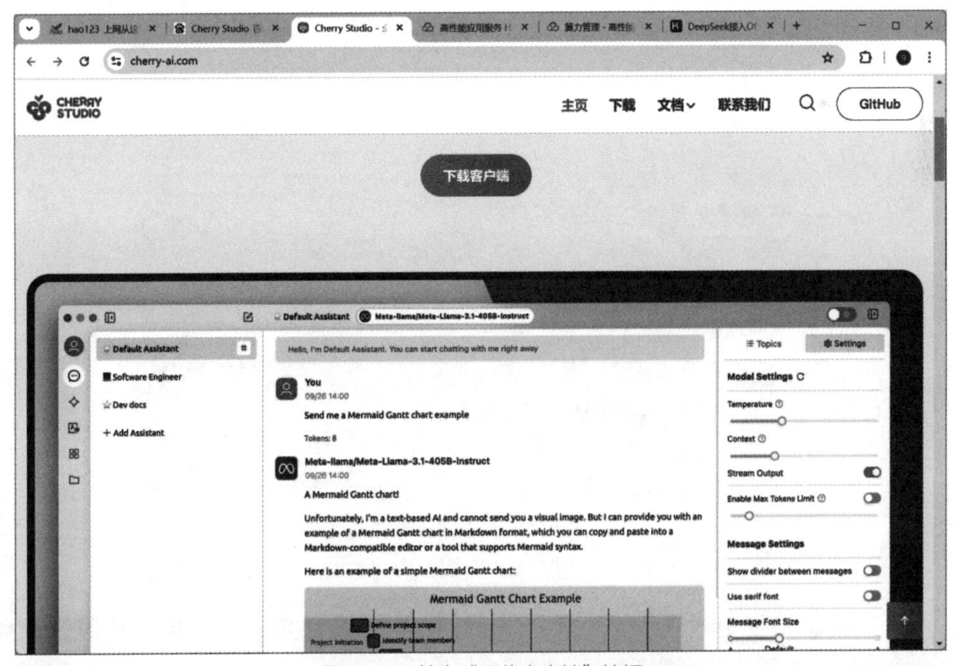

图 8-14　单击“下载客户端”按钮

② 安装成功后进入“模型服务”界面，选择模型服务中的“Ollama”，填写 API 地址及模型名称。将默认的 localhost 替换为 HAI 实例的公网 IP，将端口号由 11434 修改为 6399。单击下方的添加按钮添加模型，模型 ID 输入“deepseek-r1:7b”或“deepseek-r1:1.5b”，如图 8-15 所示。

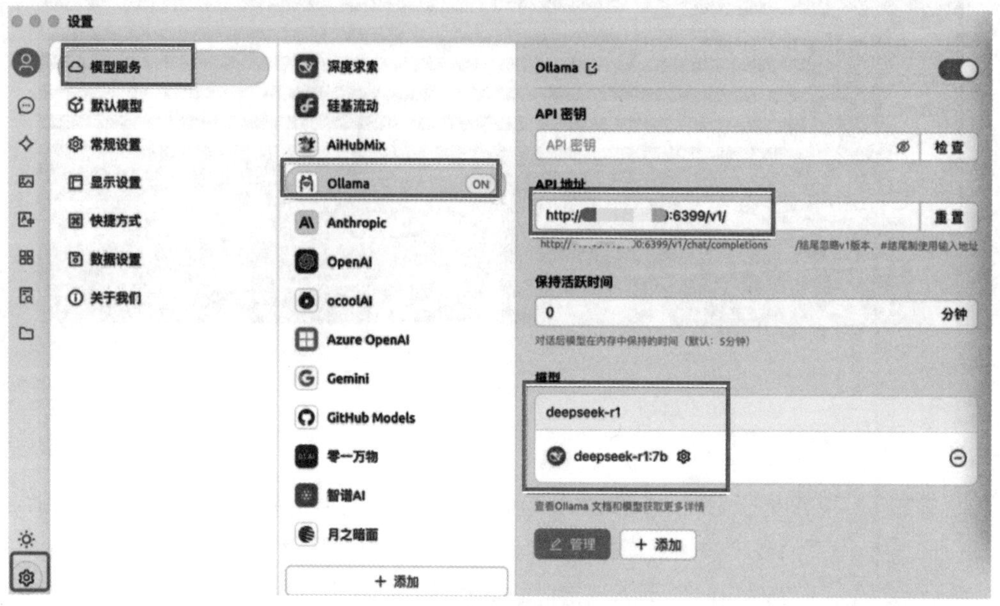

图 8-15 “模型服务”界面

③ 单击 API 密钥右侧的“检查”按钮，不需填写 API 密钥，页面显示“连接成功”即已完成配置，如图 8-16 所示。

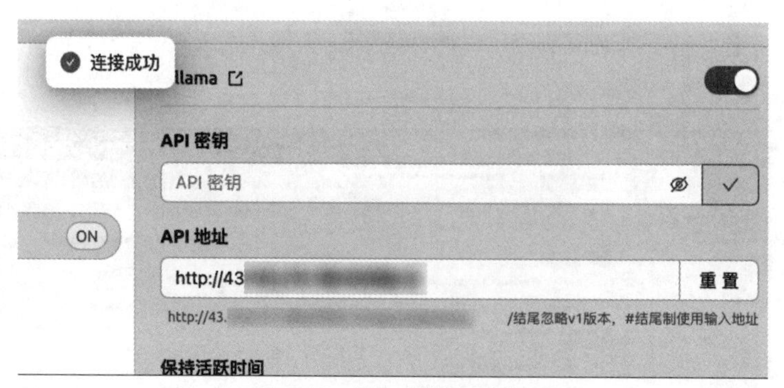

图 8-16 连接“模型服务”

④ 连接成功后便建立了 Cherry Studio 和腾讯 HAI 实例的连接，并通过调用 DeekSeek 实现了一个知识库系统，如图 8-17 所示。

图 8-17　Cherry Studio 界面的知识库系统

8.2　使用百度云部署 DeepSeek

百度智能云是百度公司推出的综合性云服务平台，涵盖云存储、云计算、人工智能等多种服务，通过整合云存储、云计算和 AI 技术，为企业和个人用户提供高效、安全、智能化的云服务解决方案，满足不同场景下的多样化需求。

8.2.1　体验已部署好的 DeepSeek

2025 年 2 月，百度智能云宣布 DeepSeek-R1 和 DeepSeek-V3 模型已在百度智能云千帆大模型平台上架，同步推出超低价格方案，并提供限时 2 周的免费服务。百度智能云千帆大模型平台是一站式的企业级大模型平台，截至 2024 年 11 月，通过平台进行的模型精调数超过 3.3 万，企业应用开发数超过 77 万。

① 登录百度智能云主页，输入个人信息登录平台，如图 8-18 所示。

图 8-18　百度智能云主页

② 单击右上角的“控制台”按钮来到控制台界面，如图 8-19 所示。

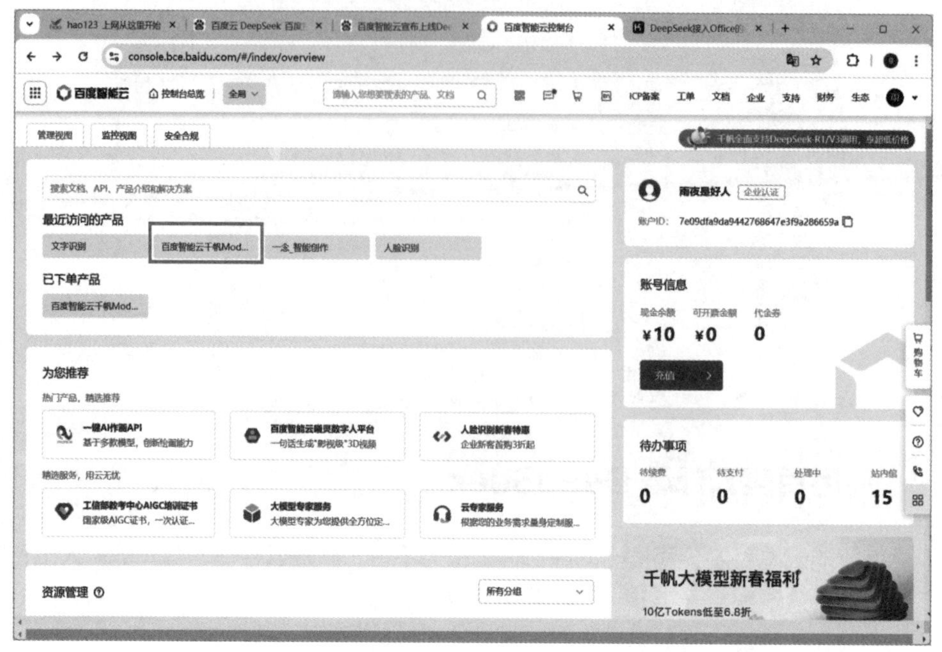

图 8-19　控制台界面

③ 然后单击“百度智能云千帆 ModelBuilder”按钮来到“千帆 ModelBuilder”控制台界面，如图 8-20 所示。

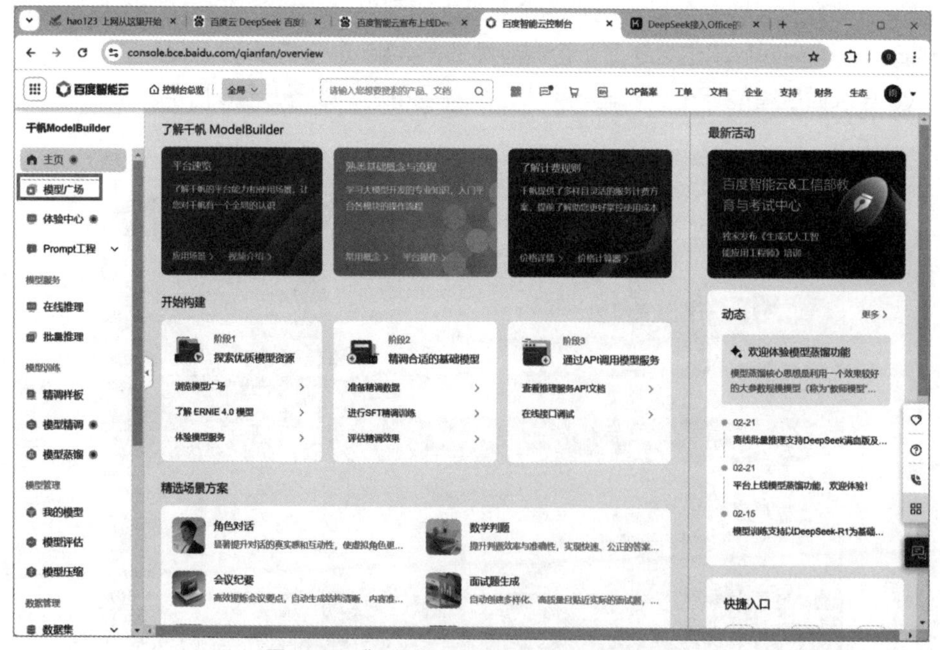

图 8-20　“千帆 ModelBuilder”控制台界面

④ 单击左侧导航中的“模型广场”来到“探索千帆精选大模型”界面，在此显示了百度智能云中已经接入的大模型，会发现目前百度智能云已经提供了多款 DeepSeek 大模型供用户在线使用，如图 8-21 所示。

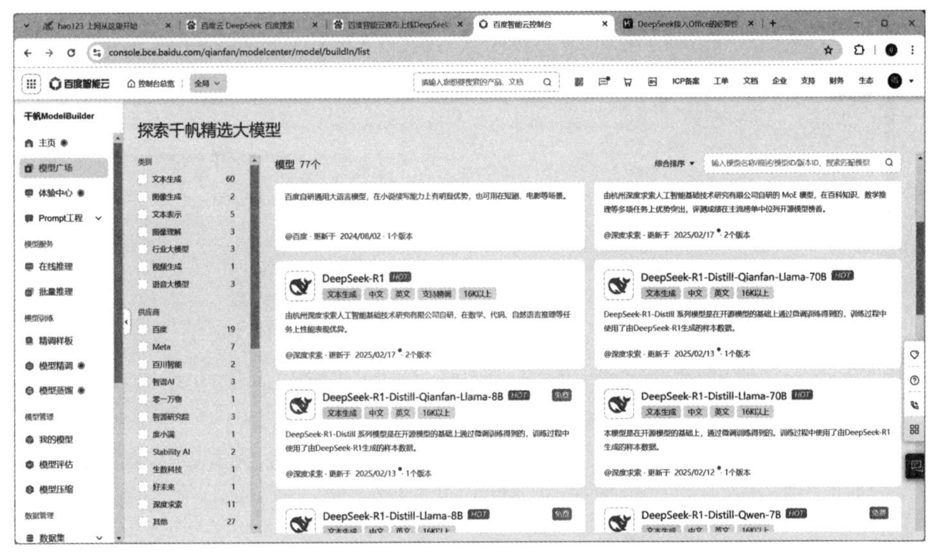

图 8-21　“探索千帆精选大模型”界面

⑤ 我们可以选择一款 DeepSeek 大模型在线体验，例如单击“DeepSeek-R1”下面的“体验”按钮，就可以体验百度智能已经部署好的DeepSeek-R1，如图8-22所示。

图 8-22　体验“DeepSeek-R1”

⑥ 此时来到 DeepSeek 对话界面，这是百度智能云通过调用 DeepSeek-R1 模型提供的对话服务，如图 8-23 所示。

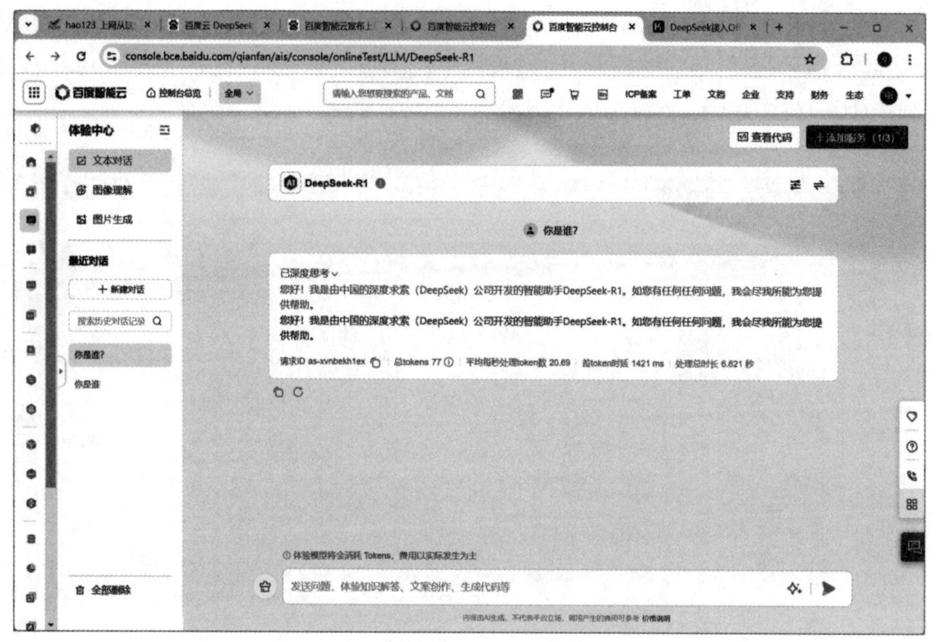

图 8-23　DeepSeek 对话界面

8.2.2　部署自己的 DeepSeek

① 来到“探索千帆精选大模型”界面，在此显示了百度智能云中已经接入的大模型，我们可以选择部署一款自己的 DeepSeek 大模型。例如单击“DeepSeek-V3”下面的“使用此模型”按钮，然后单击“部署”按钮，如图 8-24 所示。

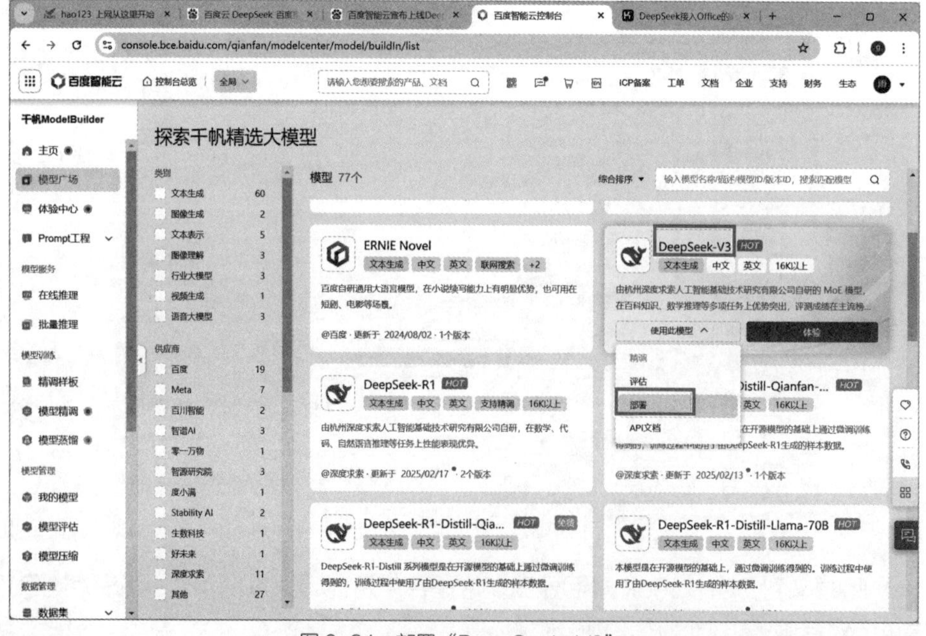

图 8-24　部署“DeepSeek-V3”

② 弹出“创建服务”界面，分别输入“服务名称”和“部署资源”等信息，如图 8-25 所示。

图 8-25 “创建服务”界面

③ 单击“确定”按钮后完成模型部署，然后就可以使用自己部署的 DeepSeek-V3 模型实现对话服务了，如图 8-26 所示。

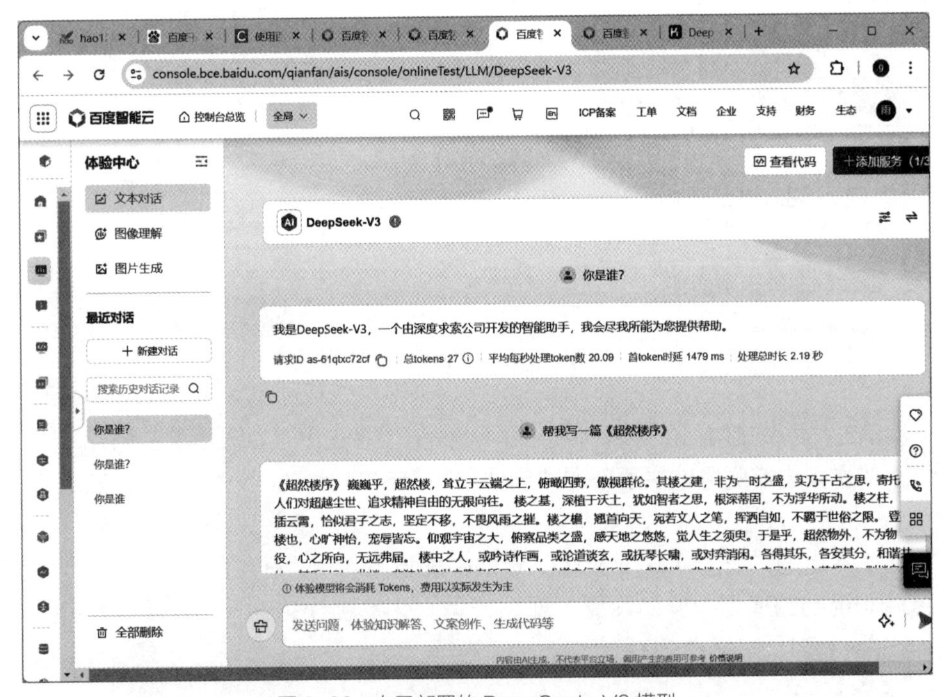

图 8-26 自己部署的 DeepSeek-V3 模型

8.2.3 基于 DeepSeek 模型的 Agent

Agent（智能体）是一种基于人工智能技术构建的智能代理系统，能够模拟人类的决策和交互能力，自主完成特定任务或与用户进行交互。Agent 的核心优势在于其强大的任务规划能力和对复杂场景的适应性，能够显著提升应用的智能化水平和用户体验。在百度智能云千帆 AppBuilder 中，Agent 框架通过集成自然语言处理、对话管理、任务规划等技术，为用户提供高效、智能的自动化解决方案。它可以理解用户指令，调用相关工具和 API，执行复杂任务，如文档问答、数据查询、多轮对话等，并生成精准的响应结果。

AppBuilder 是百度智能云推出的一款基于大模型技术的 AI 原生应用开发平台，旨在降低 AI 应用开发门槛，赋能开发者和企业快速搭建 AI 应用。接下来将介绍在百度智能云千帆 AppBuilder 平台中，调用 DeepSeek 模型实现一个 Agent 的方法。

① 来到 AppBuilder 主页，输入个人信息登录，如图 8-27 所示。

图 8-27　AppBuilder 主页

② 单击“免费试用”按钮来到 AppBuilder 开发者主页，如图 8-28 所示。

③ 依次单击左侧导航栏顶部的“创建”>“自主规划 Agent”按钮，如图 8-29 所示。

④ 在弹出的“我的 Agent 应用”界面中配置 Agent，在“配置”选项中可以设置 Agent 用到的模型，例如设置“规划模型”为 DeepSeek-V3，“问答模型”为 DeepSeek-R1，如图 8-30 所示。

图 8-28　AppBuilder 开发者主页

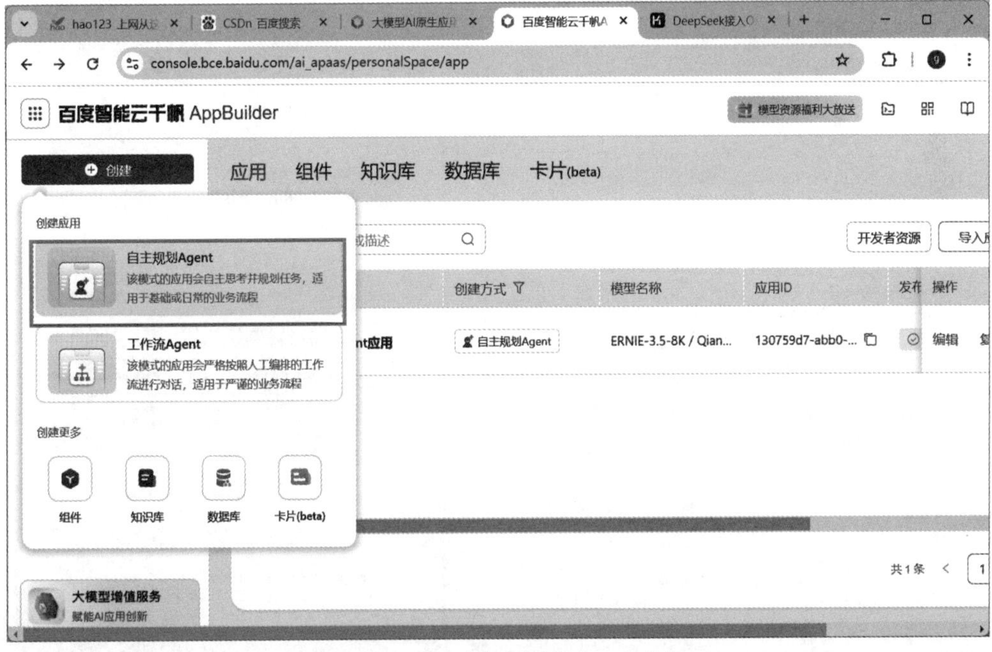

图 8-29　单击“自主规划 Agent”按钮

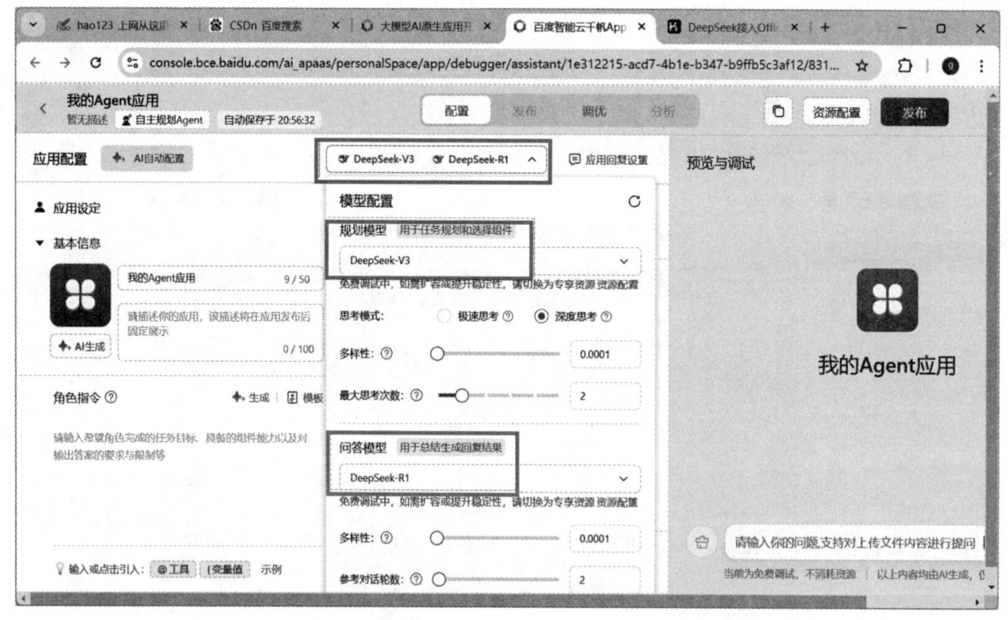

图 8-30 “配置”选项

⑤ 在右侧的“预览与调试”面板中可以跟 Agent 进行对话，例如输入下面的内容：

介绍下你自己，你开源了多少模型?

Agent 会调用 DeepSeek 模型进行回答，如图 8-31 所示。

图 8-31 Agent 的回复

⑥ 依次单击右上角的“发布”>“发布应用”按钮可以发布自己的 Agent 应用，如图 8-32 所示。

图 8-32　发布自己的 Agent 应用

⑦ 发布成功后来到“发布渠道”页面，这里展示了 Agent 的不同发布渠道，如图 8-33 所示。

图 8-33　“发布渠道”页面

⑧ 我们可以将刚创建的 Agent 应用发布到网页、百度搜索、企业微信、微信公众号等，具体方法可查看“发布渠道”页面中的相关信息。例如在“网页版”后面的文本框中有 Agent 的分发网页地址，在浏览器中输入这个地址即可使用自己的 Agent，如图 8-34 所示。

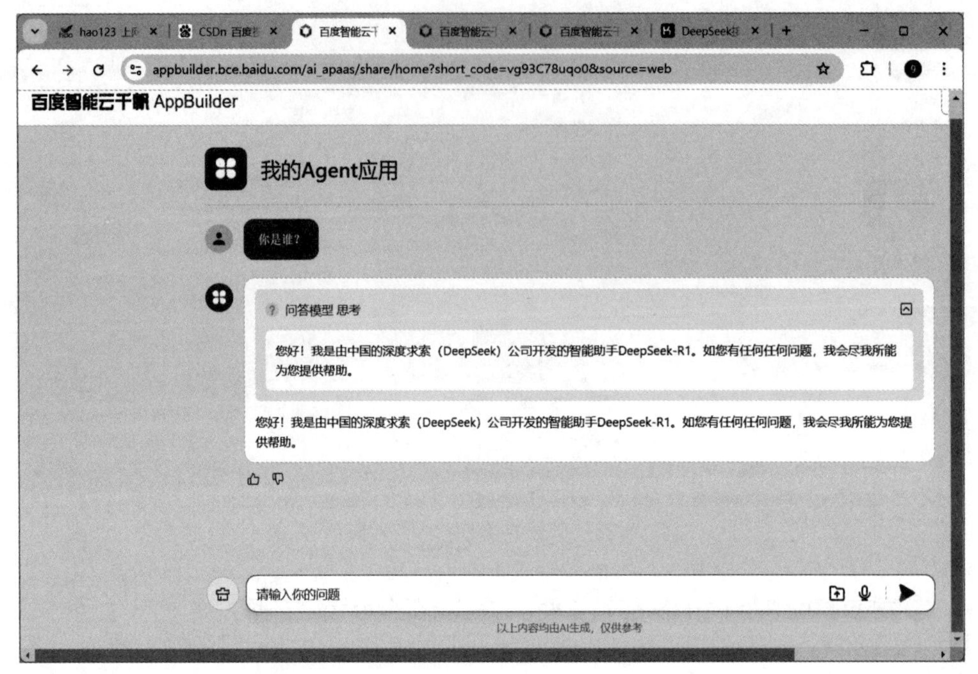

图 8-34 “网页版”Agent

8.3 使用阿里云部署 DeepSeek

阿里云人工智能平台 PAI 是 AI Native（AI 原生）的大模型与 AIGC 工程平台，PAI Model Gallery 支持云上一键部署 DeepSeek-V3、DeepSeek-R1，为开发者和企业用户带来了更快、更高效、更便捷的 AI 开发和应用体验。

8.3.1 开通人工智能平台 PAI

① 打开阿里云人工智能平台 PAI 页面，单击“立即开通”按钮，如图 8-35 所示。

图 8-35 开通阿里云人工智能平台

② 在开通之前需要先进行实名认证，在认证界面需要授权角色和开通服务，根据提示点击授权和开通即可，如图 8-36 所示。

图 8-36　用户认证界面

③ 授权用户角色和开通服务后，点击“一键开通”按钮完成认证和开通工作，如图 8-37 所示。

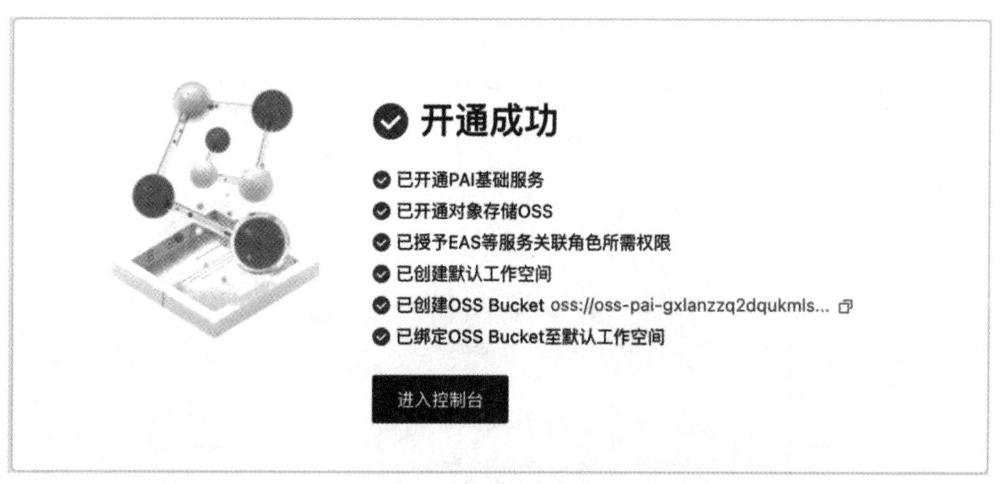

图 8-37　开通成功界面

8.3.2　一键部署 DeepSeek 模型

① 进入 PAI 的管理控制台页面，点击左侧的“Model Gallery”来到“Model Gallery”页面，然后在顶部表单中搜索“DeepSeek”，即可看到当前 PAI 支持的 DeepSeek 大模型版本，如图 8-38 所示。

图 8-38 “Model Gallery”页面

② 在 Model Gallery 页面的模型列表中，选择想要部署的 DeepSeek 模型。例如以“DeepSeek-R1-Distill-Qwen-7B”模型为例，点击进入可以查询到当前模型的详细介绍，如图 8-39 所示。

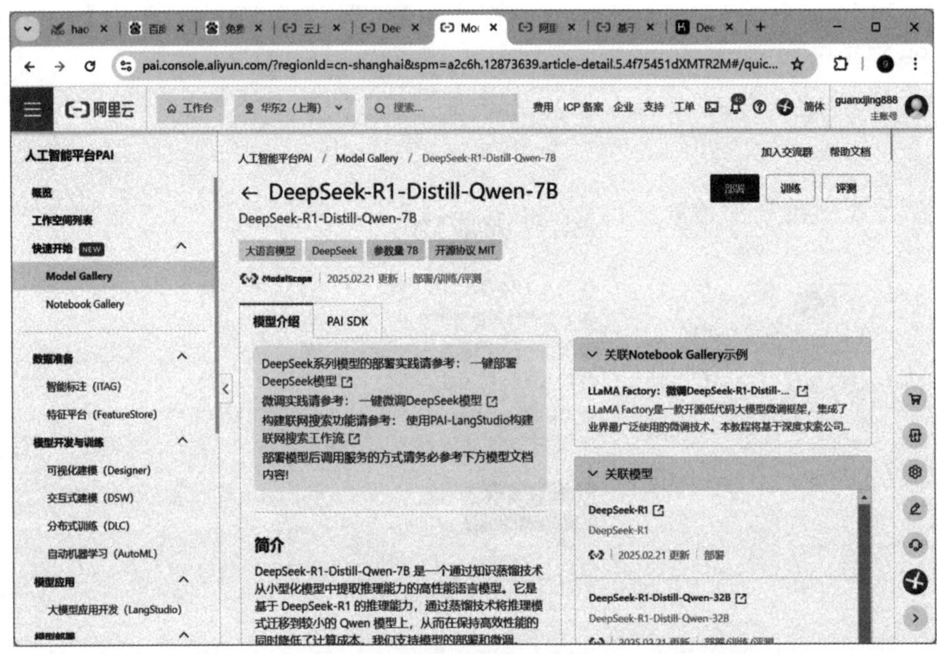

图 8-39 “DeepSeek-R1-Distill-Qwen-7B”模型的信息

③ 目前 DeepSeek-R1 支持采用 vLLM（伯克利大学 LMSYS 组织开源的高速推理框架）加速部署，DeepSeek-V3 支持 vLLM 加速部署以及 Web 应用部署，DeepSeek-R1 蒸馏小模型支持采用 BladeLLM（阿里云 PAI 自研高性能推理框架）

和 vLLM 加速部署。在选择部署方式和部署资源后，即可一键部署服务，生成一个 PAI-EAS 服务（即 PAI 提供的模型在线服务）。点击右上角的“部署”按钮开始部署，如图 8-40 所示。

图 8-40　点击“部署”按钮

④ 在弹出的“部署”页面中设置部署信息，例如“服务名称”、“资源部署”等信息，根据自己的需要进行配置，建议使用默认配置，如图 8-41 所示。单击“部署”按钮完成操作，在服务页面可以点击“查看调用信息”获取调用的 Endpoint 和 Token，另外返回模型介绍页面可以查看详细调用和使用方法。

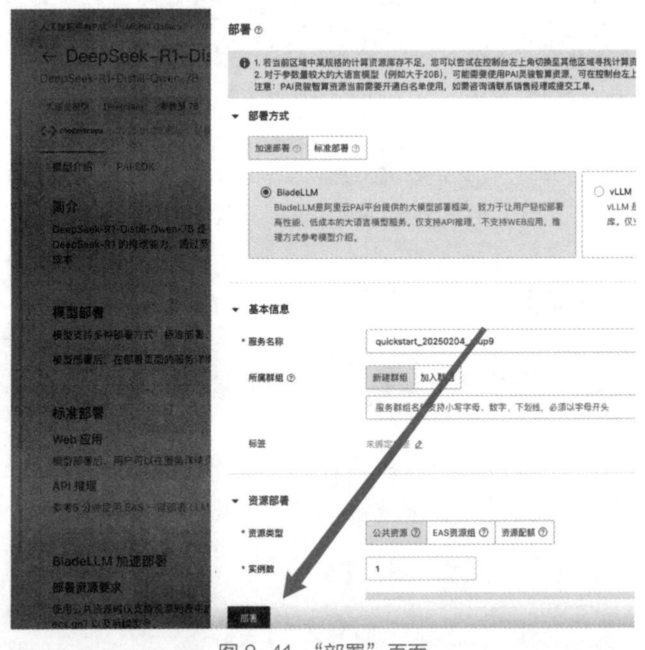

图 8-41　“部署”页面

8.3.3 基于 DeepSeek 打造钉钉聊天机器人

在阿里云人工智能平台 PAI 中零代码部署 DeepSeek 系列模型后，可以通过阿里云计算巢 AppFlow 轻松集成到钉钉聊天中使用，打造一个钉钉聊天机器人。

① 按照8.3.2小节中的方法在阿里云中一键部署DeepSeek模型，然后在“Model Gallery”>“部署任务”中单击已部署的服务名称，进入服务详情页。单击查看“调用信息”并在“调用信息”对话框的“公网地址调用”页签，获取“访问地址”和“Token”，如图 8-42 所示。

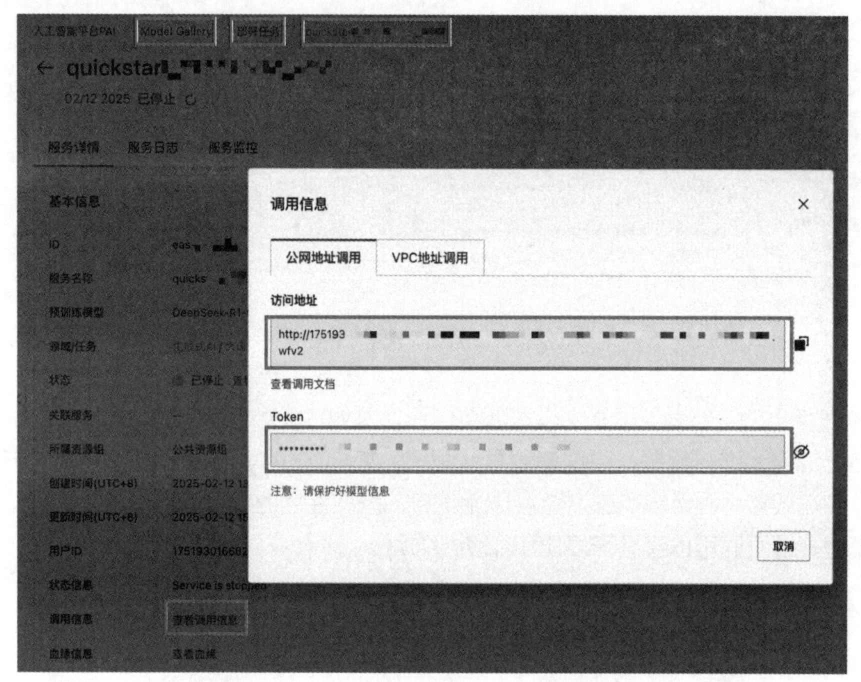

图 8-42　已部署 DeepSeek 模型的调用信息

② 登录钉钉开放平台，在页面上方选择“应用开发”，在左侧导航栏中单击“钉钉应用”，在钉钉应用页面右上角单击“创建应用”按钮，如图 8-43 所示。

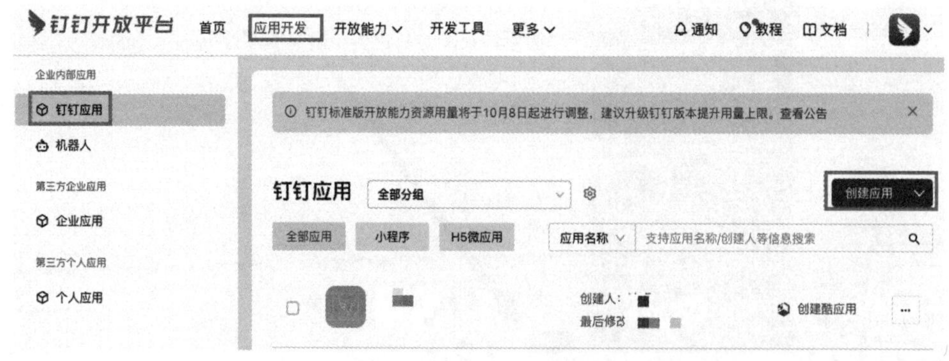

图 8-43　创建钉钉应用

③ 在弹出的“创建应用”面板中，填写“应用名称”和“应用描述”，上传“应用图标”，完成后点击“保存”按钮，如图 8-44 所示。

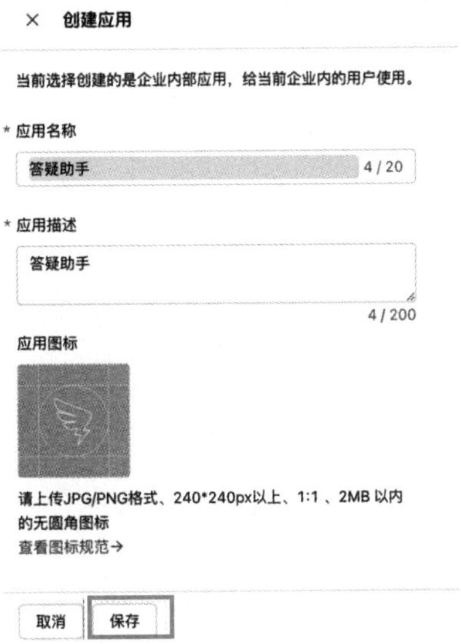

× 创建应用

当前选择创建的是企业内部应用，给当前企业内的用户使用。

* 应用名称

答疑助手　4 / 20

* 应用描述

答疑助手

4 / 200

应用图标

请上传JPG/PNG格式、240*240px以上、1:1 、2MB 以内的无圆角图标

查看图标规范→

取消　保存

图 8-44　“创建应用”面板

④ 使用阿里云计算巢 AppFlow 模板创建连接流，单击“立即使用”进入创建流程。在连接流的“账户授权”中选择凭证，完成后单击“下一步”按钮弹出“创建凭证”界面，填写刚刚在 PAI 平台获取的 Token，如图 8-45 所示。

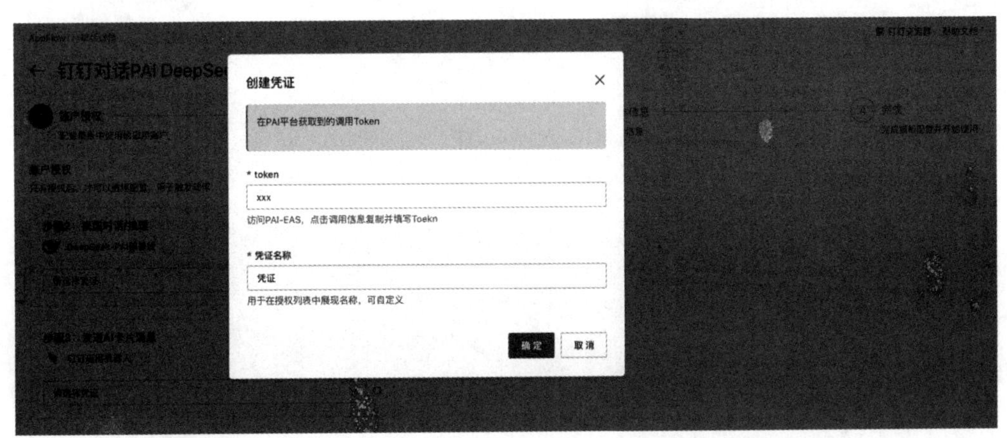

图 8-45　填写在 PAI 平台获取的 Token

⑤ 在弹出“创建凭证”界面中设置发送 AI 卡片消息，首先填写一个“凭证名称”，然后再创建钉钉应用时获取的“Client ID”和“Client Secret”，如图 8-46 所示。

创建凭证

如何授权?

授权添加所需内容需要您在钉钉开放平台中自建钉钉应用后获取，具体操作可以查看帮助文档

* 凭证名称

用于在授权列表中展现名称，可自定义

* Client ID

登录钉钉开放平台-选择应用-凭证与基础信息

* Client Secret

登录钉钉开放平台-选择应用-凭证与基础信息

确定 取消

图 8-46 “创建凭证”界面

⑥ 在“执行动作”配置向导页填写在 PAI 平台获取的 endpoint 信息和钉钉卡片模板 ID，完成后返回图 8-43 所示的主界面，填写连接流名称和连接流描述（建议保持默认）。全部完成后弹出新页面提示流程配置成功，复制 WebhookUrl，然后单击“发布”按钮，如图 8-47 所示。

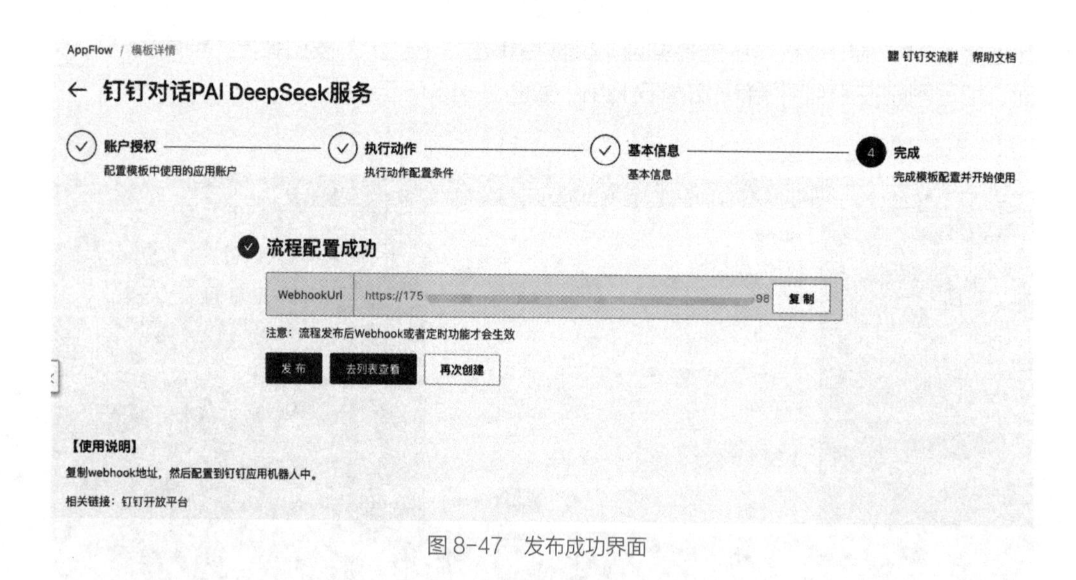

图 8-47 发布成功界面

⑦ 访问钉钉应用列表找到刚刚创建的钉钉应用，单击应用名称进入详情页面。单击左侧导航栏中的“添加应用能力”，在新页面中找到“机器人”卡片，单击“添加”按钮，如图 8-48 所示。

⑧ 在“机器人配置”页面打开机器人配置开关，可以参考图 8-49 完成配置。“消息接收模式”选择“HTTP 模式”，“消息接收地址”填写上述已获取的 WebhookUrl。

最后单击“发布”按钮，即可成功创建一个钉钉聊天机器人，这个机器人即使用前面在阿里云配置的 DeepSeek 模型回复信息，如图 8-49 所示。

图 8-48 “添加应用能力”页面

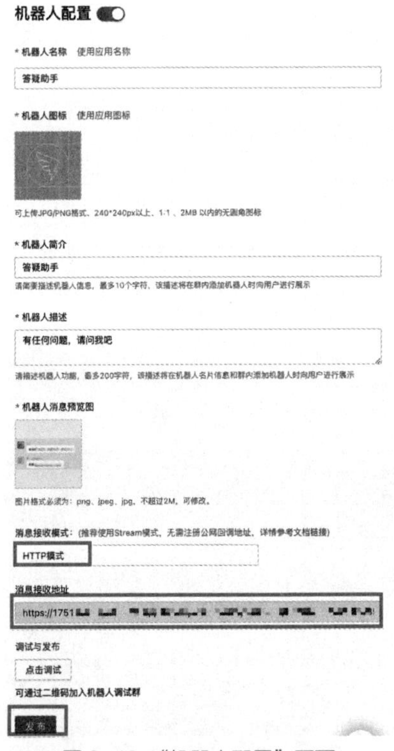

图 8-49 “机器人配置”页面

⑨ 在钉钉中实测我们的聊天机器人，其将调用 DeepSeek 回答问题，如图 8-50 所示。

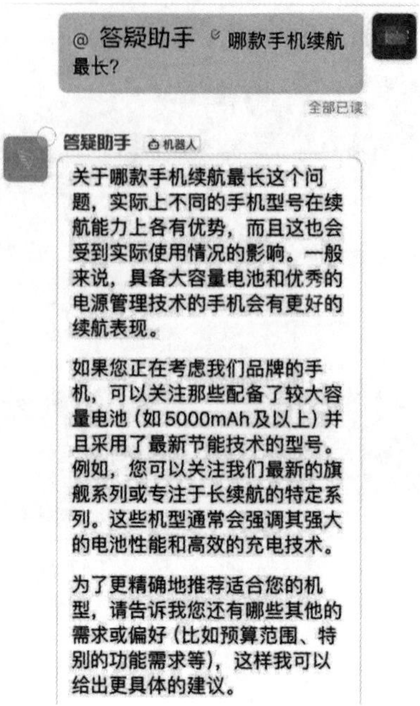

图 8-50　钉钉机器人实测

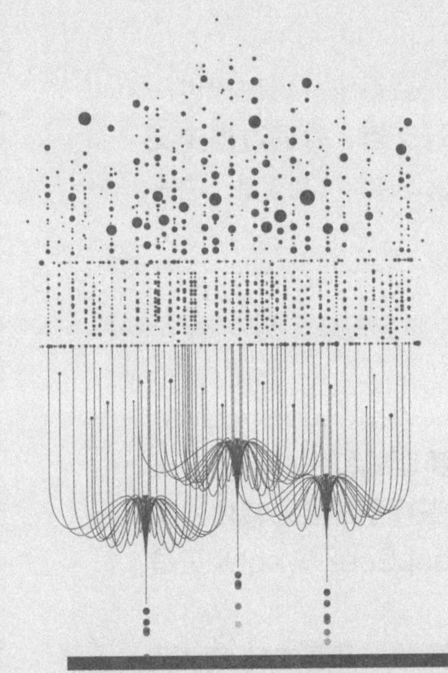

第9章

基于 DeepSeek 的 Web 聊天交互系统

扫码看本章视频

本项目是一个基于 DeepSeek 大语言模型的现代化 Web 交互系统，旨在提供一个简洁、易用且功能强大的平台，让用户能够与大语言模型进行交互，并通过自定义 API 调用实现各种功能。本项目在 GitHub 开源，项目名为 DeepSeek WebUI，由开发者 LazyBoyJgn99 创建和维护。

9.1 项目背景

随着人工智能技术的飞速发展，大语言模型（Large Language Models, LLMs）在自然语言处理（NLP）领域取得了显著的突破。这些模型能够理解和生成自然语言文本，为各种应用场景提供了强大的语言交互能力。然而，将这些模型的能力转化为实际应用时，往往需要一个高效、易用且功能丰富的交互界面。DeepSeek WebUI 正是在这样的背景下应运而生。

DeepSeek 作为近年来人工智能领域的耀眼之星，凭借其高效、开源的特点以及强大的技术实力，在 AI 市场中迅速崛起，展现出重要的地位和影响力。DeepSeek 的崛起对 AI 市场产生了深远影响。其高效、低成本的模型设计，使得 AI 技术更加可接近。同时，DeepSeek 的成功也促使其他科技巨头重新审视自身的定价策略和成本控制，推动了整个行业的良性竞争。此外，DeepSeek 的开源模式和技术创新还激发了 AI 社区的创新活力，加速了 AI 技术在各个领域的普及。

9.2 项目概况

本项目旨在为用户提供一个现代化的 Web 界面，以便与 DeepSeek 大语言模型进行交互。不仅支持多轮对话、代码高亮显示、Markdown 渲染等功能，还允许用户通过自定义 API 调用实现各种功能，如天气查询、翻译、搜索等。

9.2.1 主要功能

本项目的主要功能如下所示。

（1）对话功能

- 多轮对话：支持与AI进行多轮对话。
- 代码高亮显示：支持代码片段的高亮显示。
- Markdown渲染：支持Markdown格式的内容渲染。
- 数学公式渲染：支持数学公式的渲染。
- 多会话管理：支持多个对话会话的管理。
- 对话历史导出/导入：可以导出或导入对话历史记录。

（2）自定义函数调用功能

- 自定义外部函数配置：用户可以配置自己的外部函数。
- 内置常用API函数模板：内置了天气查询、搜索、翻译等常用API的模板。
- 函数参数可视化配置：通过可视化界面配置函数参数。

- 支持GET/POST请求方法：支持HTTP的GET和POST请求。
- 支持自定义请求头：用户可以自定义请求头。
- 参数验证和必填项设置：支持对函数参数的验证和必填项设置。

（3）模型控制

- 温度（Temperature）调节：可以调节模型生成内容的随机性。
- 采样策略选择（Top-p, Top-k）：支持采样策略的选择。
- 最大输出长度控制：可以控制模型的最大输出长度。
- 系统提示词（System Prompt）自定义：用户可以自定义系统提示词。
- 多个模型切换（Chat, Coder）：支持切换不同的模型（如聊天模型和代码生成模型）。

（4）高级功能

- 提示词（Prompt）模板库：提供提示词模板库。
- API密钥管理：支持API密钥的管理。
- 函数配置管理：可以管理函数配置。
- 对话历史管理：支持对话历史的管理。

9.2.2　技术栈

在构建本项目时，选择了多种前沿技术来确保其高性能、灵活性和用户体验。这些技术的选择不仅基于它们的成熟度和社区支持，还考虑了它们在现代 Web 开发中的最佳实践。

（1）Next.js（使用 App Router）

Next.js 是一个基于 React 的开源 Web 开发框架，特别适合构建高性能的静态和服务器端渲染的 Web 应用。它引入了 App Router，基于 React Server Components，提供了更好的性能和开发体验，支持动态路由、数据获取和布局组件等功能。

（2）TypeScript

TypeScript 是一种开源编程语言，是 JavaScript 的超集，添加了类型系统和编译时检查功能。它通过静态类型检查和强大的工具支持，帮助开发者更高效地编写高质量的代码，同时兼容现有的 JavaScript 生态系统。

（3）Tailwind CSS

Tailwind CSS 是一个实用工具优先的 CSS 框架，提供了一系列低级的工具类，允许开发者直接在 HTML 中编写样式。它支持高度的定制化，能够快速构建现代化、响应式的用户界面，同时保持代码的简洁性和可维护性。

（4）Zustand

Zustand 是一个极简的状态管理库，专为 React 和 Next.js 应用设计。它以简单的方式管理全局状态，支持状态持久化、中间件扩展等功能，并且能够无缝集成到 Next.js 的 SSR 和 SSG 特性中，确保组件仅在相关状态变化时重新渲染。

（5）Ant Design

Ant Design 是一个基于 React 的 UI 组件库，提供了一套丰富的组件和设计规范，用于构建高质量的企业级 Web 应用。它支持国际化、主题定制等功能，能够帮助开发者快速搭建美观且功能强大的用户界面。

（6）localStorage

localStorage 是 Web API 提供的客户端存储机制，用于在浏览器中持久化存储数据。它可以存储字符串、对象等数据，即使在页面关闭后数据仍然存在，常用于保存用户设置、购物车状态等场景。

总之，上述技术共同构成了 DeepSeek WebUI 的技术栈，为项目提供了强大的性能、灵活性和用户体验。

9.2.3 安装 Node.js

在上一节中介绍过，本项目用到了 Next.js，Next.js 是一个基于 Node.js 的 React 框架。Next.js 需要利用 Node.js 的运行时环境来启动开发服务器、构建项目以及处理服务器端渲染（SSR）等功能。所以在本项目开发之初，需要先安装 Node.js。

① 登录 Node.js 官网下载安装包，单击“下载 Node.js（LTS）”按钮后开始下载，如图 9-1 所示。

图 9-1　Node.js 官网

② 下载成功后得到一个“.msi”格式的安装文件，双击鼠标左键后开始安装，首先弹出欢迎安装界面，此处单击“Next”按钮。如图 9-2 所示。

③ 弹出接受安装协议对话框界面，此处勾选“I accept...”单选按钮，然后单击“Next”按钮。如图 9-3 所示。

④ 弹出安装位置界面，可根据自身需求选择安装位置，设置完成后单击“Next”按钮。如图 9-4 所示。

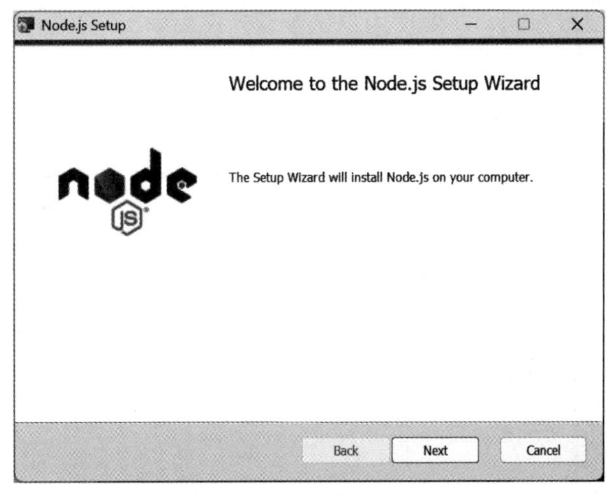

图 9-2　欢迎安装界面

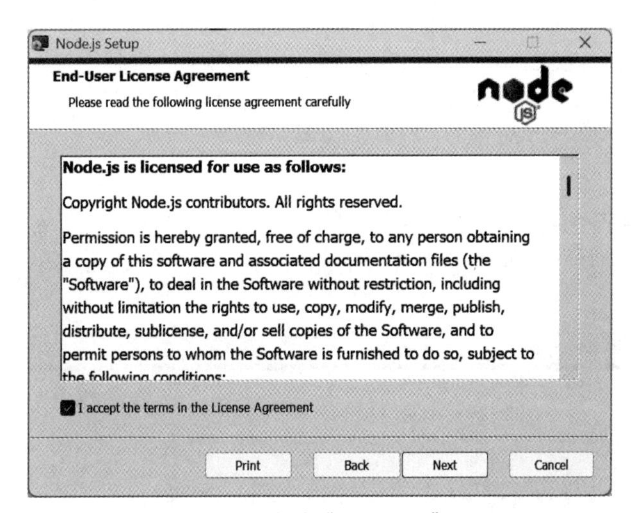

图 9-3　勾选“I accept...”

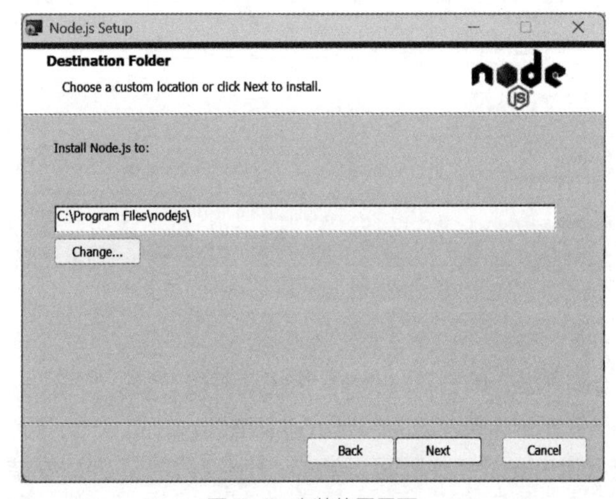

图 9-4　安装位置界面

⑤ 弹出安装设置界面，此处使用默认配置，然后单击“Next”按钮。如图 9-5 所示。

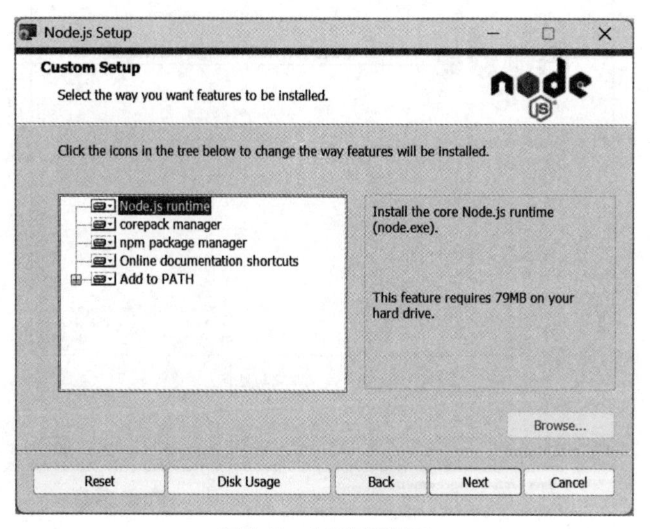

图 9-5　安装设置界面

⑥ 弹出需要安装相关工具的界面，此处勾选“Automatically...”复选框，设置完成后单击“Next”按钮。如图 9-6 所示。

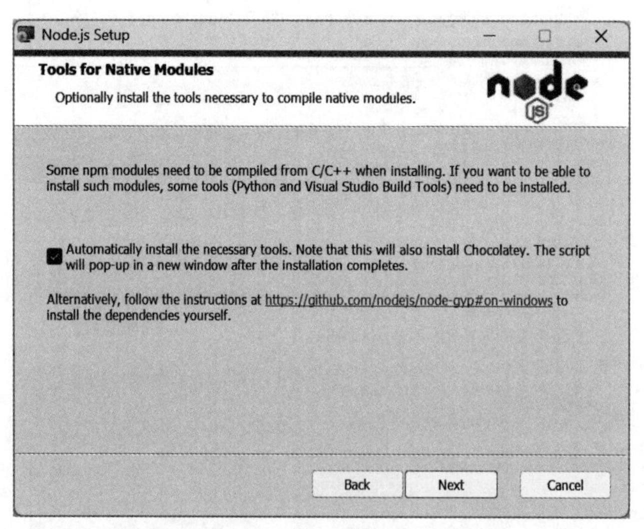

图 9-6　勾选“Automatically...”复选框

⑦ 弹出准备安装界面，单击“Install”按钮后开始安装。如图 9-7 所示。

⑧ 弹出正在安装界面，通过进度条显示安装进度，如图 9-8 所示。

⑨ 安装完成后弹出安装完成界面，单击“Finish”按钮完成安装工作。如图 9-9 所示。

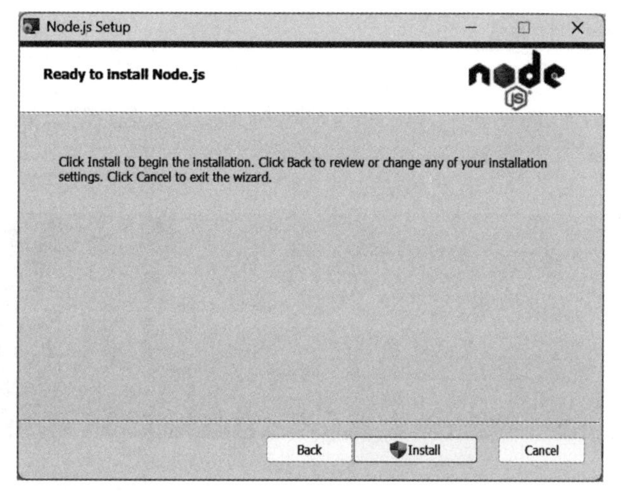

图 9-7　准备安装界面

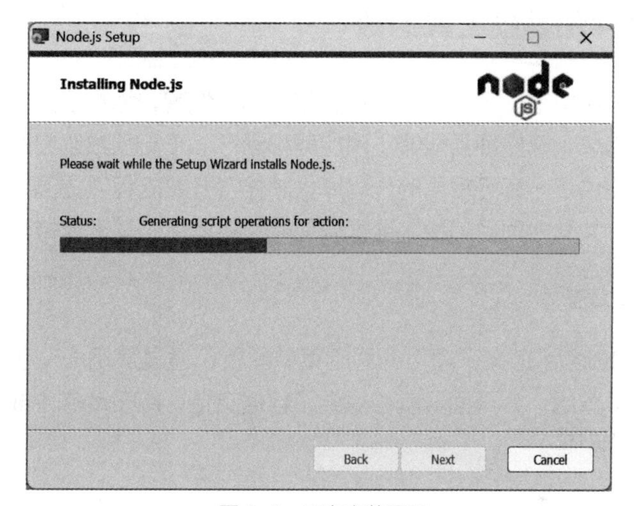

图 9-8　正在安装界面

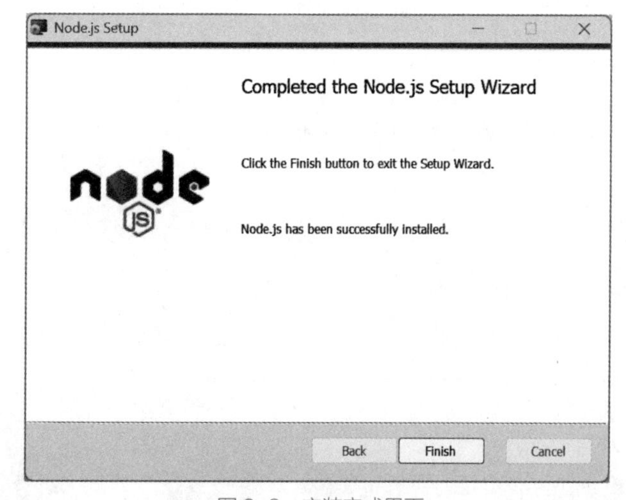

图 9-9　安装完成界面

⑩ 在命令行界面中输入下面的命令：

```
node -v
```

如果成功显示 Node.js 的版本，那么说明 Node.js 安装成功，如图 9-10 所示。

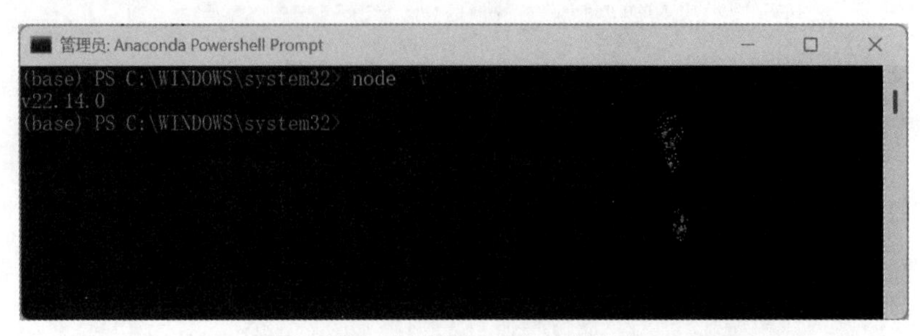

图 9-10　成功显示 Node.js 的版本

9.3　配置文件和基础工具函数

配置文件在项目中定义了全局的运行参数和环境设置，为项目的初始化和功能模块提供必要的配置信息，确保项目能够正确加载和运行。工具函数则封装了常用的逻辑和操作，为开发者提供了一套可复用的代码库，简化了开发流程，提高了代码的可维护性和开发效率。二者共同为项目的稳定运行和功能实现提供了基础支持。

9.3.1　导航菜单配置

文件 navigation.ts 定义了项目的导航菜单配置，通过声明一个包含名称、路径和图标组件的导航项数组，为页面导航栏提供了数据支持，用于动态生成菜单项，实现页面间的跳转和功能引导。

```
import {
 MessageOutlined,
 SettingOutlined,
 FunctionOutlined,
 UserOutlined,
} from '@ant-design/icons';
import { ComponentType } from 'react';

interface NavigationItem {
 name: string;
 href: string;
 icon: ComponentType;
}

export const navigation: NavigationItem[] = [
  {
   name: '对话',
   href: '/',
   icon: MessageOutlined,
```

```
  },
  {
    name: '函数配置',
    href: '/functions',
    icon: FunctionOutlined,
  },
  {
    name: '设置',
    href: '/settings',
    icon: SettingOutlined,
  },
];
```

9.3.2　基础工具函数

文件 function-utils.ts 供了一组基础工具函数，用于处理与函数调用相关的数据转换和请求体处理。包括将嵌套对象扁平化为点号分隔的键值对的函数、处理请求体以保持对象层级结构的函数，以及替换 URL 中参数的函数。这些工具函数主要用于简化 API 请求的构造过程，确保参数正确传递和格式化，从而支持项目中自定义函数调用的实现。

```
/**
 * 将嵌套对象扁平化为点号分隔的键值对
 * @param obj要扁平化的对象
 * @param prefix键的前缀
 * @returns扁平化后的对象
 */
export function flattenObject(obj: Record<string, any>, prefix = '')
  : Record<string, string> {
 return Object.keys(obj).reduce((acc: Record<string, string>, key
  : string) => {
   const prefixedKey = prefix ? '${prefix}.${key}' : key;
   if (typeof obj[key] === 'object' && obj[key] !== null && !Array.
     isArray(obj[key])) {
     Object.assign(acc, flattenObject(obj[key], prefixedKey));
    } else {
     acc[prefixedKey] = String(obj[key]);
    }
   return acc;
  }, {});
}

/**
 * 处理请求体，保持对象的层级结构
 * @param args参数对象
 * @param parameters参数定义
 * @returns处理后的请求体
 */
export function processRequestBody(args: Record<string, any>, parameters:
  any): Record<string, any> {
```

```
  const result: Record<string, any> = {};

  Object.entries(args).forEach(([key, value]) => {
    const paramDef = parameters.properties[key];
    if (paramDef?.type === 'object' && typeof value === 'object') {
      result[key] = processRequestBody(value, paramDef);
    } else {
      result[key] = value;
    }
  });

  return result;
}

/**
 * 处理URL中的参数替换
 * @param url原始URL
 * @param args参数对象
 * @returns处理后的URL
 */
export function processUrlParameters(url: string, args: Record<string,
  any>): string {
  const flattenedArgs = flattenObject(args);
  return Object.entries(flattenedArgs).reduce(
    (processedUrl, [key, value]) => processedUrl.replace('{${key}}
    ', encodeURIComponent(value)), url
  );
}
```

9.3.3 API 交互工具函数

在本项目中，“api”目录的功能是封装与后端服务的交互逻辑，提供了一系列工具函数用于发送 HTTP 请求、处理响应数据以及管理 API 调用过程中的错误。它支持多种请求方法（如 GET、POST），能够处理流式响应、解析 JSON 数据，并将请求结果返回给前端调用者。此外，它还提供了对 API 错误的统一处理机制，确保在请求失败时能够向用户清晰地反馈错误信息。

① 文件 config.ts 是本项目的配置文件，用于定义与 API 交互相关的全局配置。它提供了 DeepSeek 和 Coze API 的基础 URL 地址，并定义了可用的模型类型（如 chat、coder、reasoner）。这些配置信息为项目的 API 调用和模型选择提供了基础支持，确保项目能够正确地与后端服务进行通信。

```
export const API_CONFIG = {
  BASE_URL: process.env.NEXT_PUBLIC_DEEPSEEK_API_URL || 'https://
  api.deepseek.com/v1',
  BASE_URL_V0: process.env.NEXT_PUBLIC_DEEPSEEK_API_URL_
  V0 || 'https://api.deepseek.com/v1',
  BASE_COZE_URL: process.env.NEXT_PUBLIC_COZE_API_URL || 'https://
  api.coze.cn/v1',
```

```
  MODELS: {
    'chat': 'deepseek-chat',
    'coder': 'deepseek-coder',
    'reasoner': 'deepseek-reasoner',
  },
} as const;

export type ModelType = keyof typeof API_CONFIG.MODELS;
```

② 文件 coze.ts 封装了与 Coze API 的交互逻辑，提供了执行工作流（非流式和流式响应）、获取工作流执行结果等功能。它定义了响应数据的接口类型，并通过自定义错误类 CozeApiError 处理 API 调用中的错误。文件中的函数使用 fetch 发起 HTTP 请求，支持工作流的运行和结果查询，同时流式响应功能允许实时处理返回的数据流。

```
interface CozeWorkflowRunResponse {
  code: number;
  msg: string;
  data: {
    biz_code: number;
    biz_msg: string;
    biz_data: {
      id: string;
      content: string;
      status: string;
      error_code: null | string;
      inserted_at: number;
      updated_at: number;
    };
  };
}

interface CozeWorkflowStreamRunResponse {
  code: number;
  msg: string;
  data: {
    biz_code: number;
    biz_msg: string;
    biz_data: {
      id: string;
      content: string;
      status: string;
      error_code: null | string;
      inserted_at: number;
      updated_at: number;
    };
  };
}

export class CozeApiError extends Error {
  constructor(message: string, public code?: number) {
```

```
    super(message);
    this.name = 'CozeApiError';
  }
}

/**
 * 执行Coze工作流（非流式）
 * @param workflow_id工作流ID
 * @param input输入参数
 * @param apiKey API密钥
 */
export async function workflowRun(
 workflow_id: string,
 input: Record<string, any>,
 apiKey: string
): Promise<CozeWorkflowRunResponse> {
 const response = await fetch('${API_CONFIG.BASE_COZE_URL}/workflow/
   run', {
   method: 'POST',
   headers: {
     'Content-Type': 'application/json',

     'Authorization': 'Bearer ${apiKey}',
   },
   body: JSON.stringify({
     workflow_id,
     input,
    }),
  });

 if (!response.ok) {
   throw new CozeApiError('工作流执行失败: ${response.statusText}',
    response.status);
  }

 const result = await response.json();
 if (result.code !== 0) {
   throw new CozeApiError(result.msg || '工作流执行失败', result.code);
  }

 return result;
}

/**
 * 执行Coze工作流（流式响应）
 * @param workflow_id工作流ID
 * @param input输入参数
 * @param apiKey API密钥
 * @param onStream流式响应回调函数
 */
```

```
export async function workflowStreamRun(
  workflow_id: string,
  input: Record<string, any>,
  apiKey: string,
  onStream?: (content: string) => void
): Promise<void> {
  const response = await fetch(`${API_CONFIG.BASE_COZE_URL}/workflow/
  stream_run`, {
    method: 'POST',
    headers: {
      'Content-Type': 'application/json',

      'Authorization': `Bearer ${apiKey}`,
      'Accept': 'text/event-stream',
    },
    body: JSON.stringify({
      workflow_id,
      input,
    }),
  });

  if (!response.ok) {
    throw new CozeApiError(`工作流执行失败: ${response.statusText}`, response.
    status);
  }

  if (!response.body) {
    throw new CozeApiError('响应体为空');
  }

  const reader = response.body.getReader();
  const decoder = new TextDecoder();

  try {
    while (true) {
      const { done, value } = await reader.read();
      if (done) break;

      const chunk = decoder.decode(value, { stream: true });
      const lines = chunk.split('\n');

      for (const line of lines) {
        if (!line.trim() || line.startsWith(':')) continue;

        if (line.startsWith('data: ')) {
          const data = line.slice(6).trim();
          if (data === '[DONE]') continue;

          try {
            const parsed = JSON.parse(data);
```

```
          if (parsed.choices?.[0]?.delta?.content) {
            const content = parsed.choices[0].delta.content;
            onStream?.(content);
           }
         } catch (e) {
          console.error('解析响应数据失败:', e);
         }
       }
     }
   }
  } finally {
   reader.releaseLock();
  }
 }

/**
 * 获取工作流执行结果
 * @param workflow_run_id工作流运行ID
 * @param apiKey API密钥
 */
export async function getWorkflowRunResult(
 workflow_run_id: string,
 apiKey: string
): Promise<CozeWorkflowRunResponse> {
 const response = await fetch('${API_CONFIG.BASE_COZE_URL}/workflow/
  run_result/${workflow_run_id}', {
   method: 'GET',
   headers: {
     'Authorization': 'Bearer ${apiKey}',
   },
  });

 if (!response.ok) {
   throw new CozeApiError('获取工作流结果失败: ${response.statusText}',
    response.status);
  }

 const result = await response.json();
 if (result.code !== 0) {
   throw new CozeApiError(result.msg || '获取工作流结果失败', result.
    code);
  }

 return result;
}
```

③ 文件 deepseek.ts 封装了与 DeepSeek API 的交互逻辑，实现了聊天请求的发送与流式响应处理。它支持消息序列验证、工具调用（如函数调用）的处理，并在流式响应中实时解析和处理返回的内容（包括推理内容）。

```
// 验证消息序列是否合法
function validateMessages(messages: ChatCompletionMessageParam[],
```

```
model: string) {
    if (model === 'deepseek-reasoner') {
      for (let i = 1; i < messages.length; i++) {
        if (messages[i].role === messages[i - 1].role) {
          throw new Error('使用deepseek-reasoner模型时，消息序列中的用户和
           助手消息必须交替出现');
        }
      }
    }
  }

  export async function chatCompletion(
   messages: ChatCompletionMessageParam[],
   settings: Settings,
   apiKey: string,
   onStream?: (content: string) => void,
   onStreamReasoning?: (content: string) => void,
  ) {
   try {
     const modelName = API_CONFIG.MODELS[settings.model as keyof typeof
      API_CONFIG.MODELS];
      // 验证消息序列
     validateMessages(messages, modelName);

      // 只在非deepseek-reasoner模型时启用函数调用
     const tools = modelName !== 'deepseek-reasoner' ? settings.
      functions?.map(func => ({
       type: 'function' as const,
       function: {
         name: func.name,
         description: func.description,
         parameters: func.parameters,
        },
      })) : undefined;

     if (!apiKey || apiKey.length < 30) {
       throw new Error('请先在设置页面配置您的DeepSeek API Key');
      }

     const response = await fetch('${API_CONFIG.BASE_URL}/chat/
      completions', {
       method: 'POST',
       headers: {
          'Content-Type': 'application/json',
          'Authorization': 'Bearer ${apiKey}',
          'Accept': 'text/event-stream',
        },
       body: JSON.stringify({
         model: API_CONFIG.MODELS[settings.model as keyof typeof API_
         CONFIG.MODELS],
```

```
        messages: messages.map(({role,content})=>({role,content})),
        temperature: settings.temperature,...(tools && tools.length > 0 ?
        { tools } : {}),
        stream: true,
      }),
    });

    if (!response.ok) {
      const errorBody = await response.text().catch(() => null);
      const errorMessage = errorBody?.toLowerCase() || response.
       statusText.toLowerCase();

      if (errorMessage.includes('authentication') ||
        errorMessage.includes('apikey') ||
        errorMessage.includes('api key') ||
        errorMessage.includes('access token') ||
        errorMessage.includes('unauthorized')) {
        throw new Error('API Key无效，请检查您的API Key设置');
      }

      throw new Error(
        'API请求失败 (${response.status}): ${response.statusText}\
         n${errorBody ? '详细信息: ${errorBody}' : ''}'
      );
    }

    if (!response.body) {
      throw new Error('响应体为空');
    }

    const reader = response.body.getReader();
    const decoder = new TextDecoder();
    let buffer = '';
    let fullContent = '';
    let fullReasoningContent = '';
    let currentToolCall: {
      id?: string;
      function?: {
        name?: string;
        arguments?: string;
      };
    } = {};

    try {
      while (true) {
        const { done, value } = await reader.read();
        if (done) break;

        const chunk = decoder.decode(value, { stream: true });
```

```
      buffer += chunk;

      const lines = buffer.split('\n');
      buffer = lines.pop() || '';

      for (const line of lines) {
        if (!line.trim() || line.startsWith(':')) continue;

        if (line.startsWith('data: ')) {
          const data = line.slice(6).trim();
          if (data === '[DONE]') continue;

          try {
            const parsed = JSON.parse(data);

            if (parsed.choices?.[0]?.delta?.content) {
              const content = parsed.choices[0].delta.content;
              fullContent += content;
              onStream?.(content);
             }
            if (parsed.choices?.[0]?.delta?.reasoning_content) {
              const content = parsed.choices[0].delta.reasoning_
               content;
              fullReasoningContent += content;
              onStreamReasoning?.(content);
             }

            if (parsed.choices?.[0]?.delta?.tool_calls?.[0]) {
              const toolCallDelta = parsed.choices[0].delta.tool_
               calls[0];

              if (toolCallDelta.id) {
                currentToolCall.id = toolCallDelta.id;
              }
              if (toolCallDelta.function?.name) {
                if (!currentToolCall.function) currentToolCall.
                 function = {};
                currentToolCall.function.name = toolCallDelta.
                 function.name;
              }
              if (toolCallDelta.function?.arguments) {
                if (!currentToolCall.function) currentToolCall.
                 function = {};
                currentToolCall.function.arguments = (currentToolCall.
                 function.arguments || '') + toolCallDelta.
                 function.arguments;
              }

              if (currentToolCall.id && currentToolCall.function?.
```

```
        name && typeof currentToolCall.function.arguments
        === 'string') {

      const functionDef = settings.functions?.find(
        f => f.name === currentToolCall.function?.name
      );

      if (!functionDef) {
        throw new Error('未找到函数定义: ${currentToolCall.
         function?.name}');
      }

      try {
        const functionArgs = JSON.parse(currentToolCall.
         function.arguments);
         // 处理函数参数，保持对象结构
        const processedArgs = processRequestBody(functionArgs,
         functionDef.parameters);
        const result = await executeFunctionCall(functi
         onDef, processedArgs);

        const secondResponse = await fetch('${API_
         CONFIG.BASE_URL}/chat/completions', {
          method: 'POST',
          headers: {
            'Content-Type': 'application/json',
            'Authorization': 'Bearer ${apiKey}',
            'Accept': 'text/event-stream',
          },
          body: JSON.stringify({
            model: API_CONFIG.MODELS[settings.model as
             keyof typeof API_CONFIG.MODELS],
            messages: [
              ...messages,
              {
                role: 'assistant',
                content: fullContent,
                // reasoning_content: fullReasoningContent,
                tool_calls: [{
                  id: currentToolCall.id!,
                  type: 'function',
                  function: {
                    name: currentToolCall.function!.
                    name!,
                    arguments: JSON.stringify(processed
                    Args, null, 2)
                  }
                }]
              },
              {
```

```
          role: 'tool',
          tool_call_id: currentToolCall.id,
          content: JSON.stringify(result, null, 2),
        },
      ],
      temperature: settings.temperature,
      stream: true,
    }),
  });

if (!secondResponse.ok) {
  throw new Error('API请求失败: ${secondResponse.
  statusText}');
}

currentToolCall = {};

const secondReader = secondResponse.body?.
 getReader();
if (secondReader) {
  let secondBuffer = '';
  while (true) {
    const { done, value } = await secondReader.
     read();
    if (done) break;

    const secondChunk = decoder.decode(value,
     { stream: true });
    secondBuffer += secondChunk;

    const secondLines = secondBuffer.
     split('\n');
    secondBuffer = secondLines.pop() || '';

    for (const secondLine of secondLines) {
      if (!secondLine.trim() || secondLine.
        startsWith(':')) continue;

      if (secondLine.startsWith('data: ')) {
        const secondData = secondLine.slice(6).
         trim();
        if (secondData === '[DONE]') continue;

        try {
          const secondParsed = JSON.parse
           (secondData);
          if (secondParsed.choices?.[0]?.delta?.
           content) {
            const content = secondParsed.choices[0].
             delta.content;
```

```
                            fullContent += content;
                            onStream?.(content);
                          }
                          if (secondParsed.choices?.[0]?.delta?.
                           reasoning_content) {
                            const content = secondParsed.choices[0].
                             delta.reasoning_content;
                            fullReasoningContent += content;
                            onStreamReasoning?.(content);
                          }
                        } catch (e) {
                          console.error('解析第二次响应数据失败:', e);
                        }
                      }
                    }
                  }
                  secondReader.releaseLock();
                }
              } catch (e) {
                console.error('执行函数调用失败:', e);
              }
            }
          }
        } catch (e) {
          console.error('解析响应数据失败:', e);
        }
      }
    }
  }
  } finally {
    reader.releaseLock();
  }

  return {
    content: fullContent,
    reasoningContent: fullReasoningContent,
  };
 } catch (error) {
  console.error('API调用错误:', error);
  throw error;
 }
}
```

上述代码通过封装复杂的 API 调用逻辑，使得前端代码能够更简洁地与 DeepSeek API 交互，同时支持流式响应和工具调用功能，增强了项目的灵活性和扩展性。

④ 文件 deepseekopenapi.ts 封装了与 DeepSeek API 的交互逻辑，提供了以下功能：

- 验证消息序列是否合法，确保在使用deepseek-reasoner模型时，用户和助手的消息交替出现。

- 实现了聊天请求的发送与流式响应处理，支持工具调用（如函数调用）的处理。
- 提供了推理内容的处理逻辑，支持二次请求处理，将工具调用的结果作为上下文传递给模型。
- 包含了文件上传、创建聊天会话以及发送消息并获取流式响应等功能。
- 对API调用中的错误进行了处理，例如验证API Key是否有效。

文件deepseekopenapi.ts的具体实现流程如下所示：

- 函数validateMessages()的功能是验证消息序列是否合法。在使用deepseek-reasoner模型时，确保用户和助手的消息交替出现，避免连续出现相同角色的消息。

```
// 验证消息序列是否合法
function validateMessages(messages: ChatCompletionMessageParam[],
 model: string) {
 if (model === 'deepseek-reasoner') {
   for (let i = 1; i < messages.length; i++) {
     if (messages[i].role === messages[i - 1].role) {
       throw new Error('使用deepseek-reasoner模型时，消息序列中的用户和
         助手消息必须交替出现');
     }
   }
  }
}
```

- 函数chatCompletion() 的功能是实现与DeepSeek API的聊天请求交互，支持流式响应和工具调用。它会根据设置的模型和参数发送聊天请求，并实时处理返回的内容，同时支持二次请求处理。

```
export async function chatCompletion(
 messages: ChatCompletionMessageParam[],
 settings: Settings,
 apiKey: string,
 onStream?: (content: string) => void,
) {

 try {
   const modelName = API_CONFIG.MODELS[settings.model as keyof typeof
    API_CONFIG.MODELS];
    // 验证消息序列
   validateMessages(messages, modelName);

    // 只在非deepseek-reasoner模型时启用函数调用
   const tools = modelName !== 'deepseek-reasoner' ? settings.
    functions?.map(func => ({
     type: 'function' as const,
     function: {
       name: func.name,
       description: func.description,
       parameters: func.parameters,
     },
```

```
  })) : undefined;

  if (!apiKey || apiKey.length < 30) {
    throw new Error('请先在设置页面配置您的DeepSeek API Key');
  }

  const response = await fetch(`${API_CONFIG.BASE_URL}/chat/
  completions`, {
    method: 'POST',
    headers: {
      'Content-Type': 'application/json',
      'Authorization': `Bearer ${apiKey}`,
      'Accept': 'text/event-stream',
    },
    body: JSON.stringify({
      model: API_CONFIG.MODELS[settings.model as keyof typeof API_
      CONFIG.MODELS],
      messages: messages.map(({ role, content }) => ({ role, content
    })),
      temperature: settings.temperature,
      ...(tools && tools.length > 0 ? { tools } : {}),
      stream: true,
    }),
  });

  if (!response.ok) {
    const errorBody = await response.text().catch(() => null);
    const errorMessage = errorBody?.toLowerCase() || response.
    statusText.toLowerCase();

    if (errorMessage.includes('authentication') ||
      errorMessage.includes('apikey') ||
      errorMessage.includes('api key') ||
      errorMessage.includes('access token') ||
      errorMessage.includes('unauthorized')) {
      throw new Error('API Key无效，请检查您的API Key设置');
    }

    throw new Error(
      `API请求失败 (${response.status}): ${response.statusText}\
      n${errorBody ? `详细信息: ${errorBody}` : ''}`
    );
  }

  if (!response.body) {
    throw new Error('响应体为空');
  }

  const reader = response.body.getReader();
  const decoder = new TextDecoder();
```

```
let buffer = '';
let fullContent = '';
let currentToolCall: {
  id?: string;
  function?: {
    name?: string;
    arguments?: string;
  };
 } = {};

try {
  while (true) {
    const { done, value } = await reader.read();
    if (done) break;

    const chunk = decoder.decode(value, { stream: true });
    buffer += chunk;

    const lines = buffer.split('\n');
    buffer = lines.pop() || '';

    for (const line of lines) {
      if (!line.trim() || line.startsWith(':')) continue;

      if (line.startsWith('data: ')) {
        const data = line.slice(6).trim();
        if (data === '[DONE]') continue;

        try {
          const parsed = JSON.parse(data);

          if (parsed.choices?.[0]?.delta?.content) {
            const content = parsed.choices[0].delta.content;
            fullContent += content;
            onStream?.(content);
           }

          if (parsed.choices?.[0]?.delta?.tool_calls?.[0]) {
            const toolCallDelta = parsed.choices[0].delta.tool_
             calls[0];

            if (toolCallDelta.id) {
              currentToolCall.id = toolCallDelta.id;
             }
            if (toolCallDelta.function?.name) {
              if (!currentToolCall.function) currentToolCall.
               function = {};
              currentToolCall.function.name = toolCallDelta.
               function.name;
             }
```

```
        if (toolCallDelta.function?.arguments) {
          if (!currentToolCall.function) currentToolCall.
           function = {};
          currentToolCall.function.arguments =
           (currentToolCall.function.arguments || '') +
           toolCallDelta.function.arguments;
        }

        if (currentToolCall.id &&
          currentToolCall.function?.name &&
          typeof currentToolCall.function.arguments ===
           'string') {

          const functionDef = settings.functions?.find(
            f => f.name === currentToolCall.function?.name
          );

          if (!functionDef) {
            throw new Error('未找到函数定义: ${currentToolCall.
             function?.name}');
          }

          try {
            const functionArgs = JSON.parse(currentToolCall.
             function.arguments);
            const result = await executeFunctionCall(functi
             onDef, functionArgs);

            const secondResponse = await fetch('${API_
             CONFIG.BASE_URL}/chat/completions', {
              method: 'POST',
              headers: {
                 'Content-Type': 'application/json',
                 'Authorization': 'Bearer ${apiKey}',
                 'Accept': 'text/event-stream',
               },
              body: JSON.stringify({
                model: API_CONFIG.MODELS[settings.model as
                 keyof typeof API_CONFIG.MODELS],
                messages: [
                   ...messages,
                   {
                    role: 'assistant',
                    content: fullContent,
                    tool_calls: [{
                      id: currentToolCall.id!,
                      type: 'function',
                      function: {
                        name: currentToolCall.function!.name!,
                        arguments: currentToolCall.
```

```
                        function!.arguments!
                      }
                    }]
                  },
                  {
                    role: 'tool',
                    tool_call_id: currentToolCall.id,
                    content: JSON.stringify(result),
                  },
                ],
                temperature: settings.temperature,
                stream: true,
              }),
            });

            if (!secondResponse.ok) {
              throw new Error('API请求失败: ${secondResponse.
               statusText}');
            }

            currentToolCall = {};

            const secondReader = secondResponse.body?.
             getReader();
            if (secondReader) {
              let secondBuffer = '';
              while (true) {
                const { done, value } = await secondReader.
                 read();
                if (done) break;

                const secondChunk = decoder.decode(value,
                 { stream: true });
                secondBuffer += secondChunk;

                const secondLines = secondBuffer.
                 split('\n');
                secondBuffer = secondLines.pop() || '';

                for (const secondLine of secondLines) {
                  if (!secondLine.trim() || secondLine.
                   startsWith(':')) continue;

                  if (secondLine.startsWith('data: ')) {
                    const secondData = secondLine.slice(6).
                     trim();
                    if (secondData === '[DONE]') continue;

                    try {
                      const secondParsed = JSON.
```

```
                                    parse(secondData);
                                   if (secondParsed.choices?.[0]?.delta?.
                                      content) {
                                     const content = secondParsed.choices[0].
                                      delta.content;
                                     fullContent += content;
                                     onStream?.(content);
                                    }
                                  } catch (e) {
                                   console.error('解析第二次响应数据失败:', e);
                                  }
                                }
                              }
                            }
                           secondReader.releaseLock();
                          }
                        } catch (e) {
                         console.error('执行函数调用失败:', e);
                        }
                      }
                    }
                  } catch (e) {
                   console.error('解析响应数据失败:', e);
                  }
                }
              }
            }
          } finally {
            reader.releaseLock();
          }

        return fullContent;
      } catch (error) {
        console.error('API调用错误:', error);
        throw error;
      }
    }
```

● 函数getBalance()的功能是获取用户的余额信息。通过API请求返回用户的账户余额，包括总余额、赠金余额和充值余额。

```
export async function getBalance(apiKey: string): Promise<BalanceR
 esponse> {
 if (!apiKey) {
   throw new Error('请先设置API Key');
 }

 const response = await fetch('${API_CONFIG.BASE_URL}/user/
  balance', {
   method: 'GET',
   headers: {
      'Authorization': 'Bearer ${apiKey}',
```

```
    },
  });

  if (!response.ok) {
    throw new Error('获取余额失败');
  }

  return response.json();
}
```

- 接口UploadFileResponse的功能是定义文件上传操作的响应结构，包含状态码（code）、消息（msg）和业务数据（biz_data），其中业务数据包含文件ID、状态、文件名、大小等信息，用于描述文件上传的结果。

```
interface UploadFileResponse {
  code: number;
  msg: string;
  data: {
    biz_code: number;
    biz_msg: string;
    biz_data: {
      id: string;
      status: string;
      file_name: string;
      file_size: number;
      token_usage: number;
      error_code: null | string;
      inserted_at: number;
      updated_at: number;
    };
  };
}
```

- 接口CreateSessionResponse的功能是封装创建聊天会话操作的响应结构，包含状态码（code）、消息（msg）和会话数据（biz_data），其中会话数据包含会话ID、序列ID、代理信息等，用于描述新创建的聊天会话信息。

```
interface CreateSessionResponse {
  code: number;
  msg: string;
  data: {
    biz_code: number;
    biz_msg: string;
    biz_data: {
      id: string;
      seq_id: number;
      agent: string;
      character: null | string;
      title: null | string;
      title_type: null | string;
      version: number;
      current_message_id: null | string;
```

```
      inserted_at: number;
      updated_at: number;
    };
  };
}
```

- 接口CompletionOptions的功能是定义聊天完成请求的参数结构，包含聊天会话ID、父消息ID、提示内容、引用文件ID列表、是否启用搜索和思考模式等字段，以及流式响应的回调函数和API密钥，用于配置聊天请求的具体参数。

```
interface CompletionOptions {
  chat_session_id: string;
  parent_message_id: string | null;
  prompt: string;
  ref_file_ids: string[];
  search_enabled?: boolean;
  thinking_enabled?: boolean;
  onStream?: (content: string) => void;
  apiKey: string;
}

export class DeepSeekApiError extends Error {
  constructor(message: string, public code?: number) {
    super(message);
    this.name = 'DeepSeekApiError';
  }
}
```

- 函数openUploadFile() 的功能是上传文件到DeepSeek平台。它通过API将文件上传到服务器，并返回上传成功后的文件信息。

```
/**
 * 上传文件到DeepSeek
 * @param file要上传的文件
 * @returns上传成功后的文件信息
 */
export async function openUploadFile(file:File, apiKey:string): Pro-
 mise<UploadFileResponse> {
  const formData = new FormData();
  formData.append('file', file);

  const response = await fetch('${API_CONFIG.BASE_URL}/upload', {
    method: 'POST',
    body: formData,
    headers: {
       'Authorization': 'Bearer ${apiKey}',
     },
   });


  if (!response.ok) {
    throw new DeepSeekApiError('文件上传失败: ${response.statusText}',
     response.status);
```

```
  }

  const result = await response.json();
  if (result.code !== 0) {
    throw new DeepSeekApiError(result.msg || '文件上传失败', result.code);
  }

  return result;
}
```

- 函数openCreateSession()的功能是创建一个新的聊天会话。支持可选的角色ID参数，返回创建的会话信息。

```
/**
 * 创建新的聊天会话
 * @param character_id可选的角色ID
 * @returns创建的会话信息
 */
export async function openCreateSession(character_id: string | null =
 null, apiKey: string): Promise<CreateSessionResponse> {
 const response = await fetch('${API_CONFIG.BASE_URL_V0}/chat_
  session/create', {
   method: 'POST',
   headers: {
      'Content-Type': 'application/json',
      'Authorization': 'Bearer ${apiKey}',
    },
   body: JSON.stringify({ character_id }),
  });

 if (!response.ok) {
   throw new DeepSeekApiError('创建会话失败: ${response.statusText}',
    response.status);
  }

 const result = await response.json();
 if (result.code !== 0) {
   throw new DeepSeekApiError(result.msg || '创建会话失败', result.code);
  }

 return result;
}
```

- 函数openChatCompletion()的功能是发送消息并获取流式响应。它支持在指定的聊天会话中发送消息，并实时处理返回的内容，同时支持搜索和思考模式。

```
/**
 * 发送消息并获取流式响应
 * @param options消息选项
 */
export async function openChatCompletion({
```

```
  chat_session_id,
  parent_message_id,
  prompt,
  ref_file_ids,
  search_enabled = false,
  thinking_enabled = false,
  onStream,
  apiKey,

}: CompletionOptions): Promise<void> {
  const response = await fetch('${API_CONFIG.BASE_URL_V0}/chat/com-
   pletion', {
    method: 'POST',
    headers: {
       'Content-Type': 'application/json',
       'Authorization': 'Bearer ${apiKey}',
     },
    body: JSON.stringify({
      chat_session_id,
      parent_message_id,
      prompt,
      ref_file_ids,
      search_enabled,
      thinking_enabled,
     }),
   });
```

总之，上述函数共同实现了与 DeepSeek API 的交互，支持聊天、文件上传、会话管理和流式响应等功能，为前端应用提供了强大的后端支持。而上述接口定义了与 DeepSeek API 交互时所需的数据结构，确保了前端与后端之间的数据交换具有明确的格式和语义，从而提高了代码的可读性和可维护性。

⑤ 文件 function-handler.ts 封装了自定义函数调用的逻辑，提供了一个核心函数 executeFunctionCall()，用于根据函数定义（FunctionDefinition）处理请求参数、构造请求体，并发送 HTTP 请求。它支持错误处理，能够捕获网络错误、认证失败、API Key 无效等问题，并通过 Ant Design 的 message 组件向用户显示错误信息。如果请求成功，函数会解析并返回响应数据。

```
import { FunctionDefinition } from '@/types/settings';
import { message } from 'antd';
import { processUrlParameters, processRequestBody } from '@/lib/
 utils/function-utils';

export async function executeFunctionCall(
 functionDef: FunctionDefinition,
 args: Record<string, any>
) {
 try {
    // 处理URL参数和请求体
    const url = processUrlParameters(functionDef.url, args);
```

```
const requestBody = processRequestBody(args, functionDef.para-
 meters);

const response = await fetch(url, {
  method: functionDef.method,
  headers: {
    'Content-Type': 'application/json',
    ...functionDef.headers,
  },
  ...(functionDef.method === 'POST' && {
    body: JSON.stringify(requestBody),
  }),
}).catch(error => {
  const errorMessage = error.message.toLowerCase();
  const errorText = errorMessage.includes('authentication') ||
      errorMessage.includes('apikey') ||
      errorMessage.includes('api key') ||
      errorMessage.includes('access token') ||
      errorMessage.includes('unauthorized')
    ? '函数 ${functionDef.name} 调用失败: API Key无效，请检查函数配
      置中的API Key设置'
    : errorMessage.includes('network') || errorMessage.
      includes('fetch')
    ? '函数 ${functionDef.name} 调用失败: 网络请求错误，请检查网络连接
      和API地址'
    : '函数 ${functionDef.name} 调用失败: ${error.message}';

  message.error(errorText);
  throw new Error(errorText);
});

if (!response.ok) {
  const errorBody = await response.text().catch(() => null);
  const errorMessage = (errorBody || response.statusText).
  toLowerCase();
  let errorText: string;

  if (errorMessage.includes('authentication') ||
      errorMessage.includes('apikey') ||
      errorMessage.includes('api key') ||
      errorMessage.includes('access token') ||
      errorMessage.includes('unauthorized')) {
    errorText = '函数 ${functionDef.name} 调用失败: API Key无效，请
     检查函数配置中的API Key设置';
  } else if (response.status === 404) {
    errorText = '函数 ${functionDef.name} 调用失败: API地址无效，请
     检查函数配置中的URL';
  } else if (response.status === 429) {
    errorText = '函数 ${functionDef.name} 调用失败: 请求频率超限，请
     稍后重试';
```

```
        } else {
          errorText = '函数 ${functionDef.name} 调用失败 (${response.
            status}): ${response.statusText}\n' +
            '${errorBody ? '详细信息: ${errorBody}' : ''}';
        }

        message.error(errorText);
        throw new Error(errorText);
      }

    const data = await response.json().catch(() => {
      const errorText = '函数 ${functionDef.name} 调用失败: 返回数据格式
        错误，请检查API响应';
      message.error(errorText);
      throw new Error(errorText);
    });

    return data;
  } catch (error) {
    console.error('函数执行错误:', error);
    throw error;
  }
}
```

9.3.4 状态管理逻辑函数

在本项目中，“store”目录的功能是集中管理和维护项目的全局状态。它通过状态管理库（如Zustand）定义了多个状态管理模块，分别用于存储和管理聊天设置、API密钥、自定义函数、聊天模板、工作流等关键数据。这些模块提供了状态的初始化、更新、持久化等功能，确保数据在页面刷新后仍然可用，并支持动态修改和操作状态，为项目的交互逻辑提供了强大的支持。

① 文件settings-store.ts的功能是定义并管理项目的全局设置状态，包括聊天设置、API密钥以及自定义函数的定义和操作。文件settings-store.ts使用Zustand状态管理库来实现状态的持久化存储，并提供了以下功能：

- 定义默认设置：提供了一组默认的聊天设置（如温度、采样策略、最大长度等）和预定义的自定义函数（如天气查询、网页搜索、文本翻译、图片生成等）。
- 状态管理：通过Zustand创建了一个全局状态管理器，允许在应用中动态更新和访问设置、API密钥以及自定义函数。
- 操作函数：提供了更新设置、设置API密钥、添加、更新、删除和重置自定义函数的操作函数。
- 持久化存储：将设置和API密钥存储在本地，确保用户配置在页面刷新后仍然可用。
- 状态初始化：在状态初始化时，如果自定义函数为空，则自动加载默认的自定义函数列表。

```
interface SettingsState {
  settings: ChatSettings;
  apiKey: string;
  updateSettings: (settings: Partial<ChatSettings>) => void;
  setApiKey: (apiKey: string) => void;
  addFunction: (func: Omit<FunctionDefinition, 'id'>) => void;
  updateFunction: (id: string, func: Partial<FunctionDefinition>) =>
   void;
  deleteFunction: (id: string) => void;
  resetFunctions: () => void;
}

const defaultFunctions: FunctionDefinition[] = [
  {
    id: 'weather',
    name: 'get_weather',
    description: '获取指定城市的天气信息，城市中文需要转换成拼音',
    parameters: {
      type: 'object',
      properties: {
        location: {
          type: 'string',
          description: '城市名称、邮编或坐标，例如：北京、Shanghai、
           London、Paris',
        },
        aqi: {
          type: 'string',
          description: '是否包含空气质量数据',
          enum: ['yes', 'no'],
        },
        lang: {
          type: 'string',
          description: '返回数据的语言',
          enum: ['zh', 'en'],
        }
      },
      required: ['location'],
    },
    url: 'https://api.weatherapi.com/v1/current.json?q={location}&u
     nits={unit}',
    method: 'GET',
    headers: {
      "key": "Yours API Key"
    },
  },
  {
    id: 'search',
    name: 'search_web',
    description: '搜索网页内容',
    parameters: {
```

```
      type: 'object',
      properties: {
        query: {
          type: 'string',
          description: '搜索关键词',
        },
        limit: {
          type: 'number',
          description: '返回结果数量',
        },
      },
      required: ['query'],
    },
    url: 'https://serpapi.com/search.json',
    method: 'GET',
    headers: {
      'api_key': '{SERP_API_KEY}',
    },
  },
  {
    id: 'translate',
    name: 'translate_text',
    description: '翻译文本内容',
    parameters: {
      type: 'object',
      properties: {
        text: {
          type: 'string',
          description: '要翻译的文本',
        },
        source_lang: {
          type: 'string',
          description: '源语言',
          enum: ['auto', 'en', 'zh', 'ja', 'ko', 'fr', 'de'],
        },
        target_lang: {
          type: 'string',
          description: '目标语言',
          enum: ['en', 'zh', 'ja', 'ko', 'fr', 'de'],
        },
      },
      required: ['text', 'target_lang'],
    },
    url: 'https://api.deepl.com/v2/translate',
    method: 'POST',
    headers: {
      'Authorization': 'DeepL-Auth-Key {DEEPL_API_KEY}',
    },
  },
  {
```

```
    id: 'image_generation',
    name: 'generate_image',
    description: '根据文本描述生成图片',
    parameters: {
      type: 'object',
      properties: {
        prompt: {
          type: 'string',
          description: '图片描述文本',
        },
        size: {
          type: 'string',
          description: '图片尺寸',
          enum: ['256x256', '512x512', '1024x1024'],
        },
        style: {
          type: 'string',
          description: '图片风格',
          enum: ['realistic', 'artistic', 'anime'],
        },
      },
      required: ['prompt'],
    },
    url: 'https://api.stability.ai/v1/generation',
    method: 'POST',
    headers: {
      'Authorization': 'Bearer {STABILITY_API_KEY}',
      'Content-Type': 'application/json',
    },
  },
];

const defaultSettings: ChatSettings = {
 temperature: 0.7,
 topP: 0.9,
 topK: 50,
 maxLength: 2000,
 systemPrompt: '',
 model: 'chat',
 functions: defaultFunctions,
};

export const useSettingsStore = create<SettingsState>()(
 persist(
    (set) => ({
     settings: defaultSettings,
     apiKey: '',
     updateSettings: (newSettings) =>
       set((state) => ({
         settings: { ...state.settings, ...newSettings },
```

```
      })),
    setApiKey: (apiKey) => set({ apiKey }),
    addFunction: (func) =>
      set((state) => ({
        settings: {
          ...state.settings,
          functions: [
            ...(state.settings.functions || []),
            { ...func, id: 'func_${Date.now()}' },
          ],
        },
      })),
    updateFunction: (id, func) =>
      set((state) => ({
        settings: {
          ...state.settings,
          functions: (state.settings.functions || []).map((f) =>
            f.id === id ? { ...f, ...func } : f
          ),
        },
      })),
    deleteFunction: (id) =>
      set((state) => ({
        settings: {
          ...state.settings,
          functions: (state.settings.functions || []).
           filter((f) => f.id !== id),
        },
      })),
    resetFunctions: () =>
      set((state) => ({
        settings: {
          ...state.settings,
          functions: defaultFunctions,
        },
      })),
   }),
   {
    name: 'settings-store',
    partialize: (state) => ({ settings: state.settings, apiKey:
     state.apiKey }),
    onRehydrateStorage: () => (state) => {
      if (!state?.settings.functions?.length) {
        state?.resetFunctions();
      }
    },
   }
  )
);
```

② 文件 chat-store.ts 的功能是定义并管理聊天相关的全局状态，包括聊天消息、设置、加载状态以及流式响应消息。

```
interface ChatState {
  messages: Message[];
  settings: ChatSettings;
  isLoading: boolean;
  currentStreamingMessage: string | null;
  currentStreamingReasoningMessage: string | null;
  addMessage: (message: Message) => void;
  clearMessages: () => void;
  updateSettings: (settings: Partial<ChatSettings>) => void;
  setLoading: (loading: boolean) => void;
  appendToLastMessage: (content: string) => void;
  setCurrentStreamingMessage: (content: string | null) => void;
  setCurrentStreamingReasoningMessage: (content: string | null) => void;
}

const defaultSettings: ChatSettings = {
  temperature: 0.7,
  topP: 0.9,
  topK: 50,
  maxLength: 2000,
  systemPrompt: '',
  model: 'chat',
  functions: []
};

export const useChatStore = create<ChatState>()(
  persist(
    (set) => ({
      messages: [],
      settings: defaultSettings,
      isLoading: false,
      currentStreamingMessage: null,
      currentStreamingReasoningMessage: null,
      addMessage: (message) => set((state) => ({
        messages: [...state.messages, message],
        currentStreamingMessage: null,
        currentStreamingReasoningMessage: null
      })),
      clearMessages: () => set({ messages: [], currentStreamingMessage:
      null, currentStreamingReasoningMessage: null }),
      updateSettings: (newSettings) => set((state) => ({
        settings: { ...state.settings, ...newSettings }
      })),
      setLoading: (loading) => set({ isLoading: loading }),
      appendToLastMessage: (content) => set((state) => {
        const messages = [...state.messages];
        const lastMessage = messages[messages.length - 1];
        if (lastMessage && lastMessage.role === 'assistant') {
          lastMessage.content += content;
```

```
        }
        return { messages };
      }),
      setCurrentStreamingMessage: (content) => set({ currentStreamingMessage:
       content }),
      setCurrentStreamingReasoningMessage: (content) => set({
       currentStreamingReasoningMessage: content }),
    }),
    {
     name: 'chat-store',
     partialize: (state) => ({ messages: state.messages, settings:
      state.settings }),
    }
  )
);
```

在上述代码中，使用 Zustand 状态管理库来实现状态的持久化存储，并提供了以下功能：

- 定义默认聊天设置：提供了一组默认的聊天设置，包括温度、采样策略、最大长度等。
- 管理聊天消息：维护一个消息列表，支持添加新消息、清空消息列表以及追加内容到最后一条消息。
- 管理加载状态：通过 isLoading 状态跟踪聊天加载状态，并提供设置加载状态的方法。
- 管理流式响应消息：维护当前流式响应的消息内容和推理内容，并提供更新这些内容的方法。
- 更新聊天设置：允许动态更新聊天设置，例如温度、模型选择等。
- 持久化存储：将聊天消息和设置存储在本地，确保用户聊天记录和配置在页面刷新后仍然可用。

通过这些功能，chat-store.ts 为聊天功能提供了强大的状态管理支持，确保聊天界面的交互逻辑清晰且高效。

③ 文件 template-store.ts 的功能是定义并管理聊天模板的状态，它提供了一组默认的聊天模板，涵盖通用助手、代码审查、代码解释、文章改写、中英互译和数据分析等场景。每个模板包含标题、描述、提示词、分类、标签等信息。文件 template-store.ts 通过 Zustand 状态管理库实现了模板的添加、更新、删除等操作，并通过持久化存储确保模板数据在页面刷新后仍然可用。

```
const defaultTemplates: Template[] = [
  {
   id: 'default_chat',
   title: '通用助手',
   description: '友好、专业的AI助手，可以回答各类问题',
   prompt: '你是一个有帮助的AI助手。请用友好、专业的语气回答问题，确保回答准
    确、清晰、易懂。如果不确定或不了解某个问题，请诚实地说明。',
   category: 'general',
   tags: ['通用', '助手'],
   createdAt: Date.now(),
   updatedAt: Date.now(),
```

```
},
{
  id: 'code_review',
  title: '代码审查',
  description: '专业的代码审查助手，提供代码改进建议',
  prompt: '你是一位资深的代码审查专家。请帮我审查代码，重点关注：\n1. 代码质
  量和最佳实践\n2. 潜在的性能问题\n3. 安全隐患\n4. 可维护性\n5. 架构设计
  \n请提供具体的改进建议。',
  category: 'code',
  tags: ['编程', '代码审查'],
  createdAt: Date.now(),
  updatedAt: Date.now(),
},
{
  id: 'code_explain',
  title: '代码解释',
  description: '详细解释代码的功能和实现原理',
  prompt: '你是一位编程教师。请帮我解释这段代码：\n1. 主要功能和目的\n2. 关
  键代码的实现原理\n3. 重要的设计模式或技术点\n4. 可能的优化空间\n请用通俗
  易懂的语言解释。',
  category: 'code',
  tags: ['编程', '代码讲解'],
  createdAt: Date.now(),
  updatedAt: Date.now(),
},
{
  id: 'writing_improve',
  title: '文章改写',
  description: '提升文章的表达质量和可读性',
  prompt: '你是一位专业的文字编辑。请帮我改进这篇文章，注意：\n1. 提高表达的
  准确性和流畅度\n2. 改进段落结构和逻辑连贯性\n3. 优化用词和语气\n4. 保持
  原文的核心意思\n请给出修改建议和改写后的版本。',
  category: 'writing',
  tags: ['写作', '编辑'],
  createdAt: Date.now(),
  updatedAt: Date.now(),
},
{
  id: 'translation_zh_en',
  title: '中英互译',
  description: '准确、地道的中英文互译',
  prompt: '你是一位专业的翻译。请帮我翻译以下内容，要求：\n1. 准确传达原文含
  义\n2. 符合目标语言的表达习惯\n3. 保持专业术语的准确性\n4. 适当本地化表
  达方式\n如有多种可能的翻译，请说明区别。',
  category: 'writing',
  tags: ['翻译', '中英互译'],
  createdAt: Date.now(),
  updatedAt: Date.now(),
},
{
```

```
    id: 'data_analysis',
    title: '数据分析',
    description: '帮助分析数据并提供见解',
    prompt: '你是一位数据分析师。请帮我分析这些数据：\n1. 关键指标和趋势
    \n2. 异常值和可能的原因\n3. 数据之间的关联性\n4. 可行的优化建议\n请用清
    晰的方式呈现分析结果，并提供具体的建议。',
    category: 'analysis',
    tags: ['数据分析', '商业分析'],
    createdAt: Date.now(),
    updatedAt: Date.now(),
  },
];

interface TemplateState {
  templates: Template[];
  addTemplate: (input: CreateTemplateInput) => void;
  updateTemplate: (id: string, input: UpdateTemplateInput) => void;
  deleteTemplate: (id: string) => void;
}

export const useTemplateStore = create<TemplateState>()(
  persist(
    (set) => ({
      templates: defaultTemplates,
      addTemplate: (input) => set((state) => {
        const newTemplate: Template = {
          ...input,
          id: 'template_${Date.now()}',
          createdAt: Date.now(),
          updatedAt: Date.now(),
        };
        return { templates: [...state.templates, newTemplate] };
      }),
      updateTemplate: (id, input) => set((state) => ({
        templates: state.templates.map((template) =>
          template.id === id
            ? { ...template, ...input, updatedAt: Date.now() }
            : template
        ),
      })),
      deleteTemplate: (id) => set((state) => ({
        templates: state.templates.filter((template) => template.
        id !== id),
      })),
    }),
    {
      name: 'template-store',
    }
  )
);
```

④ 文件 workflow-store.ts 的功能是定义并管理工作流的状态，它提供了一个空的工作流列表，并实现了添加、更新和删除工作流的操作。每个工作流在添加时会自动生成唯一的 ID 以及创建和更新时间戳。通过 Zustand 状态管理库和持久化存储，文件 workflow-store.ts 能够确保工作流数据在页面刷新后仍然可用，为用户提供了灵活的工作流管理功能。

```
workflow-store.tsinterface WorkflowState {
 workflows: Workflow[];
 addWorkflow: (workflow: Omit<Workflow, 'id' | 'created_at' | 'updated_
  at'>) => void;
 updateWorkflow: (id: string, workflow: Partial<Workflow>) => void;
 deleteWorkflow: (id: string) => void;
}

export const useWorkflowStore = create<WorkflowState>()(
 persist(
    (set) => ({
     workflows: [],
     addWorkflow: (workflow) => set((state) => ({
       workflows: [...state.workflows, {
          ...workflow,
         id: uuidv4(),
         created_at: new Date().toISOString(),
         updated_at: new Date().toISOString(),
        }],
      })),
     updateWorkflow: (id, workflow) => set((state) => ({
       workflows: state.workflows.map((w) =>
         w.id === id
            ? { ...w, ...workflow, updated_at: new Date().
             toISOString() }
            : w
        ),
      })),
      deleteWorkflow: (id) => set((state) => ({
       workflows: state.workflows.filter((w) => w.id !== id),
      })),
    }),
    {
     name: 'workflow-storage',
    }
  )
);
```

9.4 组件

在本项目中，“components”目录的功能是存放项目中所有可复用的 UI 组件，这些组件涵盖了从页面布局到核心功能的实现。它包括聊天功能的输入、显示和工具栏组件，用于实现用户与AI的交互；布局相关的组件，用于构建页面的整体结构和导航；设置相关的组件，用于管理API配置、自定义函数和工作流；以及模板管理组件，用于创建和编辑聊天模板。这些组件共同构成了项目的用户界面，提供了丰富的交互功能和灵活的配置选项。

9.4.1 页面布局组件

在本项目的“layout”目录下的文件共同构成了项目的页面布局和导航系统，确保用户在使用应用时能够获得一致的体验，同时通过路由守卫等功能保护页面的安全性和权限管理。

（1）账户余额界面布局

文件balance-display.tsx实现了一个用于显示用户账户余额的React组件，通过调用getBalance API获取用户的余额信息，并将其展示在一个卡片组件中。组件还支持定时刷新功能，每隔5分钟自动更新余额数据。

```
export const BalanceDisplay = () => {
  const { apiKey } = useSettingsStore();
  const [balance, setBalance] = useState<BalanceResponse | null>(null);
  const [loading, setLoading] = useState(false);

  const fetchBalance = async () => {
    if (!apiKey) {
      setBalance(null);
      return;
    }

    try {
      setLoading(true);
      const data = await getBalance(apiKey);
      setBalance(data);
    } catch (error) {
      console.error('获取余额失败:', error);
      setBalance(null);
    } finally {
      setLoading(false);
    }
  };

  // 监听apiKey变化
  useEffect(() => {
    fetchBalance();
  }, [apiKey]);

  // 定时刷新
  useEffect(() => {
    if (!apiKey) return;

    const interval = setInterval(fetchBalance, 5 * 60 * 1000);
```

```
    return () => clearInterval(interval);
  }, [apiKey]);

  if (!balance || !balance.is_available) return null;

  const cnyBalance = balance.balance_infos.find(info => info.
   currency === 'CNY');
  if (!cnyBalance) return null;

  return (
     <div className={styles.container}>
       <Card loading={loading} bordered={false} size="small" classN
        ame={styles.card}>
         <Tooltip
          title={
             <>
               <div>赠金余额: ¥{cnyBalance.granted_balance}</div>
               <div>充值余额: ¥{cnyBalance.topped_up_balance}</div>
             </>
           }
         >
           <Statistic
            title="账户余额"
            value={cnyBalance.total_balance}
            prefix={<WalletOutlined />}
            suffix="¥"
            precision={2}
           />
         </Tooltip>
       </Card>
     </div>
  );
};
```

（2）面包屑导航界面布局

文件 breadcrumb.tsx 实现了一个面包屑导航组件，用于显示用户在应用中的当前位置。通过解析当前路径（pathname），将路径分割为多个部分，并根据预定义的路由映射（routeMap）将路径转换为可读的页面名称。组件根据路径的层级动态生成面包屑导航条，支持根路径和子路径的显示，并为非根路径提供返回首页的链接。

```
const routeMap: Record<string, string> = {
 chat: '对话',
 templates: '提示词模板',
 settings: '设置'
};

export function PageBreadcrumb() {
  const pathname = usePathname();
  const paths = pathname.split('/').filter(Boolean);

  // 如果是根路径或主路由，只显示当前页面
```

```
  if (paths.length <= 1) {
    return (
      <nav className={styles.breadcrumb}>
        <Breadcrumb>
          <Breadcrumb.Item>
            <span className={styles.current}>
              <HomeOutlined /> {routeMap[paths[0]] || '首页'}
            </span>
          </Breadcrumb.Item>
        </Breadcrumb>
      </nav>
    );
  }

  return (
    <nav className={styles.breadcrumb}>
      <Breadcrumb>
        <Breadcrumb.Item>
          <Link href="/chat" className={styles.link}>
            <HomeOutlined /> 首页
          </Link>
        </Breadcrumb.Item>
        <Breadcrumb.Item>
          <span className={styles.current}>
            {routeMap[paths[paths.length - 1]] || paths[paths.
            length - 1]}
          </span>
        </Breadcrumb.Item>
      </Breadcrumb>
    </nav>
  );
}
```

（3）侧边栏导航菜单布局

文件 nav-menu.tsx 实现了一个侧边栏导航菜单组件，用于在页面中显示主要功能模块的导航链接。它使用 Ant Design 的 Menu 组件，并结合 Next.js 的 Link 组件，为用户提供页面跳转功能。菜单项通过 menuItems 数组定义，每个菜单项包含图标、路径和标签。组件根据当前路径（pathname）动态高亮显示当前激活的菜单项，确保用户能够清晰地了解当前所在位置。

```
const menuItems = [
  {
    key: '/chat',
    icon: <MessageOutlined />,
    label: <Link href="/chat">对话</Link>,
  },
  {
    key: '/templates',
    icon: <BookOutlined />,
    label: <Link href="/templates">提示词模板</Link>,
```

```
    },
    {
     key: '/functions',
     icon: <FunctionOutlined />,
     label: <Link href="/functions">函数配置</Link>,
    },
    {
     key: '/workflows',
     icon: <FunctionOutlined />,
     label: <Link href="/workflows ">COZE插件配置</Link>,
    },
    {
     key: '/functions',
     icon: <SettingOutlined />,
     label: <Link href="/settings">设置</Link>,
    },
  ];

  export function NavMenu() {
   const pathname = usePathname();
   const selectedKey = menuItems.find(item =>
     pathname.startsWith(item.key)
   )?.key || pathname;

   return (
      <Menu
       mode="inline"
       selectedKeys={[selectedKey]}
       items={menuItems}
       className={styles.menu}
      />
    );
  }
```

（4）路由守卫界面布局

文件 route-guard.tsx 实现了一个路由守卫组件，用于控制用户对不同页面的访问权限。通过监听当前路径（pathname）和用户的 API 密钥状态（apiKey），确保用户只能访问其有权限的页面。

```
const routes = ['/chat', '/templates', '/settings', '/workflows',
 '/functions'] as const;
type ValidRoute = typeof routes[number];

function isValidRoute(path: string): path is ValidRoute {
 return routes.some(route => path.startsWith(route));
}

const PUBLIC_PATHS = ['/settings', '/functions', '/workflows'];

export function RouteGuard({ children }: { children: React.ReactNode
 }) {
```

```
  const router = useRouter();
  const pathname = usePathname();
  const { apiKey } = useSettingsStore();
  const [isStoreLoaded, setIsStoreLoaded] = useState(false);

  useEffect(() => {
     // 确保store已经从localStorage加载完成
    setIsStoreLoaded(true);
   }, []);

  useEffect(() => {
    if (!isStoreLoaded) return;

    if (pathname === '/') {
      router.replace('/chat');
      return;
     }

    if (!isValidRoute(pathname)) {
       router.replace('/chat');
       return;
     }

    if (!apiKey && !PUBLIC_PATHS.includes(pathname)) {
       router.push('/settings');
     }
   }, [pathname, router, apiKey, isStoreLoaded]);

   if (!isStoreLoaded) {
     return null; // 或者返回一个加载指示器
   }

  return <>{children}</>;
 }
```

上述代码的具体功能如下：

- 重定向根路径：如果用户访问根路径（/），自动重定向到默认页面（如 /chat）。
- 限制无效路径：如果用户访问的路径不在预定义的有效路径列表中，将其重定向到默认页面。
- 保护私有路径：对于需要API密钥的页面（非公开路径），如果用户尚未设置API密钥，则重定向到设置页面（/settings），提示用户完成配置。
- 加载状态处理：在应用加载期间，确保状态管理库（如 Zustand）已从本地存储加载完成，避免因状态未初始化导致的错误。

通过这些逻辑，RouteGuard 组件确保了应用的路由安全性，同时为用户提供清晰的导航引导。

（5）主页面布局

文件 main-layout.tsx 定义了项目的主页面布局，使用 Ant Design 的 Layout 组件构建了整个应用的框架结构。它将页面分为侧边栏（Sider）和内容区（Content），其中侧边栏固定宽度，包含导航菜单（NavMenu）和账户余额显示（BalanceDisplay），而内容区则用于渲染页面的核心内容（children）。这种布局确保了页面的一致性和导航的便捷性，同时通过固定侧边栏和响应式设计，提升了用户体验。

```
'use client';

import { Layout } from 'antd';
import { NavMenu } from './nav-menu';
import { PageBreadcrumb } from './breadcrumb';
import { BalanceDisplay } from './balance-display';

const { Sider, Content } = Layout;

export default function MainLayout({
  children,
}: {
 children: React.ReactNode;
}) {
 return (
    <Layout className="h-screen">
      <Sider
       theme="light"
       className="border-r fixed h-full"
       width={220}
      >
        <div className="flex flex-col h-full">
          <div className="p-4 border-b">
            <h1 className="text-xl font-bold">DeepSeek</h1>
          </div>
          <div className="flex-1 overflow-y-auto">
            <NavMenu />
            <BalanceDisplay />
          </div>
        </div>
      </Sider>
      <Layout >
        <Content className="h-full overflow-hidden">
          {children}
        </Content>
      </Layout>
    </Layout>
  );
}
```

9.4.2　设置组件

在本项目中，“components/settings”目录提供了一个集中管理应用设置的界面，涵盖了从 API 密钥配置到自定义函数和工作流管理的多种功能。它允许用户通过表单界面安全地保存和更新 API 密钥，动态管理自定义函数的添加、编辑、删除和测试，以及灵活配置工作流的名称、ID 和描述。这些组件共同为用户提供了一个便捷、高效的设置管理体验，确保应用的配置能够满足用户的不同需求。

（1）DeepSeek API Key 的配置和保存

文件 api-settings.tsx 的功能是提供了一个用于配置和保存 DeepSeek API Key 的表单界面，它通过 Zustand 状态管理库从全局状态中读取当前的 API Key，并允许用户输入新的 API Key。用户提交表单时，文件中的逻辑会验证输入并更新全局状态，同时通过 Ant Design 的 message 组件向用户反馈操作结果。此外，该组件还提供了关于如何获取 API Key 的指导信息，帮助用户完成配置。

```
export function ApiSettings() {
 const { apiKey, setApiKey } = useSettingsStore();
 const [form] = Form.useForm();
 const [loading, setLoading] = useState(false);

 const handleSubmit = async (values: { apiKey: string }) => {
   try {
     setLoading(true);
      // 这里可以添加API Key验证逻辑
     setApiKey(values.apiKey);
     message.success('API Key保存成功');
    } catch (error) {
     message.error('保存失败，请重试');
    } finally {
     setLoading(false);
    }
  };

 return (
    <div className="max-w-xl">
      <Form
       form={form}
       layout="vertical"
       initialValues={{ apiKey }}
       onFinish={handleSubmit}
      >
        <Form.Item
         label="API Key"
         name="apiKey"
         rules={[{ required: true, message: '请输入API Key' }]}
         extra="在此输入您的DeepSeek API Key，它将被安全地存储在本地"
        >
          <Input.Password
           placeholder="请输入DeepSeek API Key"
           size="large"
          />
        </Form.Item>

        <Form.Item>
          <Button
           type="primary"
```

```
              htmlType="submit"
              loading={loading}
              size="large"
            >
              保存
            </Button>
          </Form.Item>
        </Form>

        <div className="mt-4 text-gray-500">
          <h3 className="font-bold mb-2">如何获取API Key? </h3>
          <ol className="list-decimal list-inside space-y-2">
            <li>访问DeepSeek开发者平台</li>
            <li>注册或登录您的账号</li>
            <li>在控制台中创建新的API Key</li>
            <li>复制并粘贴到上方输入框</li>
          </ol>
        </div>
      </div>
    );
  }
```

（2）函数管理组件

文件 function-settings.tsx 的功能是提供一个用于管理和配置自定义函数的界面，它允许用户添加、编辑、删除和测试自定义函数。每个函数的配置包括名称、描述、API URL、请求方法、参数定义、请求头等信息。用户可以通过表单提交来保存或更新函数配置，并且可以通过模态框测试函数的调用。此外，该组件还提供了重置为默认函数配置的功能，方便用户恢复初始设置。

文件 function-settings.tsx 的具体实现流程如下所示。

① 接口 FunctionFormData 定义了自定义函数表单的数据结构，包含函数的基本信息（如名称、描述、URL、请求方法）、参数定义（包括类型、属性和必需字段）以及请求头。这些字段用于在表单中收集用户输入的函数配置信息。

```
interface FunctionFormData {
  name: string;
  description: string;
  url: string;
  method: 'GET' | 'POST';
  parameters: {
    type: 'object';
    properties: string | Record<string, {
      type: string;
      description?: string;
      enum?: string[];
    }>;
    required: string[];
  };
  headers?: string | Record<string, string>;
}
```

② 函数 FunctionSettings() 的功能是渲染自定义函数设置页面，提供添加、编辑、删除和测试自定义函数的功能。它通过表单收集用户输入的函数配置信息，并通过模态框展示函数编辑界面。此外，还提供了重置为默认函数配置的功能，方便用户恢复初始设置。

```
export function FunctionSettings() {
  const { settings, updateSettings, resetFunctions } = useSettingsStore();
  const [isModalOpen, setIsModalOpen] = useState(false);
  const [editingFunction, setEditingFunction] = useState<FunctionDefinition |
   null>(null);
  const [form] = Form.useForm<FunctionFormData>();
  const [testingFunction, setTestingFunction] = useState<FunctionDefinition |
   null>(null);

  const handleSubmit = (values: FunctionFormData) => {
    try {
      // 解析JSON字符串
      const parameters = {
        type: 'object' as const,
        properties: typeof values.parameters.properties === 'string'
          ? JSON.parse(values.parameters.properties)
          : values.parameters.properties,
        required: values.parameters.required,
      };

      const headers = values.headers && typeof values.headers ===
      'string'
        ? JSON.parse(values.headers)
        : values.headers;

      const newFunction: FunctionDefinition = {
        ...values,
        parameters,
        headers,
        id: editingFunction?.id || 'func_${Date.now()}',
      };

      const updatedFunctions = editingFunction
        ? settings.functions.map(f => (f.id === editingFunction.
         id ? newFunction : f))
        : [...(settings.functions || []), newFunction];

      updateSettings({ ...settings, functions: updatedFunctions });
      setIsModalOpen(false);
      setEditingFunction(null);
      form.resetFields();
    } catch (error) {
      console.error('表单提交错误:', error);
    }
  };
```

③ 函数 handleDelete() 的功能是处理函数删除操作，通过函数的 ID 从全局状态中的函数列表中移除指定的函数。这允许用户动态管理自定义函数，删除不再需要的函数配置。

```
const handleDelete = (id: string) => {
  const updatedFunctions = (settings.functions || []).
    filter(f => f.id !== id);
  updateSettings({ ...settings, functions: updatedFunctions });
 };

return (
   <div>
     <div className="flex justify-between mb-4">
       <Button
        type="primary"
        icon={<PlusOutlined />}
        onClick={() => {
          setEditingFunction(null);
          form.resetFields();
          setIsModalOpen(true);
         }}
       >
         添加函数
       </Button>
       <Button
        icon={<ReloadOutlined />}
        onClick={() => {
          Modal.confirm({
            title: '重置函数配置',
            content: '确定要重置为默认函数配置吗？这将删除所有自定义函数。',
            onOk: () => {
              resetFunctions();
              message.success('函数配置已重置');
             },
           });
         }}
       >
         重置默认配置
       </Button>
     </div>

     <List
      grid={{ gutter: 16, column: 2 }}
      dataSource={settings.functions || []}
      renderItem={(func: FunctionDefinition) => (
         <List.Item>
           <Card
            title={
               <div>
                 <ApiOutlined />
```

```
{func.name}
<Tag color="blue">{func.method}</Tag>
<div className="flex-1">
  <Button
   key="edit"
   icon={<EditOutlined />}
   onClick={() => {
     setEditingFunction(func);
     form.setFieldsValue({
        ...func,
       parameters: {
          ...func.parameters,
         properties: JSON.stringify(func.parameters.
          properties, null, 2),
        },
       headers: func.headers ? JSON.stringify(func.
        headers, null, 2) : undefined,
      });
     setIsModalOpen(true);
    }}
  />
  <Button
   key="delete"
   icon={<DeleteOutlined />}
   danger
   onClick={() => handleDelete(func.id)}
  />
  <Button
   key="test"
   icon={<ThunderboltOutlined />}
   onClick={() => setTestingFunction(func)}
  >
    测试
  </Button>
</div>
</div>
}
extra={[

]}
>
<p className="text-gray-500">{func.description}</p>
<div className="mt-2">
  <strong>URL:</strong>
  <div className="mt-1 break-all text-gray-600 text-sm">
    {func.url}
  </div>
</div>
<div className="mt-2">
  <strong>参数:</strong>
```

```
                <div className="mt-1 flex flex-wrap gap-1">
                  {Object.entries(func.parameters.properties).
                   map(([key, value]) => (
                    <Tag key={key} className="mb-1">
                      {key}
                      {func.parameters.required.includes(key) &&
                       <span className="text-red-500">*</span>}
                    </Tag>
                  ))}
                </div>
              </div>
              {func.headers && (
                <div className="mt-2">
                  <strong>请求头:</strong>
                  <div className="mt-1 flex flex-wrap gap-1">
                    {Object.keys(func.headers).map(key => (
                      <Tag key={key} color="green">{key}</Tag>
                    ))}
                  </div>
                </div>
              )}
            </Card>
          </List.Item>
        )}
      />

      <Modal
       title={editingFunction ? '编辑函数' : '添加函数'}
       open={isModalOpen}
       onCancel={() => {
         setIsModalOpen(false);
         setEditingFunction(null);
         form.resetFields();
        }}
       footer={null}
       width={800}
      >
        <Form form={form} onFinish={handleSubmit} layout="vertical">
          <Form.Item
           name="name"
           label="函数名称"
           rules={[{ required: true }]}
          >
            <Input placeholder="例如: get_weather" />
          </Form.Item>
          <Form.Item
           name="description"
           label="函数描述"
           rules={[{ required: true }]}
          >
```

```
    <Input.TextArea placeholder="描述函数的功能..." />
  </Form.Item>
  <Form.Item
   name="url"
   label="API URL"
   rules={[{ required: true }]}
  >
    <Input placeholder="https://api.example.com/endpoint/
     {param}" />
  </Form.Item>
  <Form.Item
   name="method"
   label="请求方法"
   rules={[{ required: true }]}
  >
    <Select>
      <Select.Option value="GET">GET</Select.Option>
      <Select.Option value="POST">POST</Select.Option>
    </Select>
  </Form.Item>
  <Form.Item
   name={['parameters', 'properties']}
   label="参数定义"
   rules={[{ required: true }]}
   help="支持嵌套的map类型，可以定义对象内的字段结构"
  >
    <Input.TextArea
     placeholder={JSON.stringify({
       simple_param: {
         type: 'string',
         description: '简单参数示例'
        },
       map_param: {
         type: 'object',
         description: 'Map类型参数示例',
         properties: {
           key1: { type: 'string', description: '子字段1' },
           key2: { type: 'number', description: '子字段2' }
          },
         required: ['key1']
        },
       nested_map: {
         type: 'object',
         description: '嵌套Map类型示例',
         properties: {
           field1: {
             type: 'object',
             properties: {
               subfield1: { type: 'string' },
               subfield2: { type: 'number' }
```

```
              }
            },
            field2: { type: 'string' }
          }
        }
      }, null, 2)}
      rows={12}
    />
  </Form.Item>
  <Form.Item
    name={['parameters', 'required']}
    label="必需参数"
  >
    <Select mode="tags" placeholder="选择或输入必需的参数名" />
  </Form.Item>
  <Form.Item
    name="headers"
    label="请求头"
  >
    <Input.TextArea
      placeholder={JSON.stringify({
        'Authorization': 'Bearer {API_KEY}',
        'Content-Type': 'application/json'
      }, null, 2)}
      rows={4}
    />
  </Form.Item>
  <Form.Item>
    <Space>
      <Button type="primary" htmlType="submit">
        {editingFunction ? '更新' : '添加'}
      </Button>
      <Button onClick={() => {
        setIsModalOpen(false);
        setEditingFunction(null);
        form.resetFields();
      }}>
        取消
      </Button>
    </Space>
  </Form.Item>
</Form>
</Modal>

{testingFunction && (
  <FunctionTestModal
    open={!!testingFunction}
    func={testingFunction}
    onClose={() => setTestingFunction(null)}
  />
```

```
      )}
    </div>
  );
}
```

（3）模态框组件

文件function-test-modal.tsx的功能是提供一个模态框界面，用于测试自定义函数的调用。它接收函数定义（FunctionDefinition）作为参数，动态生成表单以收集用户输入的函数参数。通过递归渲染表单字段（renderNestedFormItems），支持嵌套参数结构。用户提交表单后，文件中的逻辑会将扁平化的表单值转换为嵌套对象（processFormValues），并调用testFunction执行函数测试。测试结果会在模态框中显示，包括成功响应或错误信息。

```
interface Props {
 open: boolean;
 func: FunctionDefinition;
 onClose: () => void;
}

interface FormData {
 [key: string]: any;
}

function renderNestedFormItems(
 paramName: string,
 paramDef: any,
 required: boolean = false,
 parentPath: string[] = []
) {
 const currentPath = [...parentPath, paramName];
 const fieldPath = currentPath.join('.');
 const isRequired = required || (paramDef.required || []).
  includes(paramName);

 if (paramDef.type === 'object' && paramDef.properties) {
   return (
      <div key={fieldPath} style={{ marginBottom: '1rem' }}>
        <Text strong>{paramName}</Text>
        <div style={{ marginLeft: '1.5rem' }}>
          {Object.entries(paramDef.properties).map(([key, prop]:
            [string, any]) => (
           renderNestedFormItems(key, prop, isRequired, currentPath)
          ))}
        </div>
      </div>
    );
  }

 const rules = [];
 if (isRequired) {
```

```
    rules.push({ required: true, message: '请输入 ${fieldPath}' });
  }

  switch (paramDef.type) {
    case 'number':
      return (
        <Form.Item
          key={fieldPath}
          name={fieldPath}
          label={paramName}
          rules={[
            ...rules,
            { pattern: /^-?\d*\.?\d*$/, message: '${fieldPath} 必须
              是数字' }
          ]}
          tooltip={paramDef.description}
        >
          <Input type="number" placeholder={'请输入${paramDef.
           description || paramName}'} />
        </Form.Item>
      );
    case 'boolean':
      return (
        <Form.Item
          key={fieldPath}
          name={fieldPath}
          label={paramName}
          rules={rules}
          tooltip={paramDef.description}
          valuePropName="checked"
        >
          <Input type="checkbox" />
        </Form.Item>
      );
    default:
      return (
        <Form.Item
          key={fieldPath}
          name={fieldPath}
          label={paramName}
          rules={rules}
          tooltip={paramDef.description}
        >
          <Input placeholder={'请输入${paramDef.description ||
           paramName}'} />
        </Form.Item>
      );
  }
}
```

```
function processFormValues(values: Record<string, any>): Record<string,
 any> {
 const result: Record<string, any> = {};

 for (const [key, value] of Object.entries(values)) {
   if (key.includes('.')) {
     const parts = key.split('.');
     let current = result;
     for (let i = 0; i < parts.length - 1; i++) {
       current[parts[i]] = current[parts[i]] || {};
       current = current[parts[i]];
     }
     current[parts[parts.length - 1]] = value;
   } else {
     result[key] = value;
   }
  }

 return result;
}

export function FunctionTestModal({ open, func, onClose }: Props) {
 const [form] = Form.useForm<FormData>();
 const [loading, setLoading] = useState(false);
 const [result, setResult] = useState<TestResult | null>(null);

 const handleTest = async (values: FormData) => {
   setLoading(true);
   try {
     // 处理表单值，将扁平的字段路径转换为嵌套对象
     const processedValues = processFormValues(values);
     const testResult = await testFunction(func, processedValues);
     setResult(testResult);
    } catch (error) {
     console.error('测试失败:', error);
    } finally {
     setLoading(false);
    }
  };

 const handleClose = () => {
   form.resetFields();
   setResult(null);
   onClose();
  };

 return (
    <Modal
     title={'测试函数: ${func.name}'}
     open={open}
     onCancel={handleClose}
```

```
      footer={null}
      width={800}
    >
      <div className="mb-4">
        <Text type="secondary">{func.description}</Text>
      </div>

      <Form
        form={form}
        onFinish={handleTest}
        layout="vertical"
      >
        {Object.entries(func.parameters.properties).map(([key, value]:
          [string, any]) =>
          renderNestedFormItems(key, value, func.parameters.required?.
          includes(key))
        )}

        <Form.Item>
          <Space>
            <Button type="primary" htmlType="submit" loading={loading}>
              测试
            </Button>
            <Button onClick={handleClose}>
              关闭
            </Button>
          </Space>
        </Form.Item>
      </Form>

      {result && (
        <div className="mt-4">
          <Text strong>测试结果: </Text>
          <div className="mt-2">
            <Text>耗时: {result.duration}ms</Text>
          </div>
          {result.success ? (
            <div className="mt-2 p-4 bg-gray-50 rounded">
              <JsonView data={result.data} style={defaultStyles} />
            </div>
          ) : (
            <div className="mt-2 p-4 bg-red-50 text-red-500 rounded">
              {result.error}
            </div>
          )}
        </div>
      )}
    </Modal>
  );
}
```

（4）聊天设置表单组件

文件 settings-panel.tsx 的功能是提供一个用于配置和保存聊天设置的表单界面，它通过 Zustand 状态管理库从全局状态中读取当前的聊天设置，并允许用户修改这些设置，包括选择模型、调整温度、Top P、Top K、最大长度以及设置系统提示词。用户提交表单时，文件中的逻辑会更新全局状态，并通过 Ant Design 的 message 组件向用户反馈操作结果。此外，该组件还提供了重置表单的功能，以及对不同模型的简要说明，帮助用户更好地理解各模型的用途。

```
export function SettingsPanel() {
  const { settings, updateSettings } = useSettingsStore();
  const [form] = Form.useForm();
  const [loading, setLoading] = useState(false);

  const handleSubmit = async (values: ChatSettings) => {
    try {
      setLoading(true);
      updateSettings(values);
      message.success('设置保存成功');
    } catch (error) {
      message.error('保存失败，请重试');
    } finally {
      setLoading(false);
    }
  };

  return (
    <div className="max-w-xl">
      <Form
        form={form}
        layout="vertical"
        initialValues={settings}
        onFinish={handleSubmit}
      >
        <Form.Item
          label="模型"
          name="model"
          tooltip="选择要使用的DeepSeek模型"
        >
          <Select>
            <Select.Option value="chat">DeepSeek Chat</Select.Option>
            <Select.Option value="coder">DeepSeek Coder</Select.
            Option>
            <Select.Option value="reasoner">DeepSeek Reasoner</
            Select.Option>
          </Select>
        </Form.Item>

        <Form.Item
```

```
  label="Temperature"
  name="temperature"
  tooltip="控制输出的随机性，值越高输出越随机"
>
  <InputNumber min={0} max={2} step={0.1} />
</Form.Item>

<Form.Item
  label="Top P"
  name="topP"
  tooltip="控制输出的多样性"
>
  <InputNumber min={0} max={1} step={0.1} />
</Form.Item>

<Form.Item
  label="Top K"
  name="topK"
  tooltip="控制每次选择的候选词数量"
>
  <InputNumber min={1} max={100} />
</Form.Item>

<Form.Item
  label="最大长度"
  name="maxLength"
  tooltip="生成文本的最大长度"
>
  <InputNumber min={1} max={4096} />
</Form.Item>

<Form.Item
  label="系统提示词"
  name="systemPrompt"
  tooltip="设置AI的角色和行为"
>
  <Input.TextArea rows={4} placeholder="输入系统提示词..." />
</Form.Item>

<Form.Item>
  <div className="flex gap-2">
    <Button
      type="primary"
      htmlType="submit"
      loading={loading}
      size="large"
    >
      保存设置
    </Button>
    <Button
```

```
            size="large"
            onClick={() => form.resetFields()}
          >
            重置
          </Button>
        </div>
      </Form.Item>
    </Form>

    <div className="mt-4 text-gray-500">
      <h3 className="font-bold mb-2">模型说明</h3>
      <ul className="list-disc list-inside space-y-2">
        <li>
          <strong>DeepSeek Chat:</strong> 通用对话模型，适合日常交流
          和知识问答
        </li>
        <li>
          <strong>DeepSeek Coder:</strong> 代码专用模型，适合编程相关
          任务
        </li>
      </ul>
    </div>
  </div>
 );
}
```

（5）工作流管理组件

文件 workflow-settings.tsx 的功能是提供一个用于管理和配置工作流的界面，它允许用户添加、编辑、删除工作流，并通过表单收集工作流的基本信息（如名称、工作流 ID 和描述）。用户可以通过点击“添加工作流”按钮打开一个模态框来输入新工作流的详细信息，或者编辑现有工作流。工作流列表以表格形式展示，每行包含工作流的名称、ID、描述以及操作按钮（编辑和删除）。该组件还支持复制工作流 ID 的功能，方便用户快速获取和使用工作流 ID。

```
export function WorkflowSettings() {
 const [form] = Form.useForm();
 const [isModalOpen, setIsModalOpen] = useState(false);
 const [editingWorkflow, setEditingWorkflow] = useState<Workflow | null>
  (null);
 const { workflows, addWorkflow, updateWorkflow, deleteWorkflow } =
  useWorkflowStore();

 const handleSubmit = async (values: any) => {
   try {
     if (editingWorkflow) {
       updateWorkflow(editingWorkflow.id, values);
       message.success('工作流更新成功');
     } else {
       addWorkflow(values);
       message.success('工作流添加成功');
```

```
      }
      setIsModalOpen(false);
      setEditingWorkflow(null);
      form.resetFields();
    } catch (error) {
      message.error('操作失败，请重试');
    }
  };

  const handleDelete = async (id: string) => {
    try {
      deleteWorkflow(id);
      message.success('工作流删除成功');
    } catch (error) {
      message.error('删除失败，请重试');
    }
  };

  const columns = [
    {
      title: '名称',
      dataIndex: 'name',
      key: 'name',
    },
    {
      title: '工作流ID',
      dataIndex: 'workflow_id',
      key: 'workflow_id',
      render: (text: string) => (
         <Space>
           {text}
           <Tooltip title="复制ID">
             <Button
              type="text"
              icon={<CopyOutlined />}
              onClick={() => {
                navigator.clipboard.writeText(text);
                message.success('ID已复制');
               }}
             />
           </Tooltip>
         </Space>
       ),
    },
    {
      title: '描述',
      dataIndex: 'description',
      key: 'description',
    },
    {
```

```
      title: '操作',
      key: 'action',
      render: (_: any, record: Workflow) => (
        <Space>
          <Button
            type="text"
            icon={<EditOutlined />}
            onClick={() => {
              setEditingWorkflow(record);
              form.setFieldsValue(record);
              setIsModalOpen(true);
            }}
          >
            编辑
          </Button>
          <Button
            type="text"
            danger
            icon={<DeleteOutlined />}
            onClick={() => handleDelete(record.id)}
          >
            删除
          </Button>
        </Space>
      ),
    },
  ];

  return (
    <div>
      <div className="mb-4">
        <Button
          type="primary"
          icon={<PlusOutlined />}
          onClick={() => {
            setEditingWorkflow(null);
            form.resetFields();
            setIsModalOpen(true);
          }}
        >
          添加工作流
        </Button>
      </div>

      <Table
        columns={columns}
        dataSource={workflows}
        rowKey="id"
      />
```

```
<Modal
  title={editingWorkflow ? '编辑工作流' : '添加工作流'}
  open={isModalOpen}
  onCancel={() => {
    setIsModalOpen(false);
    setEditingWorkflow(null);
    form.resetFields();
  }}
  footer={null}
>
  <Form
    form={form}
    layout="vertical"
    onFinish={handleSubmit}
  >
    <Form.Item
      label="名称"
      name="name"
      rules={[{ required: true, message: '请输入工作流名称' }]}
    >
      <Input placeholder="请输入工作流名称" />
    </Form.Item>

    <Form.Item
      label="工作流ID"
      name="workflow_id"
      rules={[{ required: true, message: '请输入工作流ID' }]}
    >
      <Input placeholder="请输入工作流ID" />
    </Form.Item>

    <Form.Item
      label="描述"
      name="description"
    >
      <Input.TextArea placeholder="请输入工作流描述" />
    </Form.Item>

    <Form.Item className="mb-0 text-right">
      <Space>
        <Button
          onClick={() => {
            setIsModalOpen(false);
            setEditingWorkflow(null);
            form.resetFields();
          }}
        >
          取消
        </Button>
        <Button type="primary" htmlType="submit">
```

```
                    确定
                  </Button>
                </Space>
              </Form.Item>
```

9.4.3 聊天组件

在本项目中，“components/chat”目录的功能是实现聊天功能的核心组件，涵盖了聊天输入、工具栏操作、消息显示以及消息内容的渲染。它提供了用户输入消息和发送的界面，支持文件上传、消息流式响应、清空对话记录、导出对话历史以及应用聊天模板等功能。同时，该目录还包括聊天工具栏的实现，提供导出和清空对话的按钮，并通过模态框确认清空操作。此外，聊天窗口组件负责渲染消息列表，支持消息的动画效果、自动滚动到底部以及加载状态的显示。消息内容组件则负责将 Markdown 格式的消息内容渲染为 HTML，并为代码块提供语法高亮和复制功能。这些组件共同构成了完整的聊天交互界面，为用户提供流畅的聊天体验。

（1）聊天输入组件

文件 chat-input.tsx 的功能是实现聊天输入框及其相关功能的组件，它允许用户输入消息并发送，支持文件上传、消息流式响应、清空对话记录、导出对话历史以及应用聊天模板等功能。组件通过状态管理库与全局聊天状态和设置交互，确保消息发送和接收的逻辑与用户配置一致。

```
export const ChatInput = () => {
  const [input, setInput] = useState('');
  const [fileList, setFileList] = useState<UploadFile[]>([]);
  const [uploadedFileIds, setUploadedFileIds] = useState<string[]>([]);
  const {
    addMessage,
    messages,
    isLoading,
    setLoading,
    clearMessages,
    setCurrentStreamingMessage,
    setCurrentStreamingReasoningMessage,
  } = useChatStore();
  const { settings, apiKey, updateSettings } = useSettingsStore();

  const handleFileUpload = async (file: File) => {
    if (!apiKey) {
      message.error('请先设置API Key');
      return Upload.LIST_IGNORE;
    }

    const isLt10M = file.size / 1024 / 1024 < 10;
    if (!isLt10M) {
      message.error('文件必须小于10MB！');
      return Upload.LIST_IGNORE;
    }
```

```
    try {
      const result = await openUploadFile(file, apiKey);
      if (result.code === 0) {
        setUploadedFileIds(prev => [...prev, result.data.biz_data.id]);
        message.success('文件 "${file.name}" 上传成功');
        return true;
       } else {
        message.error(result.msg || '文件上传失败');
        return Upload.LIST_IGNORE;
       }
     } catch (error) {
      if (error instanceof Error) {
        message.error(error.message);
       } else {
        message.error('文件上传失败');
       }
      return Upload.LIST_IGNORE;
    }
  };

  const handleFileRemove = (file: UploadFile) => {
    setFileList(prev => prev.filter(f => f.uid !== file.uid));
     // 这里可以添加从服务器删除文件的逻辑，如果需要的话
  };

  const sendMessage = async (content: string, reasoning_content?:
   string) => {
    if (!apiKey) {
      message.error('请先设置API Key');
      return;
     }

    const userMessage = {
      role: 'user' as const,
      content: content.trim(),
      timestamp: Date.now(),
      reasoning_content: reasoning_content ? reasoning_content?.
       trim() : '',
     };

    try {
      addMessage(userMessage);
      setLoading(true);
      setCurrentStreamingMessage('');
      setCurrentStreamingReasoningMessage('');

      const messageList = settings.systemPrompt
         ? [
             { role: 'system' as const, content: settings.
```

```
              systemPrompt, timestamp: 0 },
            ...messages,
            userMessage,
          ]
        : [...messages, userMessage];

      let streamContent = '';
      let reasoningContent = '';
      const response = await chatCompletion(
        messageList as ChatCompletionMessageParam[],
        settings,
        apiKey,
        (content: string) => {
          streamContent += content;
          setCurrentStreamingMessage(streamContent);
        },
        (content: string) => {
          reasoningContent += content;
          setCurrentStreamingReasoningMessage(reasoningContent);
        }
      );

      addMessage({
        role: 'assistant',
        content: response.content,
        timestamp: Date.now(),
        reasoning_content: response.reasoningContent,
      });

      // 清空文件列表和ID
      setFileList([]);
      setUploadedFileIds([]);
    } catch (error) {
      if (error instanceof Error) {
        message.error(error.message);
      } else {
        message.error('发送消息失败，请重试');
      }
      console.error(error);
    } finally {
      setLoading(false);
      setCurrentStreamingMessage(null);
      setCurrentStreamingReasoningMessage(null);
    }
  };

  const handleSubmit = async (e?: React.FormEvent) => {
    e?.preventDefault();
    if (!input.trim() || isLoading) return;
    await sendMessage(input);
```

```
    setInput('');
  };

  useChatShortcuts({
    onSend: handleSubmit,
    onClear: () => {
      if (messages.length > 0) {
        Modal.confirm({
          title: '确认清空',
          content: '确定要清空所有对话记录吗？此操作不可恢复。',
          onOk: clearMessages,
        });
      }
    },
  });

  const handleExport = () => {
    try {
      const chatHistory = messages.map(msg => ({
        role: msg.role,
        content: msg.content,
        time: new Date(msg.timestamp).toLocaleString()
      }));

      const blob = new Blob([JSON.stringify(chatHistory, null, 2)], {
        type: 'application/json'
      });
      const url = URL.createObjectURL(blob);
      const a = document.createElement('a');
      a.href = url;
      a.download = 'chat-history-${new Date().toISOString().
       slice(0, 10)}.json';
      document.body.appendChild(a);
      a.click();
      document.body.removeChild(a);
      URL.revokeObjectURL(url);
      message.success('导出成功');
    } catch (error) {
      message.error('导出失败');
    }
  };

  const handleClear = () => {
    if (messages.length > 0) {
      Modal.confirm({
        title: '确认清空',
        content: '确定要清空所有对话记录吗？此操作不可恢复。',
        onOk: clearMessages,
      });
    }
```

```
  };

  const handleTemplateSelect = async (prompt: string) => {
    if (isLoading) return;
    updateSettings({ systemPrompt: prompt });
    clearMessages();
    message.success('已应用模板，对话已重置');
  };

  return (
    <div className={styles.container}>
      <div className={styles.toolbar}>
        <TemplateSelector
          onSelect={handleTemplateSelect}
          disabled={isLoading}
        />
        <div className={styles.toolbarActions}>
          {/* <Upload
            multiple
            showUploadList={false}
            beforeUpload={handleFileUpload}
            onChange={({ fileList }) => setFileList(fileList)}
            fileList={fileList}
          >
            <Tooltip title="上传文件">
              <Button
                icon={<PaperClipOutlined />}
                disabled={isLoading}
              />
            </Tooltip>
          </Upload> */}
          <Tooltip title="导出对话">
            <Button
              icon={<DownloadOutlined />}
              onClick={handleExport}
              disabled={messages.length === 0}
            />
          </Tooltip>
          <Tooltip title="清空对话">
            <Button
              icon={<DeleteOutlined />}
              onClick={handleClear}
              disabled={messages.length === 0}
            />
          </Tooltip>
        </div>
      </div>
      <form onSubmit={handleSubmit}>
        <div className={styles.inputWrapper}>
          <Input.TextArea
```

```
          value={input}
          onChange={(e) => setInput(e.target.value)}
          placeholder={fileList.length > 0 ? "请输入关于文件的问题..." : "输入消息... (Ctrl + Enter发送)"}
          autoSize={{ minRows: 1, maxRows: 4 }}
          className={styles.textarea}
        />
        <Tooltip title="发送 (Ctrl + Enter)">
          <Button
            type="primary"
            icon={<SendOutlined />}
            onClick={() => handleSubmit()}
            loading={isLoading}
            className={styles.sendButton}
          >
            发送
          </Button>
        </Tooltip>
      </div>
```

（2）聊天工具栏组件

文件 chat-toolbar.tsx 的功能是实现聊天工具栏组件，提供聊天窗口的辅助操作功能。它包含“导出对话”和“清空对话”两个按钮，允许用户导出当前的聊天记录为 JSON 文件，或清空所有聊天记录。清空操作通过模态框确认，确保用户不会误操作。该组件通过状态管理库与全局聊天状态交互，确保操作逻辑与聊天记录的状态一致。

```
export function ChatToolbar() {
  const { messages, clearMessages } = useChatStore();
  const [isModalOpen, setIsModalOpen] = useState(false);

  const handleClear = () => {
    setIsModalOpen(true);
  };

  const confirmClear = () => {
    clearMessages();
    setIsModalOpen(false);
    message.success('对话已清空');
  };

  const handleExport = () => {
    try {
      const chatHistory = messages.map(msg => ({
        role: msg.role,
        content: msg.content,
        time: new Date(msg.timestamp).toLocaleString()
      }));

      const blob = new Blob([JSON.stringify(chatHistory, null, 2)], {
        type: 'application/json'
      });
```

```
      const url = URL.createObjectURL(blob);
      const a = document.createElement('a');
      a.href = url;
      a.download = 'chat-history-${new Date().toISOString().slice(0, 10)}.
       json';
      document.body.appendChild(a);
      a.click();
      document.body.removeChild(a);
      URL.revokeObjectURL(url);
      message.success('导出成功');
    } catch (error) {
      message.error('导出失败');
    }
  };

  return (
    <div className="px-4 py-2 border-b flex justify-between items-
      center">
      <h1 className="text-xl font-bold">对话</h1>
      <div className="space-x-2">
        <Tooltip title="导出对话">
          <Button
            icon={<DownloadOutlined />}
            onClick={handleExport}
            disabled={messages.length === 0}
          />
        </Tooltip>
        <Tooltip title="清空对话">
          <Button
            icon={<DeleteOutlined />}
            onClick={handleClear}
            disabled={messages.length === 0}
          />
        </Tooltip>
      </div>

      <Modal
        title="确认清空"
        open={isModalOpen}
        onOk={confirmClear}
        onCancel={() => setIsModalOpen(false)}
        okText="确认"
        cancelText="取消"
      >
        <p>确定要清空所有对话记录吗？此操作不可恢复。</p>
      </Modal>
    </div>
  );
}
```

（3）聊天窗口组件

文件 chat-window.tsx 的功能是实现聊天窗口的显示逻辑，负责渲染聊天消息列表、流式响应消息以及加载状态。它通过状态管理库动态获取聊天消息、流式消息和加载状态，并使用动画库（AnimatePresence 和 motion）为消息的出现和消失添加平滑的动画效果。组件还支持显示消息的发送者（用户或助手）、消息内容、推理内容（针对特定模型的思考过程）、时间戳以及加载指示器。此外，它通过 scrollToBottom 函数自动滚动到消息列表的底部，确保用户始终能看到最新的消息。

```
export const ChatWindow = () => {
  const messages = useChatStore((state) => state.messages);
  const isLoading = useChatStore((state) => state.isLoading);
  const currentStreamingMessage = useChatStore((state) => state.
    currentStreamingMessage);
  const currentStreamingReasoningMessage = useChatStore((state) =>
   state.currentStreamingReasoningMessage);
  const messagesEndRef = useRef<HTMLDivElement>(null);

  const scrollToBottom = () => {
    messagesEndRef.current?.scrollIntoView({ behavior: 'smooth' });
  };

  useEffect(() => {
    scrollToBottom();
  }, [messages, currentStreamingMessage, currentStreamingReasoning
    Message]);

  return (
     <div className={styles.container}>
       <div className={styles.messageList}>
         <AnimatePresence mode="popLayout">
           {messages.map((message: Message) => (
             <motion.div
              key={message.timestamp}
              initial={{ opacity: 0, y: 20 }}
              animate={{ opacity: 1, y: 0 }}
              exit={{ opacity: 0, y: -20 }}
              layout
              className={'${styles.messageWrapper} ${
                message.role === 'assistant'
                   ? styles.messageWrapperAssistant
                   : styles.messageWrapperUser
               }'}
             >
               <Card
                size="small"
                className={'${styles.messageCard} ${
                  message.role === 'assistant'
                     ? styles.messageCardAssistant
                     : styles.messageCardUser
                 }'}
                bordered={false}
               >
```

```
          <div className={styles.messageContent}>
            <Avatar
              icon={message.role === 'assistant' ? <RobotOutlined />
              : <UserOutlined />}
              className={message.role === 'assistant' ? 'bg-
              blue-500' : 'bg-green-500'}
            />
            <div className={styles.messageText}>
              {message.reasoning_content && (
                <div className={styles.messageReasoning}>
                  <div className={styles.messageReasoningTitle}>
                    R1思考过程:
                  </div>
                  <MessageContentR1 content={message.reasoning_
                  content} />
                </div>
              )}
              <div className={styles.messageTextContent}>
                <MessageContent content={message.content} />
              </div>
              <div className={styles.messageTime}>
                {formatDate(message.timestamp)}
              </div>
            </div>
          </div>
        </Card>
      </motion.div>
    ))}
    {(currentStreamingMessage || currentStreamingReasoningMessage)
      && (
      <motion.div
        key="streaming"
        initial={{ opacity: 0, y: 20 }}
        animate={{ opacity: 1, y: 0 }}
        className={'${styles.messageWrapper} ${styles.
        messageWrapperAssistant}'}
      >
        <Card
          size="small"
          className={'${styles.messageCard} ${styles.
          messageCardAssistant}'}
          bordered={false}
        >
          <div className={styles.messageContent}>
            <Avatar
              icon={<RobotOutlined />}
              className="bg-blue-500"
            />
            <div className={styles.messageText}>
              {
                currentStreamingReasoningMessage && <div
                className={styles.messageReasoning}>
```

```
                    <div className={styles.messageReasoningTitle}>
                     R1思考中...
                    </div>
                    <MessageContentR1 content={currentStreamingR
                     easoningMessage} />
                  </div>
                  }
                  {
                   currentStreamingMessage && <div className={styles.
                    messageTextContent}>
                      <MessageContent content={currentStreamingMessage}
                     />
                    </div>
                  }
                  <div className={styles.messageTime}>
                    {formatDate(Date.now())}
                  </div>
                </div>
              </div>
            </Card>
          </motion.div>
        )}
      </AnimatePresence>
      {isLoading && !currentStreamingMessage && (
        <motion.div
          initial={{ opacity: 0 }}
          animate={{ opacity: 1 }}
          className={styles.loadingWrapper}
        >
          <Spin tip="AI思考中..." />
        </motion.div>
      )}
      <div ref={messagesEndRef} />
    </div>
  </div>
 );
};
```

（4）通用消息内容渲染组件

文件 message-content.tsx 的功能是实现聊天消息内容的渲染逻辑，它使用 ReactMarkdown 组件将消息内容（支持 Markdown 格式）渲染为 HTML，并通过自定义的 CodeBlock 组件为代码块添加语法高亮和复制功能。CodeBlock 组件支持多种编程语言的高亮显示，并在用户点击复制按钮时将代码复制到剪贴板，同时显示复制成功的提示。该文件还通过 Suspense 和 Spin 组件为 Markdown 渲染过程提供加载动画，确保用户在内容加载过程中获得良好的体验。

```
const CodeBlock = memo(({ language, code, onCopy, isCopied }: {
 language: string;
 code: string;
 onCopy: (code: string) => void;
```

```
  isCopied: boolean;
}) => (
  <div className="relative group">
    <Button
     type="text"
     size="small"
     className="absolute right-2 top-2 opacity-0 group-hover:opacity-100
      transition-opacity"
     icon={isCopied ? <CheckOutlined /> : <CopyOutlined />}
     onClick={() => onCopy(code)}
    />
    <SyntaxHighlighter
     language={language}
     style={vscDarkPlus}
     PreTag="div"
    >
      {code}
    </SyntaxHighlighter>
  </div>
));

interface MessageContentProps {
 content: string;
}

export const MessageContent = memo(({ content }: MessageContentProps)
 => {
 const [copiedCode, setCopiedCode] = useState<string | null>(null);

 const handleCopyCode = async (code: string) => {
   try {
     await navigator.clipboard.writeText(code);
     setCopiedCode(code);
     message.success('代码已复制');
     setTimeout(() => setCopiedCode(null), 2000);
    } catch (err) {
     message.error('复制失败');
    }
  };

 return (
    <Suspense fallback={<Spin />}>
      <ReactMarkdown
       components={{
         code: ({ inline, className, children, ...props }: any) => {
           const match = /language-(\w+)/.exec(className || '');
           const code = String(children).replace(/\n$/, '');

           if (!inline && match) {
             return (
                <CodeBlock
```

```
                    language={match[1]}
                    code={code}
                    onCopy={handleCopyCode}
                    isCopied={copiedCode === code}
                  />
                );
              }
              return <code className={className} {...props}>{children}
               </code>;
            },
          }}
        >
          {content}
        </ReactMarkdown>
      </Suspense>
    );
});
```

9.5　调试运行

本项目的调试方法十分简单，具体步骤如下：

① 在命令行界面输入下面的命令安装依赖项：

```
npm install
```

② 输入下面的命令启动开发环境：

```
npm run dev
```

启动成功后会得到一个 URL：http://localhost:3000，整个调试过程如图 9-11 所示。

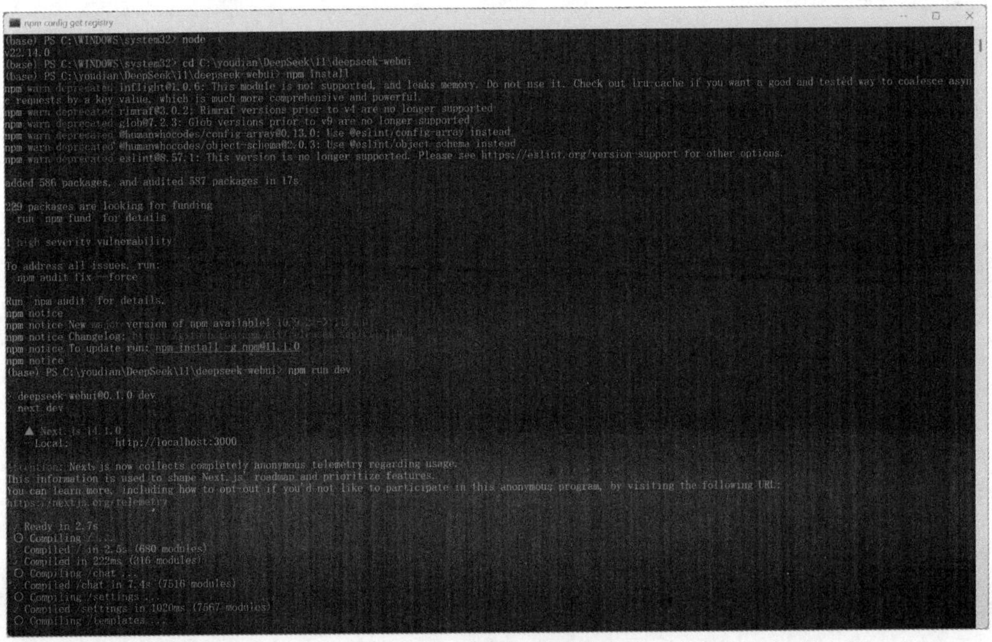

图 9-11　命令行界面

③ 将这个 URL 地址复制到浏览器中，会显示本项目的 Web 界面，默认显示 DeepSeek API Key 的设置页面，如图 9-12 所示。

图 9-12　DeepSeek API Key 的设置页面

④ 在“对话”页面中会显示和 DeepSeek 的聊天界面，将成功获得和 DeepSeek 官网一样的聊天功能，如图 9-13 所示。

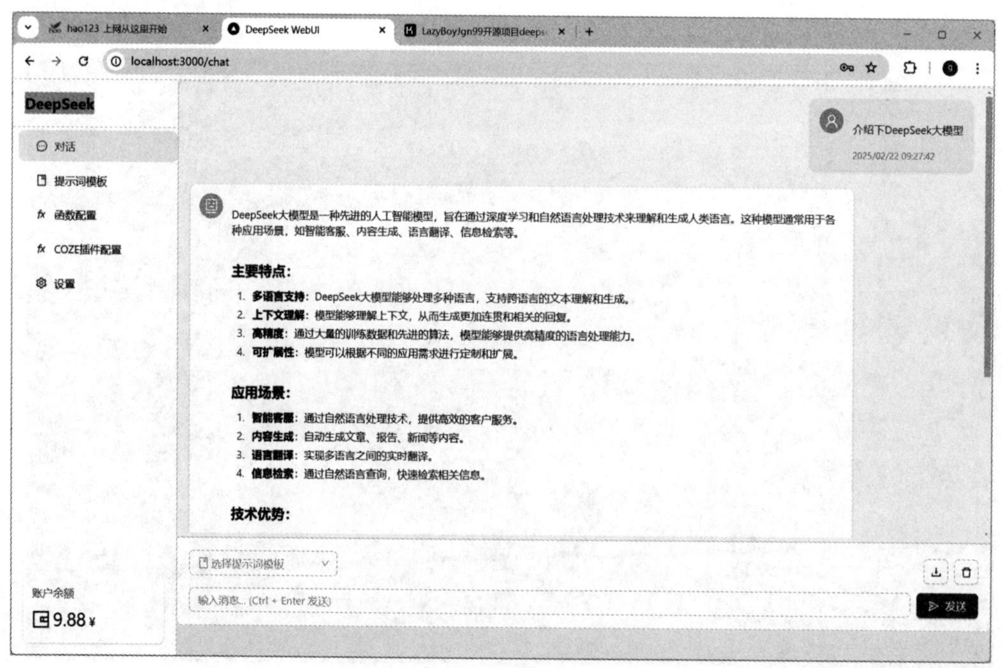

图 9-13　DeepSeek 聊天界面

参考文献

[1] DeepSeek. DeepSeek开源代码[EB/OL].(2025-02-27). https://github.com/deepseek-ai.

[2] Dai D,Deng C,Zhao C,et al.DeepSeekMoE: Towards Ultimate Expert Specialization in Mixture-of-Experts Language Models[R]. 2024.

[3] DeepSeek-AI. DeepSeek-V3 Technical Report. 2024.

[4] Chen X, Wu Z, Liu X, et al. Janus - Pro: Unified Multimodal Understanding and Generation with Data and Model Scaling[R].2025.

[5] Wu Z, Chen X, Pan Z, et al. DeepSeek - VL2: Mixture - of - Experts Vision - Language Models for Advanced Multimodal Understanding [R].2024.

[6] DeepSeek-AI.DeepSeek-R1: Incentivizing Reasoning Capability in LLMs via Reinforcement Learning[J]. 2025.